Die Originalausgabe erschien unter dem Titel
„Spiritual Capital – Wealth we can live by“
2004 bei Bloomsbury Publishing Plc, 36 Soho Square, London W1D 3QY.

Danah Zohar / Ian Marshall: IQ?EQ?SQ!
Übersetzung: Mike Kauschke
© J. Kamphausen Verlag &
Distribution GmbH, Bielefeld 2010
info@j-kamphausen.de
www.inspire-news.de

Projektleitung: Dr. Nadja Rosmann
Lektorat: Gerlinde Reinl
Umschlaggestaltung: Björn Gaus
Typografie/Satz: KleiDesign
Druck & Verarbeitung:
Westermann Druck Zwickau

1. Auflage 2010

Bibliografische Information der Deutschen Nationalbibliothek
Die Deutsche Nationalbibliothek verzeichnet diese
Publikation in der Deutschen Nationalbibliografie;
detaillierte bibliografische Daten sind im Internet
über **http://dnb.d-nb.de** abrufbar.

ISBN 978-3-89901-263-7

Dieses Buch wurde auf 100% Altpapier gedruckt und ist alterungsbeständig.
Weitere Informationen hierzu finden Sie unter www.weltinnenraum.de

Danah Zohar / Ian Marshall

IQ? EQ? SQ!

Spirituelle Intelligenz –
Das unentdeckte Potenzial

Für Mats Lederhausen
und Michael Rennie –
Mögen andere
ihrem Beispiel folgen.

Vorwort

Ich habe dieses Buch aus ganz persönlichen Gründen geschrieben. Als mein Sohn fünf Jahre alt war, fragte er mich eines Abends beim Schlafengehen, warum er am Leben sei. Damals brauchte ich einige Wochen, bis ich ihm sagen konnte, er solle sein Leben so leben, dass sich die Welt durch ihn zum Besseren verändert. Das war ein schwerwiegender Gedanke für einen Fünfjährigen. Und als er im Teenageralter war, kam die Frage erneut auf, dieses Mal im Zusammenhang mit seinen Überlegungen, ob er zur Universität gehen, was er überhaupt studieren und welchem Berufsweg er folgen solle. Und wieder gab ich ihm fast die gleiche Antwort: Egal, welchen Weg er einschlagen würde, er solle sein Leben so leben, dass es die Welt positiv verändert. Und wie es zwischen Eltern und Kindern oft geschieht, fand ich mich plötzlich selbst in der Situation, dass der Ratschlag an meinen Sohn auch von mir Rechenschaft forderte. Machte ich eigentlich das Beste aus *meinem* Leben?

Diese Selbstbefragung geschah an einem ziemlich kritischen Punkt meines Lebens. Seit ungefähr zwei Jahren litt ich an einer tiefen Depression, deren Ursache das Verhalten einiger Menschen in meinem Umfeld und der Zustand unserer westlichen Kultur im Allgemeinen war. Ich hatte persönliche Enttäuschungen durch mir nahestehende Menschen hinnehmen müssen, hatte die Folgen von Dummheit, Gedankenlosigkeit oder Gewalt erfahren bzw. gesehen, wie diese Dinge anderen angetan wurden – Familienangehörigen, Freunden und Menschen, deren Geschichten täglich im Fernsehen erzählt wurden.

Zur gleichen Zeit wurde ich zunehmend hoffnungslos angesichts des Mangels an echten Werten und „intelligentem“ Denken in vielen Bereichen unserer Gesellschaft. Wann immer ich auf Wirtschaftskongressen sprach oder Präsentationen in Unternehmen machte, die von jenen Bereichen der menschlichen Intelligenz handelten, die Güte, Kreativität, visionäres Denken und weniger Stress hervorbringen können, wollten meine Zuhörer einfach nur wissen, wie sie mit diesen Qualitäten am nächsten Tag mehr Geld verdienen konnten. Diese unternehmerische Einstellung schien damit genau die Gier und den Materialismus widerzuspiegeln, unter dem unsere gesamte Kultur so sehr litt. Ich spürte, dass wir wohlhabenden Menschen des Westens viel zu oft aus niederen Motiven wie Gier, Wut und Selbstbehauptung handeln und damit aber gleichzeitig unsere Lebensqualität verringern. Alles in allem kam es mir so vor, als würden wir einen Großteil unseres Lebens in einer spirituellen Wüste leben, die durch Oberflächlichkeit, die Abwesenheit echter Verbindlichkeit und einen Mangel an tieferem Sinn gekennzeichnet ist. Dies alles erlebte ich als Opfer – hilflos, irgendetwas dagegen zu tun.

Es waren die Gespräche mit meinem Sohn über seine Zukunft, die all diesem Trübsinn plötzlich eine völlig neue Perspektive gaben. Wenn ich ihm den Rat gab, die Welt durch seine Lebensgestaltung zu verbessern, wie sollte ich dann mir selbst gegenüber rechtfertigen, dass meine eigene Hilflosigkeit mich daran hinderte, dasselbe zu tun? Ich befreite mich von meiner selbstzerstörerischen Depression und begann zu denken. Ich las einige Bücher noch einmal, die mich früher inspiriert hatten und stieß auf dieses Zitat von C. G. Jung, dem bekannten Psychoanalytiker, der die Psychologie aus dem freudianischen Dunkel hinausgeführt hatte.

> *Geht die große Sache schief, so geschieht dies bloß darum, weil die Einzelnen schief sind, weil ich schief bin. Also werde ich vernünftigerweise zuerst einmal mich selber geraderichten. … Wesentlich ist in letzter Linie nur das subjektive Leben des Einzelnen.*

Dieses allein macht Geschichte, in ihm allein finden alle großen Wandlungen zuerst statt, und alle Zukunft und alle Weltgeschichte stammen als ungeheure Summation doch zuletzt aus diesen verborgenen Quellen der Einzelnen. Wir sind in unserem privatesten und subjektivsten Leben nicht nur die Erleider, sondern auch die Macher einer Zeit. Unsere Zeit – das sind wir![1]

„Wir sind in unserem privatesten und subjektivsten Leben nicht nur die Erleider, sondern auch die Macher unserer Zeit." – Diese Worte haben mein Schreiben inspiriert. Sie sind es, die das zentrale Anliegen dieses Buches untermauern: Wenn genügend Menschen sich selbst verändern, können wir dadurch auch die Welt verändern. Diese Aufgabe stellte ich mir selbst, indem ich meine düstere Tatenlosigkeit und die damit verbundenen Verdrängungsmechanismen hinter mir ließ und wieder zu schreiben begann.

Wir Menschen haben eine unglaubliche Spannbreite an Potenzial, vom Schlimmsten, das wir uns vorstellen können, bis zu den erhabensten Höhen. Meist jedoch bewegen wir uns irgendwo im unteren Mittelmaß dieser Skala. Wir lassen uns von niedrigen Motiven wie Gier und Wut kontrollieren und verletzen dadurch andere und uns selbst. Manchmal liegt das daran, dass wir falsche Entscheidungen in unserem Leben treffen, wobei die meisten von uns sich wohl kaum aktiv dafür entscheiden würden, etwas Falsches zu tun oder andere zu verletzen. Wie Ogden Nash einmal schrieb:

Wie könnte jemand Weizen lagern,
wenn er wüsste,
dass er für viele Menschen
das Essen unbezahlbar macht.[2]

---

1 C. G. Jung (1934),: *Die Bedeutung der Psychologie für die Gegenwart.* GW 10. Olten: Walter-Verlag 1974

2 Ogden Nash, „Don't Grin, or You'll Have to Bear It."

Das größte Problem ist, dass die meisten von uns nicht nachdenken. Wir vermeiden Entscheidungen und lassen den Dingen ihren Lauf. Wir begnügen uns damit, als Schlafwandler durchs Leben zu gehen und als Strandgut im Strom der Ereignisse zu treiben. Und währenddessen lassen wir zu, dass in der Welt Unrecht geschieht und viel Gutes ungetan bleibt. Wir schauen weg, wenn jemand in Gefahr ist, wir machen andere verantwortlich für Fehler, die unsere eigenen sind, wir schauen nicht den schmerzhaften Wahrheiten über uns selbst, unseren Motiven und Handlungen ins Auge, und wir schließen ganze Gruppen von Menschen aus unseren moralischen Überlegungen aus. Dieses Vermeiden von Entscheidungen ist jedoch eine weitaus tiefere Verneinung unserer Menschlichkeit, als wenn wir uns aktiv für das Böse entscheiden würden, definiert sich unsere Menschlichkeit doch gerade durch unsere Fähigkeit, zwischen Richtig und Falsch zu unterscheiden. Wer überhaupt keine Entscheidungen trifft, verneint diese grundlegende Wahrheit auf der ganzen Linie.

Dieses Buch zu schreiben, war für mich ein persönlicher „Ruf zu den Waffen". Es wurde für Menschen aus allen Bereichen unserer Gesellschaft geschrieben, die dazu bereit sind, durch ihre Lebensgestaltung etwas zum Besseren zu verändern. Dieses Buch entstand in einer Zeit, in der unsere Welt in einer schwierigen Lage war. Manchmal fiel es mir schwer, weiterzumachen, aber meine Familie und meine Freunde überzeugten mich davon, dass es weder naiv noch utopisch ist, zu glauben, die Welt könne sich zum Positiven verändern. Und *wir* sind es, die dafür sorgen müssen, dass es auch geschieht.

Dieses Buch beruht auf einer vierfachen Wissensgrundlage:

- meiner persönlichen Lebenserfahrung.
- Ergebnissen aus den „Neuen Wissenschaften“, besonders der Quantenphysik, der Chaostheorie und der Komplexitätsforschung.
- meiner zehnjährigen persönlichen Erfahrung als Managementberaterin und Coach und
- meinen allgemeinen Beobachtungen der Welt, die ich mit Freunden und Kollegen geteilt habe.

Danksagung

Ich möchte mich bei Mats Lederhausen und Michael Rennie dafür bedanken, dass ich hier ihre Geschichten erzählen durfte. Die Fragen, die im neunten Kapitel als Indikatoren eines hohen SQ bezüglich Verhalten und Kultur verwendet werden, stammen zum großen Teil von Peter Saul, Australien. Ich möchte mich bei Peter für die Erlaubnis bedanken, sie zu verwenden, und bei Sandra Cormack von der Macquarie University Graduate School of Management für die Zusammenarbeit. Und schließlich möchte ich unserem geliebten Freund Emilios Bouratinos Dank sagen für seine Beiträge zu den Dialogen, auf denen dieses Buch beruht.

Dieses Buch ist in der ersten Person geschrieben und verwendet die Stimme von Danah Zohar. Aber die meisten Ideen dieses Buches entstammen dem gemeinsamen Denken der beiden Autoren. Die „Motivationsskala" wurde allein von Ian Marshall formuliert. Die beiden Autoren sind Partner in der Ehe und in ihrer Arbeit und ihre Ideen entstehen durch den kontinuierlichen gemeinsamen Dialog.

Danah Zohar
Ian Marshall

Oxford, England
Januar 2004

Einführung: Indem wir uns selbst verändern, verändern wir die Welt

Als ich vor kurzem Nepal besuchte, hatte ich einen Traum, der sich auf das Thema und die Entstehung dieses Buches bezieht. In diesem Traum war ich Zuschauerin eines Theaterstücks in drei Akten, das in einem runden Saal stattfand, in dem das Publikum sehr nah an den Schauspielern sitzt und sich so in die Handlung einbezogen fühlt. Im ersten Akt des Stückes rezitierten tibetische Mönche ihre Gebete und praktizierten die Rituale des tibetischen Buddhismus. Die Szenerie war sehr geordnet, voller Schönheit und friedlich und es war ein erhebendes Gefühl, sie anzuschauen. Plötzlich aber brach die hölzerne Decke des Raumes in sich zusammen. Stangen und Putz fielen von der Decke auf die Mönche und töteten viele von ihnen. Vor lauter Angst um mein eigenes Leben rannte ich von der Bühne.

Im zweiten Akt des Stückes praktizierten erneute tibetische Mönche Rituale, aber es waren alte Männer, verbittert und zynisch. Sie hielten ihre Zeremonien nur aus Gewohnheit und zum Schein ab und gegenüber den jungen Novizen, die an den Ritualen teilnahmen, verhielten sie sich brutal und sogar sadistisch. Dieser Akt des Stückes enthielt keine Lebendigkeit, sondern war mit sehr negativer Energie erfüllt und ich hätte das Theater am liebsten verlassen.

Im dritten Akt des Stückes dann brach eine Gruppe sehr junger Novizen zu einer Reise auf. Einige gingen zu Fuß, andere ritten auf Yaks (langhaarige, büffelartige Tiere). Diese Mönche waren unschuldig, ja sogar naiv. Sie waren sich nicht über ihr Ziel im Klaren, aber sie wussten, dass es ihr Schicksal war, zu reisen und neue Zeremonien für ihren Orden zu entdecken. Wie in allen guten Träumen ritten sie davon in die aufgehende Sonne, voller Hoffnung und der Erwartung neuer Abenteuer.

Für mich war dieser Traum eine geheimnisvolle Widerspiegelung der Entwicklung unserer eigenen Kultur. Die friedvollen Mönche des ersten Aktes, die ihre uralten Rituale zelebrierten, repräsentierten eine traditionellere Zeit, in „der Gott im Himmel war und auf der Erde alles gut". Es war eine Zeit des festen Glaubens und geltender Werte, eine Zeit, in der die Menschen wussten, welchen Zielen sie folgten. Die zynischen Mönche des zweiten Aktes dagegen repräsentierten unsere moderne Epoche, die von kapitalistischem Materialismus und purer newtonscher Mechanik beherrscht ist. Ihre (unsere) Welt hier war eine Welt der Desillusionierung, Bitterkeit, Selbstbezogenheit und sogar der Perversion. Es war (ist) eine Welt, in der die Menschen nur noch mechanisch den Abläufen folgen, die einmal sinnvoll waren. Niemand aber wurde innerlich genährt. Die jungen Mönche des dritten Aktes sind, so möchte ich annehmen, wie zumindest einige von uns heute: Sie brechen zu einer Reise auf, um neue, lebendige Rituale (Praktiken, Philosophien) zu finden, die unserer Spezies den Weg in eine sinnvolle und nachhaltige Zukunft bahnen können.

Ich hoffe wirklich sehr, dass sich eine „kritische Masse"[3] von Menschen mit den jungen Mönchen des dritten Aktes identifiziert, indem sie neue, erweiterte Grundlagen für unsere kapitalistische Ethik und unsere Wirtschaftskultur findet, die ihr Potenzial als Wohlstand schaffende Mechanismen in vollem Maße und als erfüllendere menschliche Aktivität verwirklichen. Und vielleicht lassen sich einige von Ihnen von den folgenden Seiten dazu inspirieren.

Dieses Buch geht von der Annahme aus, dass sich unsere kapitalistische Kultur und die damit einhergehenden wirtschaftlichen

---

3 Eine kritische Masse in der Spieltheorie bedeutet, dass nicht die gesamte Gruppe von einer Strategie überzeugt werden muss, sondern dass es ausreicht, eine bestimmte Anzahl von Teilnehmern von dieser Strategie zu überzeugen. Ist dieser Schwellenwert überschritten, die kritische Masse erreicht, wird sich diese Strategie selbsttragend durchsetzen.
(Quelle: Wikipedia http://de.wikipedia.org/wiki/Kritische_Masse) (Anm. d. Lekt.)

Praktiken in einer ernsten Krise befinden. Die globale Wirtschaft beschreibe ich dabei als ein „Monster, das sich selbst verschlingt", da die grundlegenden Haltungen und Ideen des Kapitalismus und viele der wirtschaftlichen Praktiken, die sich daraus ableiten, in keiner Weise nachhaltig sind. Kapitalismus und Wirtschaft, wie wir sie kennen, haben langfristig keine Zukunft mehr, sondern beschränken und behindern die Entwicklung einer nachhaltigen und zukunftsfähigen Kultur in höchstem Maße.

Das zentrale Thema dieses Buches ist die Überzeugung, dass eine größere Anzahl visionär denkender Individuen, die aus höheren Motiven handeln, die Welt verändern kann. Sein Anliegen ist, zu zeigen, wie die einzelnen gegenwärtigen und potenziellen Führungskräfte ihre spirituelle Intelligenz nutzen können, um spirituelles Kapital zu erwirtschaften und dadurch ihre Unternehmenskultur nachhaltiger zu gestalten. Das große Ziel ist ein Kapitalismus, der aus sich selbst heraus nachhaltig ist und letztlich eine Welt zu erschaffen vermag, die jenen Wohlstand hervorbringt, der tatsächlich alle menschlichen Bedürfnisse stillt.

Das Schlüsselwort hier ist *Wohlstand*. Meine eigene Definition von Wohlstand ist, „das, was uns zur Verfügung steht, um die Qualität des Lebens zu verbessern". Wir sprechen oft von Wohlstand im Sinne von Talenten, Charaktereigenschaften oder Glück. Das englische Wort „wealth" selbst kommt von „welth", was im Altenglischen so viel heißt wie „sich wohl fühlen". Die Definition von Wohlstand in den Wörterbüchern jedoch reflektiert genau die wirtschaftlich geprägte Kultur, die unsere modernen Wörterbücher hervorgebracht hat, und erklärt den Begriff als „eine große Menge oder Rücklage von Geld". Davon wiederum leitet sich auch unsere Definition von Kapital ab, indem es als die Geldmenge oder Anzahl materieller Güter bezeichnet wird, die wir besitzen. Kapitalismus, wie wir ihn kennen, bedeutet demzufolge Geld und materiellen Wohlstand.

Im Gegensatz dazu meint spirituelles Kapital die Fülle, aus der wir leben können, und einen Wohlstand, der die tieferen Aspekte unseres Lebens berührt. Es bedeutet Wohlstand, den wir dadurch erhalten, dass wir aus dem tiefsten Sinn schöpfen, den wir erkannt haben, aus unseren tiefsten Werten, unseren wichtigsten Zielen und der höchsten Motivation – und dadurch, dass wir einen Weg finden, diese in unserem Leben und unserer Arbeit zum Ausdruck zu bringen.

Spirituelles Kapital ist eine Vision und ein Modell für unternehmerische und kulturelle Nachhaltigkeit im Rahmen öffentlichen Lebens und globaler Fragen. Es ist Kapital, das entsteht, wenn in der Unternehmensphilosophie und ihrer praktischen Umsetzung die tieferen Bedürfnisse der Menschheit und des Planeten berücksichtigt werden. Es ist Kapital, das all unsere gemeinsamen Werte, gemeinsamen Visionen und grundlegenden Ziele im Leben widerspiegelt. Spirituelles Kapital ist der Spiegel dessen, an was ein Unternehmen glaubt, wofür es existiert, wonach es strebt und wofür es Verantwortung übernimmt.

Meine Verwendung des Wortes „spirituell" hier und im gesamten Buch ist übrigens nicht religiös oder als auf einem anderen organisierten Glaubenssystem basierend zu verstehen. Zweifellos haben religiöse Organisationen und religiös geprägte Kulturen auch ein gewisses Maß an echtem spirituellem Kapital geschaffen, jedoch haben sie dies in den Begrenzungen von Systemen getan, die ebenso Andersgläubige ausschließen wie auch diejenigen, die gar keinen religiösen Glauben haben. Das weiter gefasste spirituelle Kapital, das Unternehmen, Gemeinschaften und Kulturen heute brauchen, muss aus tieferer, nicht religiös gebundener Sinngebung schöpfen, aus Werten, Zielen und Motivationen, die für jeden Menschen etwas Heiliges sein können.

Im gleichen Sinne dieses übergeordneten spirituellen Kapitals ist spirituelle Intelligenz diejenige Intelligenz, die uns den Zugang zu unserem tiefsten Sinn, unseren tiefsten Werten und Zielen und unseren höchsten Motivationen ermöglicht. Sie zeigt sich in unseren Gedankenprozessen, in den Entscheidungen, die wir treffen, und dem Handeln, das wir als richtig und lohnenswert erachten. Diese Entscheidungen beinhalten ebenso die Art und Weise, wie wir unseren materiellen Wohlstand schaffen und nutzen.

Spirituelle Intelligenz ist unsere moralische Intelligenz, die uns innewohnende Fähigkeit, zwischen Richtig und Falsch zu unterscheiden.

Es ist die Intelligenz, mit der wir Güte, Wahrheit, Schönheit und Mitgefühl in unserem Leben zum Ausdruck bringen. Es ist, wenn man so will, die Intelligenz unserer Seele, wenn wir Seele als Fähigkeit des Menschen verstehen, die tieferen und reicheren Dimensionen der Vorstellungskraft und des Geistes in unser tägliches Leben, unsere Familien, Unternehmen und Institutionen hineinzubringen.

Um dieses Buch zu verstehen, ist es notwendig, die entscheidende Verbindung zwischen spiritueller Intelligenz, spirituellem Kapital und Nachhaltigkeit zu erkennen. Diese Verbindung ist der zentrale Faden durch das gesamte Buch hindurch und kann wie folgt beschrieben werden: *Wir brauchen ein Bewusstsein für tiefere Bedeutung und Werte und die Erkenntnis einer grundlegenden Sinnhaftigkeit (spirituelle Intelligenz), um den Wohlstand zu schaffen, der durch diese Parameter entstehen kann (spirituelles Kapital).* Und nur, wenn unser Verständnis von Kapitalismus Wohlstand auch als Reichtum an Bedeutung, Werten, Sinn und höherer Motivation begreift, können wir einen nachhaltigen Kapitalismus und eine nachhaltige Gesellschaft schaffen.

> Spirituelle Intelligenz (SQ) ist die Intelligenz, durch die wir Zugang zu unserem tiefsten Sinn, unseren tiefsten Werten und Zielen und unseren höchsten Motivationen finden.

SQ, spirituelles Kapital und Nachhaltigkeit sind untrennbar miteinander verbunden. Das Bewusstsein von Bedeutung, Werten und Sinn durch den SQ bringt spirituelles Kapital hervor. Nur durch Wohlstand, der auch Reichtum an Sinn, Werten und höherer Motivation beinhaltet – d. h. spirituelles Kapital –, ist ein nachhaltiger Kapitalismus und eine nachhaltige Gesellschaft möglich. Nachhaltigkeit an sich setzt voraus, dass ein System stabil ist und sich in Zukunft weiterentwickeln kann. Nachhaltige Systeme in der Natur sind Systeme, deren Elemente zusammenarbeiten, um eine ausgeglichene Umwelt zu schaffen, die das Ganze unterstützt. Sie sind holistisch (die Teile interagieren untereinander), selbst organisierend und kreativ. Die Ökologie der Erde (Gaia) ist ein Beispiel dafür: Die Pflanzen produzieren den Sauerstoff, den die Tiere brauchen, im Gegenzug produzieren die Tiere das Kohlendioxid, welches die Pflanzen brauchen. Durch die gelungene Kombination von Kooperation und Konkurrenz bleiben die verschiedenen Populationen von Pflanzen und Tieren in Balance und das Wasser zirkuliert durch die Prozesse Verdunstung und Regen in einem Kreislauf. Auf diese Weise nutzt die Ökologie als Ganzes ihre Vielfalt, um die Evolution (genetische Mutation) in Bewegung zu halten.

Menschen, Organisationen und Kulturen, die über spirituelles Kapital verfügen, werden deshalb nachhaltiger sein, weil sie neue Qualitäten entwickelt haben: eine weitere, auf Werten basierende Sichtweise; globales Bewusstsein und Mitgefühl; vorausschauendes Denken; Spontaneität (und damit Flexibilität) und die Fähigkeit, aus den eigenen tiefsten Überzeugungen zu handeln, Vielfalt kreativ zu nutzen sowie aus Krisen zu lernen und positiv auf sie zu reagieren.

In diesem Buch beschreibe ich drei Arten von Kapital – materielles Kapital, soziales Kapital und spirituelles Kapital. Und ich bin davon überzeugt, dass die Schaffung jeder dieser Arten von Kapital mit einer der drei wichtigsten menschlichen Intelligenzen verbunden ist: der rationalen Intelligenz (IQ), der emotionalen Intelligenz (EQ) und der spirituellen Intelligenz (SQ).

Kapital	**Intelligenz**	**Funktion**
Materielles Kapital	IQ: Rationale Intelligenz	Was ich denke
Soziales Kapital	EQ: Emotionale Intelligenz	Was ich fühle
Spirituelles Kapital	SQ: Spirituelle Intelligenz	Was ich bin

Materielles Kapital ist die Form von Kapital, die uns in unserer heutigen kapitalistischen Gesellschaft am häufigsten begegnet. Und damit ist natürlich Geld gemeint und alles, was man damit kaufen kann –

Geld zum Ausgeben, Geld für Investitionen, Geld zum Erkaufen von materiellen Vorteilen, Macht oder Einfluss. Wie die Begründer des Kapitalismus erklärten, erhalten wir diese Form von Kapital durch unsere rationale Intelligenz (IQ). Der IQ misst die Intelligenz, mit der wir denken.

Soziales Kapital dagegen ist der soziale Reichtum, mit dem wir im öffentlichen Leben und in unseren Institutionen wirksam für das Wohl aller arbeiten. Francis Fukuyama definiert z. B. soziales Kapital als die Fähigkeit des Menschen, in Gruppen und Organisationen für ein gemeinsames Ziel zusammenzuarbeiten. Er führt aus, dass diese Fähigkeit durch Vertrauen und aus gemeinsamen ethischen Werten entsteht.[4] Soziales Kapital spiegelt sich in der Art unserer Beziehungen, die wir in unseren Familien, der Öffentlichkeit und in Organisationen führen. Darüber hinaus sehen wir es am Grad des Vertrauens, das wir einander entgegenbringen, und am Ausmaß, in dem wir unsere Verantwortung füreinander und gegenüber der Öffentlichkeit wahrnehmen. Und es ist auch sichtbar darin, inwieweit wir durch gemeinsame Anstrengung Gesundheit und Bildung erreichen und wie hoch die Kriminalitätsrate ist.

Die Schaffung von sozialem Kapital hängt zum großen Teil vom Grad der emotionalen Intelligenz ab, die wir in unseren Beziehungen zum Ausdruck bringen können. Emotionale Intelligenz ist unsere Fähigkeit, andere Menschen zu verstehen und mit ihnen zu fühlen, unsere Fähigkeit, die Emotionen unserer Mitmenschen oder die soziale Situation zu erkennen, in der wir uns gerade befinden. Emotionale Intelligenz ist somit die Fähigkeit, sich einfühlsam und in angemessener Weise zu verhalten oder zu reagieren. Der EQ misst die Intelligenz, mit der wir fühlen.

Wie schon erwähnt, fügt spirituelles Kapital schließlich all diesem die Dimension unserer gemeinsamen Anschauungen, Werte und übergeordneten Ziele hinzu. Es richtet sich an unsere Gedanken darüber, was Menschlichkeit bedeutet und was letztlich der Sinn und das Ziel unseres Lebens ist. Ich bin zutiefst davon überzeugt, dass wirklich echtes soziales Kapital auch diese spirituelle Dimension

---

4 Francis Fukuyama, *Trust*

beinhalten muss, denn erst die Kultivierung dieser grundlegenden Fragen und der Austausch darüber bilden den wirklichen Zusammenhalt der Gesellschaft. Spirituelles Kapital erschaffen wir nur durch die Anwendung der spirituellen Intelligenz. Der SQ misst die Intelligenz, mit der wir *sind*.

Um einen nachhaltigen Kapitalismus zu entwickeln, müssen wir also alle drei Arten von Kapital – materielles, soziales und spirituelles – erwirtschaften, indem wir alle drei Intelligenzen anwenden. Das Hauptaugenmerk meines Buches liegt dabei deutlich auf dem spirituellen Element dieser Gleichung. *Keine andere Art von Kapital ist ohne ein zugrunde liegendes Fundament von spirituellem Kapital nachhaltig wirksam.*

Ein weiteres wichtiges Thema dieses Buches sind die verschiedenen Arten von Motivation, die wir erfahren, und die Möglichkeit der Verhaltensänderung, uns aus niederer Motivation heraus und hin zu einem Handeln aus höherer Motivation zu entwickeln. Erst wenn wir die zugrunde liegenden Motive kennen, die unser negatives und selbstzerstörerisches Verhalten steuern, können wir danach streben, aus höheren Beweggründen zu handeln. Dabei geben uns die zwölf dynamischen Prozesse unserer spirituellen Intelligenz die Energie, unser individuelles Verhalten zu transformieren. Und was ich zeigen will, ist, dass eine bedeutende Anzahl von Individuen, die ihre spirituelle Intelligenz nutzt, um aus höherer Motivation zu handeln, tatsächlich die Richtung gebenden Merkmale einer gesamten Kultur zu ändern vermag – seien es die einer Familie, einer Stadt, eines Unternehmens oder sogar einer globalen Kultur wie der des Kapitalismus.

Die Transformation der Motivation einzelner Menschen und Kulturen in allen Aspekten der Gesellschaft ist essenziell, wenn wir wirklich eine bessere Welt schaffen wollen, und all die, die in solch unterschiedlichen gesellschaftlichen Bereichen wie der Pädagogik, Psychologie und Politik, der Lehre und Wirtschaft leben und arbeiten, können in ihrer beruflichen und wirtschaftlichen Entwicklung von der Schaffung spirituellen Kapitals profitieren – und somit auch vom Lesen dieses Buches. In der Tat ist es wichtig, wirklich alle mit ins Boot zu holen. Aber ich habe letztlich die Wirtschaft gewählt, aus der die meisten meiner Beispiele kommen, und die meisten meiner Ausführungen wenden sich auch an die Menschen in der Wirtschaft. Diese Entscheidung hat zwei Gründe: Zum einen ist die Wirtschaft das vorherrschende Instrument, durch welches kapitalistische Werte unsere Gesellschaft geprägt haben. Wenn wir die Werte des Kapitalismus erweitern wollen, seien wir ehrlich, muss das zu einem großen Teil dadurch geschehen, dass sich die Werte einer bedeutenden Anzahl von Menschen in der Wirtschaft erweitern. Zum anderen haben heute weltweit nur die Unternehmer das Geld und die Macht, durch die Schaffung und Nutzung verschiedener Formen von Wohlstand zunächst Einzelne und dann die Gesellschaft als Ganzes zu erreichen und fundamental weiterzuentwickeln.

Aber damit die Wirtschaft solch eine positive Entwicklung fördern kann, muss eine grundlegende Veränderung ihrer selbst stattfinden. Diese Transformation ist nur möglich, wenn die Führungskräfte der Wirtschaft damit beginnen, sich selbst zu verändern. Dieses Buch ist von der Vision getragen, dass sich heute und zukünftig eine kritische Masse von Führungskräften so entwickelt, dass sie aus höherer Motivation handelt. Ich nenne diese kritische Masse *Ritter*. Wie die Mönche in meinem tibetischen Traum werden diese Männer und Frauen die Kreativität und Motivation haben, neue Praktiken zu entdecken, zu gestalten und umzusetzen, und damit eine neue Wirtschaftsphilosophie begründen, die uns in eine sinnvolle und nachhaltige Zukunft führt.

Dieses Buch kritisiert den herkömmlichen Kapitalismus und die heute gängige Wirtschaftskultur in vielerlei Hinsicht. Das erste Kapitel ist ein Katalog von Problemen und Dingen, die falsch laufen, und viele davon werden Sie als gewiefter Leser schon kennen. Trotzdem ist das Buch nicht antikapitalistisch oder gegen die Wirtschaft gerichtet. Die Antikapitalisten machen einen Fehler, wenn sie ein ökonomisches System verdammen, das mehr materiellen Wohlstand hervorgebracht hat, als die Menschheit jemals kannte. Der Trick besteht nicht darin, den Kapitalismus abzulehnen, sondern ihn zu transformieren. Ich sehe ein großes Potenzial in der Wirtschaft und anderen Bereichen, das in einem erweiterten Rahmen noch viel mehr Wohlstand und Werte zu erschaffen vermag, die dann wiederum zum Wohle der gesamten Menschheit eingesetzt werden können.

Was nun folgt, ist ein „mehrfach fraktales" Buch, denn es wendet sich sowohl an den Einzelnen als auch an den gesellschaftlichen und kulturellen Überbau. Jede einzelne Ebene spiegelt auch jede andere und auf jeder Ebene sind die gleichen dynamischen Prinzipien wirksam.

Die Entwicklung des Buches folgt seinem Hauptthema, wie nämlich eine kritische Masse von Individuen, die aus höherer Motivation handeln, die Welt verändern kann. Das erste und zweite Kapitel beschreiben die zwei sehr unterschiedlichen Ausprägungen von Kapitalismus als „Wirtschaft-wie-sie-heute-ist" und als „Wirtschaft-wie-sie-sein-könnte". Das erste Szenario zeigt eine materialistische, unmoralische (und oft korrupte) Kultur, die von kurzfristigen Eigeninteressen geprägt ist, von Profitmaximierung, dem Egoismus der Shareholder, isoliertem Denken und grober Missachtung der langfristigen Konsequenzen all dessen. Diese Kultur basiert auf sehr verengten Vorstellungen über das Wesen des Menschen und seine Motivationen. Das zweite Szenario ist das spirituelle Kapital. Es zeigt einen auf echten Werten basierenden Kapitalismus und eine dementsprechende Wirtschaftskultur, in der Wohlstand generiert wird, um einen angemessenen Profit zu erreichen, der aber gleichzeitig auch verwandt wird, um das Wohl aller zu verbessern. Der Schwerpunkt liegt hier auf den Stakeholdern, wobei damit die gesamte gegenwärtige und zukünftige Menschheit und unser Planet selbst gemeint sind. Spirituelles Kapital nährt und fördert den menschlichen Geist und ermöglicht gleichzeitig eine nachhaltige Wirtschaft.

Der Rest des Buches widmet sich dem Prozess, wie wir die Transformation vom gegenwärtigen Szenario zu dem des spirituellen Kapitals tatsächlich möglich machen können. Um eine Kultur zu verändern, sei es in der Wirtschaft oder anderswo, müssen wir die Motivationen (und die damit einhergehenden Haltungen und Emotionen) verstehen, die diese Kultur im Inneren bewegen. Das dritte und das vierte Kapitel zeigen eine neue systemische

Sichtweise, um den Zustand der Motivationen und Emotionen der gegenwärtigen Kultur zu diagnostizieren. Dies wird durch eine neue Skalierung der Motivationen möglich, die Abraham Maslows bekannte Bedürfnispyramide reflektiert und erweitert. Um diese Kapitel richtig zu erfassen, bedarf es der Kultivierung und Anwendung von emotionaler Intelligenz und besonders des Teils des EQ, der die emotionale Selbstwahrnehmung betrifft.

Im fünften bis achten Kapitel beschreibe ich das neue Konzept spiritueller Intelligenz, definiere ihre zwölf Qualitäten und Prinzipien der Transformation und zeige, wie diese angewendet werden können, um Individuen und ihre Kultur vom Zustand des Handelns aus niederer Motivation (Angst, Gier, Wut und Selbstbehauptung) zu jenem Zustand zu transformieren, in dem aus höherer Motivation (Forscherdrang, Kooperation, Innere Kraft, Meisterschaft und Höhere Verantwortlichkeit) gehandelt wird.

Das neunte Kapitel beschreibt, wie diese Transformation wirklich geschieht und in jeder Organisationsstruktur diagnostiziert werden kann. Es untersucht ausführlich die acht Themen, die Unternehmenskultur in der Regel dominieren (Kommunikation, Fairness, Beziehungen, Vertrauen, Macht, Wahrheit, Flexibilität und individuelle Bestärkung), und wie diese von den zwölf Prozessen des SQ beeinflusst werden. Das zehnte Kapitel widmet sich der Elite der Führungskräfte, die eine kulturelle Transformation wirklich hervorbringen und verkörpern kann. Darin werden die für Führungskräfte wichtigen Kategorien der „Ritter“ und „Meister“ erklärt: die, die die neue Kultur schaffen (Ritter), und jene, die sie schließlich in der Praxis der Organisationen anwenden (Meister).

Das elfte und letzte Kapitel dieses Buches schließlich zeigt, welch wertvolle und funktionsfähige Form des Kapitalismus spirituelles Kapital tatsächlich hervorbringt, und fasst zusammen, wie wir als Individuen zu seiner Verwirklichung beitragen können.

Sie werden in diesem Buch auch einige Ideen aus der Wissenschaft finden. Kenntnisse über bestimmte neuere Ergebnisse der Neurowissenschaft sind notwendig, um zu verstehen, wie spirituelle Intelligenz durch die Strukturen des Gehirns ermöglicht wird. Besonders wichtig ist dabei das Wissen um die neue Entdeckung des „God-Spot“, eine neurale Struktur im Temporallappen des Gehirns, der dem Menschen eine Wahrnehmung des Heiligen und die Sehnsucht nach den tieferen Dingen des Lebens ermöglicht.

Auch die Chaostheorie spielt im Verlauf des Buches eine wichtige Rolle. Sie (und die damit einhergehende Komplexitätswissenschaft) ist eine der „Neuen Wissenschaften“ des 20. Jahrhunderts. Sie beschreibt nichtlineare und sich selbst organisierende Systeme, die sich an der Grenze zwischen Ordnung und Unordnung, Stabilität und Instabilität bewegen. Solche Systeme sind unter anderem Ameisenhaufen, Bienenstöcke, das Wetter, der Börsenmarkt und das menschliche Immunsystem. Ich behaupte, dass jede Organisation und Gesellschaft, die in der Lage sind, in der heutigen krisengeschüttelten Welt Kreativität und Nachhaltigkeit zu entwickeln, Merkmale dessen besitzen, was die Chaos- und Komplexitätstheorie „komplexe adaptive Systeme“ nennt. Diese Merkmale beinhalten Holismus, Vielfalt, Spontaneität, Selbstorganisation, Emergenz und Koevolution der Systeme und ihrer Umwelt.

Alle lebenden Systeme einschließlich uns selbst sind komplexe adaptive Systeme und das menschliche Bewusstsein selbst lässt die Merkmale der Komplexität in vielen seiner Fähigkeiten erkennen. Im sechsten Kapitel werde ich untersuchen, wie die Eigenschaften komplexer adaptiver Systeme die meisten Qualitäten der spirituellen Intelligenz bestimmen.

Neben diesen durchziehen viele weitere Themen und kleinere Gedankenstränge dieses Buch, und sie alle sind notwendig, um das Grundgerüst des Hauptthemas zu vervollständigen. Diese Abhandlung beruht nicht auf einer einzigen Idee, obwohl ich hoffe, dass die kleine Landkarte, die ich entwerfe, Ihnen dabei helfen wird, den Inhalt als integriertes Ganzes zu erfahren. Letztendlich ist spirituelles Kapital nicht nur eine Idee, sondern ein ganz neues Paradigma. Und neue Paradigmen beinhalten immer einen Reichtum und eine Komplexität, die sich in viele weitere Richtungen entfalten können.

1

Das Monster, das sich selbst verschlingt

In den Geschichten aus der griechischen Mythologie über Ovid wird über einen wohlhabenden Holzhändler namens Erisychthon berichtet. Erisychthon ist ein gieriger Mann, der nur an Profit denkt. Nichts ist ihm heilig. Aber auf seinem Land steht ein Baum, den die Götter lieben. Seinen wunderschönen Zweigen widmen die Gläubigen ihre Gebete und heilige Geister tanzen um seinen mächtigen Stamm. Doch Erisychthon interessiert all das nicht. Er betrachtet den Baum und überlegt, wie viel Holz er daraus gewinnen kann, und dann greift er zur Axt. Trotz aller Proteste haut er so lange auf den Stamm ein, bis der Baum umstürzt und alles göttliche Leben, das ihn einst erfüllte, entwichen ist. Aber einer der Götter belegt Erisychthon für seine Gier mit einem Fluch. Von jenem Tag an ist er von einem unstillbaren Hunger getrieben. Er beginnt, alle seine Vorräte zu essen. Dann macht er sein gesamtes Vermögen zu Essen, doch er wird nicht satt und verspeist schließlich sogar seine Frau und seine Kinder. Zuletzt bleibt Erisychthon nur noch sein eigenes Fleisch. Und so verschlingt er sich letztlich selbst.

Stimmen von Managern des Business-as-usual

„Für die Umwelt ist die Regierung verantwortlich."

„Egal, was für ein Produkt wir herstellen – hilf uns nur, es besser zu verkaufen."

„Das alleinige Ziel unserer Firma ist es, die Bedürfnisse der Kunden zu befriedigen und daraus Profit zu machen."

„Wir wissen nicht, was da draußen geschieht, und es interessiert uns auch nicht."

„Ich glaube nicht, dass wir uns um diese tieferen Dinge kümmern müssen, um unser Unternehmen erfolgreich zu führen."

„Ich mache diesen Job nur fürs Geld."

„Ich glaube nicht, dass es unsere Verantwortung ist, über zukünftige Generationen nachzudenken. Unsere Aufgabe ist lediglich, unsere Kunden jetzt zufriedenzustellen."

„Wir können es uns nicht leisten, über den gegenwärtigen Zeitpunkt hinauszudenken. Wir müssen uns selbst und unsere Profite schützen."

Ein Monster, kein Mensch mehr. Und so
Geschah letztlich das Unvermeidliche.
Er begann seine eigenen Glieder zu fressen.
Und als letztes Festmahl verschlang er sich selbst.[5]

5 Ted Hughes, *Tales from Ovid*

Erisychthon ist das vollkommene Symbol eines ausschließlich ökonomisch denkenden Menschen und sein Schicksal ist ein Leben oder ein wirtschaftliches Handeln, das nicht nachhaltig ist. Aber er ist ein Symbol für unseren gegenwärtigen Kapitalismus und unsere Wirtschaft, wie wir sie kennen. Er ist ein Symbol für das selbstzerstörerische Schicksal der Wirtschaft, aber auch unserer gesamten Kultur, wenn wir es weiter zulassen, dass die engstirnigen Werte der gegenwärtigen, kurzfristigen, auf Geld fixierten Wirtschaftsethik unser Leben und unsere Entscheidungen bestimmen.

In diesem Buch möchte ich zunächst die Ideen und Denkweisen untersuchen, die der kapitalistischen Wirtschaft, wie wir sie kennen, zugrunde liegen. Was sind ihre grundlegenden Werte, was ihre wichtigsten Motive? Welche Dinge nimmt sie als gegeben an? Welche Ideen hat diese Wirtschaft in Bezug auf die Natur, das menschliche Wesen und die Motivationen des Menschen? Warum sind solche Ideen und Werte nicht nachhaltig? Warum fixieren diese Ideen die Wirtschaft in einer letztlich selbstzerstörerischen Verhaltensspirale? Warum wird die Wirtschaft, wie wir sie heute kennen, das ökonomische System schließlich zerstören?

Der Stand der Dinge

Der moderne Kapitalismus, wie er heute definiert wird, hat nur zwei *grundlegende* Ideen vom Menschen. Zum einen geht er davon aus, dass Menschen im Grunde ökonomische Wesen sind, mit der Eigenschaft, die Adam Smith eine „natürliche Veranlagung zum Tauschen und Handeln“ nennt. Zweitens postuliert er, dass Menschen immer so handeln werden, dass sie ihrem rationalen Eigeninteresse folgen oder zumindest ihrer Vorstellung von dem, was sie dafür halten. In den Begriffen der Wirtschaft gedacht, finden sich diese Prinzipien im Streben nach Profit um seiner selbst willen und in der Annahme, dass die Existenzgrundlage für jedes Unternehmen die Maximierung seiner eigenen Interessen ist – die Profite der Aktionäre in jedem Quartal.

Diese zwei grundlegenden, unangefochtenen Ideen des Kapitalismus sind unterlegt von anderen, manchmal unbewussten

Annahmen. Kapitalismus geht davon aus, dass die Erde da ist, um uns mit Ressourcen zu versorgen und dass diese unbegrenzt sind. Er geht weiter davon aus, dass jeder Einzelne oder jedes Unternehmen eine Insel ist, deren Handlungen keine ungewollten Konsequenzen haben und deren Interessen der eigenen Selbstkontrolle unterstehen. Und es gibt ebenfalls die noch häufiger verbreitete Annahme, dass die ganze Welt der Wirtschaft in sich eine Insel ist und eine Unternehmung, die ohne Berücksichtigung größerer Zusammenhänge durchgeführt werden kann. „Wir wissen nicht, was da draußen geschieht und es interessiert uns auch nicht."

Im Zentrum des Kapitalismus und der „Wirtschaft-wie-sie-ist" steht ein sehr eindimensionales Verständnis des Menschseins und der menschlichen Aktivität. Menschen werden an ihrem Streben nach Profit und ihrer Fähigkeit zu konsumieren gemessen, Mitarbeiter an ihrer Fähigkeit, etwas zu produzieren, was wiederum andere konsumieren. Reduziert auf ihre Funktion als Konsumenten und Verbraucher werden Mitarbeiter und Kunden nicht als Menschen gesehen, die auch Dinge wertschätzen und die Überzeugungen haben und Vorlieben, die sich entwickeln wollen, die Träume haben und die sich eine bestmögliche Lebensqualität wünschen. Große Verbraucher (die Reichen) sind wertvoller als kleine (die Armen). Die Annahme des Kapitalismus, dass wir stets entsprechend unserem Eigeninteresse handeln, beinhaltet die tiefer liegende Annahme, dass Menschen im Grunde selbstbezogen und egoistisch sind und dass wir also immer nur nach unserem persönlichen Glück trachten.

Unterstützt von intellektuellen Strömungen wie der newtonschen Wissenschaft und den damit verbundenen Technologien sowie vom darwinistischen „Überleben des Stärkeren" halten die Antriebsgesetze des Kapitalismus (das Gesetz der Konkurrenz, das Gesetz der Profitmaximierung, das Gesetz der Kapitalanhäufung) die „Wirtschaft-wie-sie-ist" in einem rücksichtslosen Streben nach Konkurrenzvorteilen gefangen – und das in einer Welt, deren Ressourcen sich durch diese Ausbeutung ständig verringern. Dieser Zustand kann nicht mehr lange aufrechterhalten werden und ist keinesfalls nachhaltig. Wie Erisychthon ist die Wirtschaft dazu verdammt, zuerst ihre eigenen Ressourcen zu vernichten und dann sich selbst. Dies ist immer wieder sichtbar am Schicksal vieler Unternehmen des Fortune-500-Index, die sich nicht einmal fünf Jahre auf dem Markt halten können.

Warum aber ist die „Wirtschaft-wie-sie-ist" nicht nachhaltig? Oberflächlich betrachtet wegen – und nicht weniger gültig, obwohl ständig darüber geredet wird – des unkontrollierten Verbrauchs der Ressourcen und der damit verbundenen Umweltzerstörung. Mit der heutigen Verbrauchsrate werden die Erdölvorräte noch ca. 50 Jahre reichen. Je nachdem, wie sich die dritte Welt entwickelt, kann sich diese Verbrauchsrate nur erhöhen. Als ich begann, dieses Buch zu schreiben, waren große Gebiete meines Heimatlandes England von einer Flut unter Wasser gesetzt. Die globale Erwärmung, so werden wir gewarnt, wird zunehmen, ebenso die extremen Wetterbedingungen, die imstande sind, vorher stabile Großstädte zu zerstören – und auf diese Weise auch die darin florierende Wirtschaft. Die Umweltverschmutzung und die daraus folgende globale Erwärmung schmelzen die polaren Eiskappen, was innerhalb von 50 oder 100 Jahren zu einem Anstieg des Meeresspiegels führt, der die meisten großen Küstenstädte der Welt überfluten wird. Wissenschaftler warnen mittlerweile davor, dass das bereits in den nächsten zehn Jahren geschehen könnte. Bevor oder während sich dies vollzieht, wird das Schmelzen der Eiskappen zu einer Richtungsänderung des Golfstroms führen, der Nordeuropa davor bewahrt, eine gefrorene Ödnis zu werden.

All dies sind nicht Probleme, die irgendeine ferne Zukunft betreffen. Die Kinder der heutigen Führungskräfte in Wirtschaft und Politik werden dieses Vermächtnis zu ihren Lebzeiten zu spüren bekommen – und sogar *wir* werden es vielleicht noch erleben.

Darüber hinaus gibt es weitere offensichtliche Probleme für die Nachhaltigkeit der Wirtschaft und die damit einhergehenden politischen Strategien. Die Ansicht, dass Menschen hauptsächlich Konsumenten sind, zieht den Großverbraucher dem kleinen vor. Dies bedeutet eine zunehmende Ungleichheit in der Verteilung des Wohlstands der Welt – nicht nur unter Nationen und geografischen Regionen, sondern oft auch *innerhalb* wohlhabender Gesellschaften. Daher findet sich in Ländern wie Indien, den USA und

Brasilien auch extremer Reichtum Seite an Seite mit ebensolcher Armut. Dieses Ungleichgewicht ist wiederum eine Gefahr für die politische und soziale Stabilität der Gesellschaft, in der es entsteht (hohe Kriminalitätsraten, der Zusammenbruch von Familien, soziale Unruhen, ein Gefühl der Hoffnungslosigkeit, häusliche Gewalt, potenzielle Umbrüche).

Die Ungleichheit zwischen reichen und armen Nationen führt unvermeidlich zur Abwanderung der Ärmeren in reichere Gebiete, und die Folge der wachsenden Zahl illegaler Immigranten sind soziale und politische Unruhen. Dies führt einerseits zu einer globalen Unterschicht und darüber hinaus zu unterschiedlichen Unterschichten in den einzelnen Ländern. Extreme Ungleichheit verstärkt ebenso die Wahrnehmung, dass „Globalisierung" gleichbedeutend ist mit der weltweiten Kolonialisierung der Armen durch die reiche kapitalistische Welt. Die Folge davon ist ein Gefühl der Erniedrigung und Wut; es nährt den Hass der Terroristen, die den Reichtum der hochentwickelten Staaten gleichzeitig beneiden und fürchten. All das ist schlecht für die Wirtschaft: Der Kapitalismus schafft einen Schatten seiner selbst, der wie Eristychthon in seiner Gier um sich greift, um sich selbst zu verschlingen.

Nicht so offensichtlich ist dagegen, dass die Annahme, Menschen seien rein ökonomische Wesen, die leben, um Geld anzuhäufen, den Stress und die Erschöpfung der „Gewinner" verstärkt, die diesem System dienen. Andere Werte – Zeit mit der Familie; Zeit zur Entspannung; Zeit für die Erfüllung innerer Bedürfnisse; Zeit, um sich am erreichten Wohlstand zu erfreuen; die Möglichkeit, Erfüllung in der Arbeit zu finden, die wir tun; das Gefühl eines tiefen Sinns im Leben – werden dem Streben nach immer mehr Profit und noch mehr materiellem Wachstum geopfert. Die Menschen, die diese rein profitorientierten Konzerne führen oder in ihnen arbeiten, mögen mit Charles Handy fragen: „Welchen Sinn hat eigentlich dieses Unternehmen und wem gehört es? Gehört es uns, die wir in ihm arbeiten, sei es ein sozialer oder kommerzieller Betrieb, sind wir seine Instrumente, oder sind wir mehr als das?"[6]

---

6 Charles Handy, *The Empty Raincoat*

Der Hauptgrund für Stress im Leben der meisten von uns ist der Mangel an Sinn. Die Dinge verändern sich rasend schnell und ununterbrochen, viele unserer alten Sicherheiten sind nicht länger wirksam, und wir haben längst unsere wichtigen Orientierungen verloren.

Um uns herum vollziehen sich ständig Umstrukturierungen, Jobs werden gestrichen oder Aufgabenbereiche verändert, Unternehmen werden aufgespalten oder fusionieren, das Personalkarussell im Topmanagement dreht sich unaufhaltsam, persönliche Autonomie ist oft nur vorgetäuscht und kurzfristige Verträge bewirken fast zwangsläufig eine Abnahme von Moral, Verbindlichkeit und Vertrauen. Und das ist alles nur der berufliche Stress. In unserem Privatleben erfahren wir aber Ähnliches: Erosion moralischer und religiöser Sicherheiten, Veränderungen in Familien- und Beziehungsstrukturen, ständige Mobilität, Verluste, Scheidung, Pensionierung und den Tod von geliebten Menschen. Das Leben im 21. Jahrhundert ist wie das Caucus-Rennen in Lewis Carrolls *Alice im Wunderland*. Jemand sagt: „Lasst uns ein Spiel spielen" – aber es gibt keine Regeln und keine klare Spielfeldbegrenzung. Jemand ruft: „Fangt an!", und alle beginnen, ziellos herumzulaufen. Und irgendwann ruft jemand zu einem beliebigen Zeitpunkt „Stop!". Es gibt keine Gewinner, keine Verlierer und wir haben keine Ahnung, worum es geht. Was uns von der Anstrengung bleibt, ist letztlich Stress und die Art von Weltschmerz, die der englische Dichter William Wordsworth beschrieben hat:

Die Welt umgarnt uns rastlos; früh und spät,
Gebend und nehmend – unsere Kräfte hausen
Verschwenderisch: Du, Erde, nur bleibst draußen.
Wir haben unser Herz verkauft, verschmäht!
Dies Meer, das seinen Leib dem Mond verrät,
Die Winde, die nun Stund um Stunde brausen,
Nun, schlafende Blumen, unbeweglich hausen –,
Wie all dies unserm Aug und Ohr entgeht!

Es rührt uns nicht. ...

Sinnlosigkeit und die dadurch entstehende Belastung sind heute der Hauptgrund für Krankheiten in der modernen Welt. Leiden wie Depression, Angst, chronisches Erschöpfungssyndrom, Alkoholismus, Drogenmissbrauch und Selbstmord stehen ganz offensichtlich mit Stress in Verbindung. Aber die Schulmedizin postuliert mittlerweile auch wichtige, mit Stress verbundene Faktoren bei so genannten körperlichen Krankheiten, wie Bluthochdruck, Herzerkrankungen, Krebs und sogar Alzheimer. Stress vermindert die Fähigkeit des menschlichen Immunsystems, Krankheiten zu bekämpfen. Stress sorgt zusammen mit anderen Hormonen, die die Konzentration steigern, für eine ständige Freisetzung von Adrenalin, um „fliehen oder kämpfen" zu können – kurzfristig. Über einen längeren Zeitraum führt das zum Burn-out.

Stress und Erschöpfung schaden offensichtlich den Menschen, die darunter leiden. Sie führen zu Krankheiten und vorzeitigem Tod. Aber gestresste und erschöpfte Menschen sind auch für die Wirtschaft nicht erstrebenswert. Sie beschneiden die Kreativität und Produktivität des Unternehmens, sind anfällig für Krankheiten und haben deshalb viele Fehlzeiten. Sie sind für Unternehmen und die gesamte Wirtschaft ein Kostenfaktor. Mit Stress verbundene Krankheiten kosten den britischen Staat 3,9 Millionen Pfund[7] im Jahr. Damit kosten sie das Vereinigte Königreich zehn Prozent des jährlichen Bruttosozialprodukts.[8]

Wie schon gesagt, hat die Wirtschaft von heute, die Geld als alleinige Grundlage der Ökonomie und deren Richtschnur betrachtet und deshalb nicht nachhaltig ist, in Spitzenunternehmen massive Führungskrisen ausgelöst. Die Probleme und Herausforderungen, mit denen Unternehmen heute konfrontiert sind, sind enorm: rasche Veränderungen, Globalisierung, neue Technologien, höhere Kundenerwartungen, politische, soziale und ökologische Krisen. Deshalb ist es, wie Professor John Hunt von der London Business School erklärt, nicht besonders inspirierend, sein Leben damit zu verbringen, immer mehr Geld für Aktionäre zu erwirtschaften.[9]

---

7 umgerechnet 4,3 Millionen Euro, Anm. d. Hrsg.
8 Stephen Overell, *Financial Times,* 9. Januar 2001
9 John Hunt, *Financial Times,* 27. September 2000

Wie ein leitender Manager von Shell USA mir kürzlich sagte: „Das Problem der Wirtschaft ist, dass sie im Grunde seelenlos ist. Unternehmen sollen Geld machen. Sie definieren Arbeit als reines Streben nach Profit. Aber wir Menschen sind letztendlich *spirituelle* Wesen. Wir sind auf einer lebenslangen Suche nach Sinn. Wirtschaftsdenken dagegen schließt gerade das aus, was Menschen am wichtigsten ist."

Hervorragende Führungskräfte wollen in der Regel einer größeren Sache dienen, sie möchten dass ihr Leben und ihre Arbeit etwas bedeuten und zu positiven Veränderungen führen. Solche Menschen fühlen sich von der Arbeit in Politik, Medizin, Forschung und Bildung angezogen. Sie sind selten an der Spitze großer Konzerne zu finden. Viele, die dort einmal waren, sind gegangen und arbeiten jetzt in gemeinnützigen Organisationen wie Save the Children oder den großen Nichtregierungsorganisationen. Diese hervorragenden Führungskräfte fehlen daher in der Wirtschaft.

So bleiben nur diejenigen übrig, die allein nach Geld und Profit streben und sie sind es, die die Wirtschaft zu einem schmutzigen Geschäft machen. Der Kapitalismus selbst hatte nie irgendwelche moralischen Prinzipien oder einen moralischen Kontext. Er ist eine ökonomische Theorie und keine moralische oder soziale Philosophie. Der Markt und nichts weiter ist seine Grundlage und sein Ziel. Lediglich der ganz frühe Kapitalismus war in die moralische und spirituelle Vision des Christentums eingebettet, wie die altruistischen Quäker-Unternehmer der viktorianischen Zeit beweisen. Aber mit dem generellen Verfall der Ethik und Werte in unserer Gesellschaft war die Wirtschaft der Ethik von Gordon Gecko überlassen, dem hemmungslos aggressiven Geschäftsmann aus dem Film *Wall Street*. Die Wirtschaft des neuen Millenniums ist ein moralischer Sumpf, in dem die größten Krokodile jede Art von Lüge, Betrug oder falscher Buchführung nutzen, um ihren eigenen Bauch zu füllen. Wie John Plender in seinem Buch *Going off the Rails* sagte: „Die amerikanische Geschäftspraxis ist von den Werten einer Finanzelite durchsetzt, die nur mit Handel und Verkaufen beschäftigt ist und völlig aus dem Blick verloren hat, was eigentlich der Sinn ihrer Arbeit ist. Im modernen Kapitalismus gibt es in der Tat eine Krise der Legitimation."

Nicht genug, dass leitende Manager von Firmen wie Enron, WorldCom und viele andere die Gesellschaft als Ganzes (zum Beispiel durch Steuerhinterziehung) und ihre Kunden betrogen haben, sie haben auch ihre eigenen Aktionäre hemmungslos übers Ohr gehauen. Mit Plenders Worten: „Jeder in diesem Enron-Skandal war in potenziellen Interessenskonflikten gefangen. Und jeder – selbst die Kontrollinstanzen – wurde von Enron in der einen oder anderen Weise gekauft." Und wie die nachfolgenden sinkenden Aktienpreise und die Instabilität des Marktes gezeigt haben, sind schmutzige Geschäfte schlecht für die Wirtschaft. Und letztlich vernichten diese Praktiken immer mehr Unternehmen, weil eine kurzfristige, problemorientierte, profitmaximierende Mentalität vorherrscht. Mit den Worten dieses Buches gesprochen, benutzt die Wirtschaft nicht die gesamte Kapazität ihres Gehirns und ihre volle Intelligenz. Wenn mein Denken sich ausschließlich darum dreht, wie viel Geld ich in den nächsten drei Monaten verdienen kann (Quartalsgewinne), ist meine Sicht eingeschränkt und begrenzt. Ich nutze meine rationale, lineare, problemlösende Intelligenz, um akute Probleme zu lösen, die einem schnellen Gewinn im Weg stehen. Damit bin ich blind für größere Themen, wie die langfristige Lebensfähigkeit der Erde oder auch die kurzfristige meiner eigenen Gesellschaft oder Firma, für den Lebensstil und die Werte, die ich mir selbst und meiner Familie auferlege. Ich denke nicht darüber nach. Ich plane nicht in die Zukunft. Ich betrachte nicht „das große Bild". Ich gewähre mir nicht die angemessene Zeit oder die Mittel, um die Bedürfnisse meines Unternehmens zu erforschen. Ich kümmere mich nicht um langfristige Sicherheit oder zukünftiges Wachstum. In England haben wir kürzlich gesehen, wie die komplette Infrastruktur der Eisenbahn zusammenbrach. Monatelang konnten keine Züge fahren. Zu spät hatte Railtrack (das private Unternehmen, das Englands Schienennetz betreut) gesehen, dass nicht nur die aktuellen Bahnstrecken in einer Weise heruntergekommen waren, die allen Sicherheitsstandards widersprach, sondern dass auch die gesamten Pläne der Angleichung des nationalen Schienennetzes an die Bedürfnisse des zukünftigen Verkehrs komplett fehlerhaft waren. Und der Grund dafür? Kurzfristiges Profitdenken und kurzfristiges Denken auf der ganzen Linie. Die Geschichte von Railtrack ist nicht ungewöhnlich. Kurzfristige, unverbindliche Investments durch große, anonyme Investmentfonds sind eine Plage für die heutige Wirtschaft, denn sie nehmen den Führungskräften die Kontrolle über ihre Unternehmensplanung und höhlen die Ethik der Wirtschaft aus. Solche Investitionen und ihre inflationäre und destabilisierende Wirkung standen im Zentrum der Wirtschaftskrise der schnell wachsenden Tigerstaaten in den späten 1990er-Jahren. Kurzfristige, schnell reich machende Investitionen waren auch für den Sturz der Marconi-Aktien[10] zu Beginn des neuen Millenniums verantwortlich. Statt Geld zu verdienen, rafft jeder so viel Geld zusammen, wie er nur bekommen kann, und das schadet massiv der Wirtschaft.

Die tiefere Quelle mangelnder Nachhaltigkeit

Die Themen, die ich soeben angesprochen habe, werden oft diskutiert, aber deshalb sind sie natürlich nicht weniger real oder bedrohlich. Wenn wir uns allerdings die Haltungen und Praktiken des Kapitalismus, wie wir ihn kennen, genauer anschauen, geht es um viel tiefere, grundlegendere Fragen. Es geht um das, was unsere Menschlichkeit fördert oder gefährdet und damit auch die hochentwickelten Zivilisationen, die im Lauf der Menschheitsgeschichte entstanden. Die Frage nach der Nachhaltigkeit des Kapitalismus muss die Frage danach sein, ob er unseren tiefsten menschlichen Werten und Zielen dient. Wir müssen fragen, ob er das Überleben der menschlichen Spezies sichert und ob er die menschliche Entwicklung in dem übergeordneten Kontext von Fragen nach dem Sinn und Ziel des menschlichen Lebens fördert.

In den 1960er-Jahren gab der Psychologe Abraham Maslow dem uns bekannten Kapitalismus eine Stimme und Glaubwürdigkeit, indem er die berühmte „Hierarchie der Bedürfnisse" formulierte, die in Abbildung 1.1 dargestellt ist. Maslows Pyramide schuf ein Paradigma des Menschen, das dem Bedürfnis nach körperlichem

10 britisches Telekom-Unternehmen, Anm. d. Hrsg.

Überleben absolute Priorität beimaß. Gleich danach kam bei ihm das Bedürfnis nach Sicherheit, der Sicherheit meiner selbst und meines Besitzes. Die Feststellung, dass solche Bedürfnisse von der gegenwärtigen Wirtschaft immer noch als primär angesehen werden, zeigt sich in dem Statement, das ich weiter oben zitiert habe: „Wir können es uns nicht leisten, an zukünftige Generationen zu denken. Wir müssen uns selbst und unsere Profite schützen."

Maslows Pyramide gibt aber auch höheren Bedürfnissen Raum, dem Bedürfnis nach sozialer Verbundenheit, nach Selbstachtung und nach dem, was er Selbstverwirklichung nennt – das Bedürfnis nach persönlichem Sinn und spirituellem und psychologischem Wachstum. Aber in seinem Modell können diese höheren Bedürfnisse erst ins Spiel kommen, wenn die grundlegenderen Bedürfnisse von Überleben und Sicherheit erfüllt sind. Zuerst einmal sind wir Tiere, „nackte Affen", die erst später und nur, wenn die Bedingungen es erlauben, nach Menschwerdung streben.

Frederick Herzbergs bekannte Studie aus dem Jahre 1959, in der er untersuchte, was Menschen in ihrer Arbeit motiviert, strafte Maslows Hierarchie allerdings Lügen in Bezug auf die Gründe für Unzufriedenheit oder Zufriedenheit unter Arbeitern und Angestellten. Waren grundlegende Faktoren oder Bedürfnisse, wie Methoden und Verwaltung des Unternehmens, die Beziehung zu Vorgesetzten oder Kollegen, Bezahlung, Arbeitsbedingungen und Sicherheit, die Hauptgründe für Unzufriedenheit, wenn sie nicht angemessen erfüllt wurden, so bewirkte jedoch auch ihre angemessene Erfüllung keine Zufriedenheit. Die positivere Qualität, in der Arbeit Zufriedenheit zu finden und dadurch motiviert zu sein, hing weitaus mehr ab von Faktoren wie Wachstum, Weiterentwicklung, Verantwortung, der Arbeit selbst, Anerkennung und dem Gefühl, etwas erreicht zu haben.[11] Diese Dinge bezeichnete Maslow als „höhere Bedürfnisse".

Ein zentrales Argument dieses Buches ist die Ansicht, dass Maslows Bedürfnispyramide in einer so entwickelten Kultur wie der unsrigen umgekehrt gilt (wie in Abbildung 1.2). Für die meisten

11 Frederick Herzberg, Bernard Mausner, Barbara Block Snyderman, *The Motivation to Work*

von uns im Wohlstand der westlichen Welt ist die Erfüllung der Grundbedürfnisse nach Nahrung und Sicherheit ein Geburtsrecht. Und diejenigen, die die Erfüllung der niederen und der höheren Bedürfnisse erfahren dürfen, halten die höheren für wichtiger, denn sie bringen mehr Glück und Zufriedenheit. Maslows Arbeit entstand vor fast einem halben Jahrhundert und in der Zwischenzeit sind Anthropologen, Neurowissenschaftler und Psychologen zu einem noch tieferen Verständnis der menschlichen Natur und den Ursprüngen unserer Menschlichkeit gekommen. Wir wissen heute, dass per Definition primär Sinn und Werte (d. h. „Selbstverwirklichung") einen Menschen ausmachen. Wir brauchen ein Gefühl der Sinnhaftigkeit und eines motivierenden Zieles in unserem Leben; ohne ein solches werden wir krank oder sterben.

In der Tat war es eine noch primitive Form der Suche nach Sinn, nach Wissen und Entdeckung dessen, was hinter dem Horizont liegt, die unsere Spezies vor einigen Millionen Jahren veranlasste, von den Bäumen zu klettern. Es war die Sehnsucht nach dem Austausch von Symbolen und Bedeutung zwischen Einzelnen und frühen Gruppen, die die Sprache hervorbrachte und die Koevolution des großen Frontalhirns bewirkte, das für die Sprache benötigt wird.[12] Und später entstanden im menschlichen Gehirn weitere Zellen im Temporallappen, die noch tiefere Ausdrucksformen des Bedürfnisses nach Sinn ermöglichten – nach dem Sinn unseres Daseins, nach unserem Platz im großen Ganzen, nach dem Vorgang unserer Geburt und dem Sinn unseres Todes, nach unserer Verbindung mit dem Göttlichen und andere wichtige Fragen. Dieser Bereich des Gehirns wurde als „God-Spot" bezeichnet und wird in einem späteren Kapitel eingehender besprochen. Der God-Spot z. B. erklärt die Präsenz religiöser Ideen, Riten und Rituale, die bis zu den frühesten menschlichen Gesellschaften zurückreichen, die bisher bekannt sind.

Des Weiteren haben Wissenschaftler im letzten halben Jahrhundert auch herausgefunden, welche Rolle der Altruismus in der Entwicklung der menschlichen Gesellschaften gespielt hat, denn wir

---

12 Terrence Deacon, *The Symbolic Species*

waren nicht immer nur auf unser eigenes Glück erpicht und wären heute wohl kaum noch hier, wenn Selbstbezogenheit und Egoismus immer gewonnen hätten. Das Überleben an sich ist immer auch abhängig von der Bereitschaft einiger weniger, sich für andere oder die Gruppe zu opfern. Selbstachtung hängt wesentlich davon ab, zu wissen, dass man im Leben und in Bezug auf andere „das Richtige getan hat" und ohne dieses Wissen ist Überleben (der Wille, zu leben, und die Fähigkeit, mit sich selbst zu leben) nicht möglich.

Der Psychologe Viktor Frankl (*... trotzdem Ja zum Leben sagen*) stellte fest, dass die Häftlinge in den Konzentrationslagern im Deutschland des Nationalsozialismus, die andere verraten hatten, um selbst zu überleben, nachher nicht mit dieser Schuld leben konnten.[13] Der Selbstmord des bedeutenden Autors des 20. Jahrhunderts, Primo Levi, wurde z.B. direkt auf seine Unfähigkeit zurückgeführt, mit dem zu leben, was er um seines eigenen Überlebenswillen in Auschwitz getan hatte. Im Gegensatz dazu gibt es aber auch zahllose Geschichten über Menschen, die bereitwillig ihr Leben (und Überleben) für andere oder für die Sache, an die sie glaubten, geopfert haben. Laut Frankls Studie überlebten KZ-Häftlinge mit einem starken religiösen Glauben oder großen politischen Idealen eher als jene ohne solche Wertesysteme. Die muslimischen Selbstmordattentäter, die am 11. September das World Trade Center und das Pentagon angriffen, opferten sich ebenso, wie es zahllose weitere Menschen im Mittleren Osten getan haben. Wir mögen schrecklich finden, was sie taten, aber wir können nicht leugnen, dass sie zu sterben bereit waren für etwas, was sie als höheren Sinn ansahen – so böse und verzerrt dieser Sinn auch sein mag.

In früheren Jäger-und-Sammler-Gesellschaften war eine Gruppe absolut notwendig, um erfolgreich zu jagen, ein Einzelner allein konnte nicht überleben; daher die Notwendigkeit „selbstloser" Gene – die heute immer noch wirksam sind. (Und vor nur 10.000 Jahren waren wir alle Jäger.) Den gleichen Zwang zur Kooperation gab es noch in den landwirtschaftlichen Gemeinschaften und Großfamilien vor nur 200 Jahren. Damals waren wir sowohl

---

13 Viktor Fankl, *... trotzdem Ja zum Leben sagen*

Gemeinschaftswesen als auch Individuen, haben uns heute jedoch durch die zutiefst individualistische und ichbezogene westliche Kultur entfremdet. Sogar neue Studien darüber, was einen gesunden Markt antreibt, haben gezeigt, dass es die Kombination von Selbstbezogenheit und Altruismus (Konkurrenz und Kooperation, Egozentrik und Gegenseitigkeit) ist, die die optimalen Bedingungen für marktwirtschaftliche Erfolge schafft.[14]

Es wird ferner berichtet, dass Abraham Maslow an seinem Lebensende selbst der Überzeugung war, dass die Bedürfnispyramide umgedreht werden müsse. Die tiefe Sinnkrise in der westlichen Welt im 20. Jahrhundert – der Verlust des Glaubens an etwas Höheres, niedrige moralische Standards, hemmungsloser Egoismus und daraus folgende geringe Selbstachtung, der Verlust von Sinn und Werten, das Gefühl der Langeweile – ist das Vermächtnis eines Kapitalismus, der die falschen Prioritäten betont. Jene Selbstbezogenheit und der Materialismus, die aus den kapitalistischen Ideen resultierten, haben wahrscheinlich zum ersten Mal in der menschlichen Geschichte die Frage aufgeworfen, ob die Menschheit als solche überhaupt überleben wird. Wenn wir die Verbindung zum Kern unserer Menschlichkeit – unseren höheren Zielen, Werten und Möglichkeiten – je verlieren oder sie ernsthaft gefährden, sind wir in der Tat nichts als nackte Affen. Und ich bin zutiefst davon überzeugt, dass das auch für die Wirtschaft desaströs ist.

Ein anderer Weg?

Die meisten Menschen, die über die Kosten und die fehlende Nachhaltigkeit des Kapitalismus und der heutigen Wirtschaft nachdenken, würden sagen: „Es muss einen anderen Weg geben!“ Mit einem weiteren und realistischeren Verständnis der menschlichen Natur und Motivation kann die Wirtschaft nicht als ein wirklich menschliches Unterfangen gesehen werden. Ihre falschen Annahmen von Menschen als im Grunde ökonomische und egoistische Wesen stimmen nicht mehr mit den Tatsachen überein, die wir heute kennen.

14 Peter Evans, „Model Behaviour“, *Oxford Today*

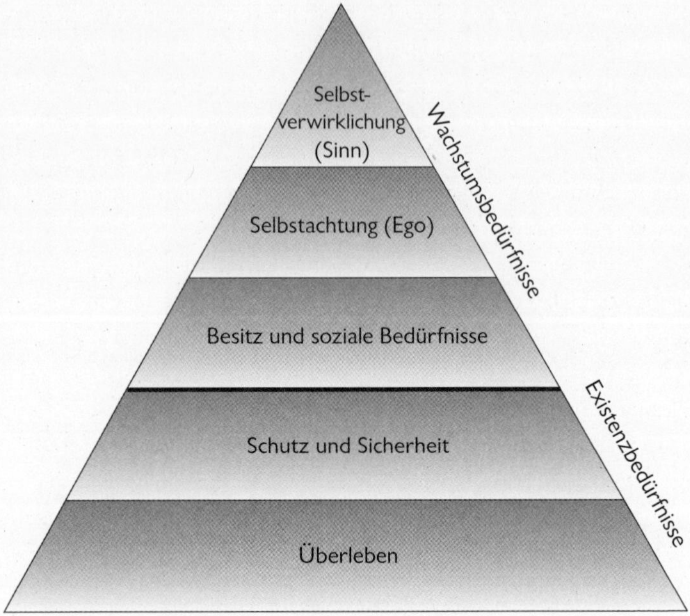

Abbildung 1.1: Maslows Bedürfnishierarchie

Und sie beantworten auch nicht die Sehnsucht unserer Kultur, dem materialistischen Sumpf zu entkommen, in dem wir stecken. Mit der Überzeugung, dass die globale Wirtschaft sowohl das Geld als auch die Macht hat, um in dieser krisengeschüttelten Welt echte Veränderungen herbeizuführen, lebt dieses Buch von der Vision, dass die Wirtschaft endlich den Blick über die Fixierung auf Geld und Profit erhebt. Es betrachtet die Arbeit in der Wirtschaft ebenso als Berufung wie es die akademischen Berufe tun. Dies bedeutet eine stärkere Orientierung an Dienstleistung und Werten und die Aufhebung der bisher als natürlich angenommenen Unterscheidung zwischen Privatbereich und öffentlichen Institutionen. Dieses Buch propagiert die Vision einer Wirtschaft, die Verantwortung für die Welt übernimmt, in der sie arbeitet und aus der heraus sie ihren Wohlstand schafft. Und es hofft auch darauf, dass viel mehr der Führungskräfte als bisher „dienende Führungskräfte“ werden – Führer, die nicht nur ihren Aktionären, Kollegen, Produkten und Kunden dienen, sondern auch der Gemeinschaft, dem Planeten, der

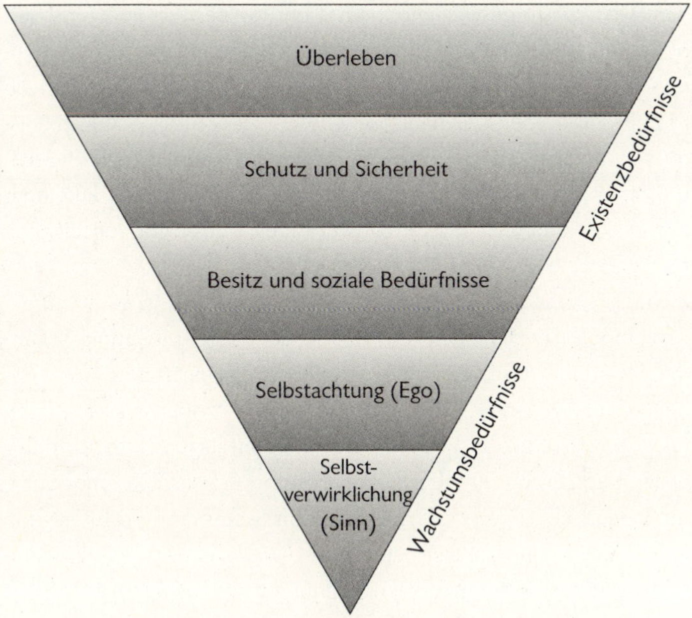

Abbildung 1.2: Maslows Bedürfnishierarchie, umgekehrt

Menschheit, der Zukunft und dem Leben selbst. Führungskräfte, die es wagen, „über den eigenen Tellerrand zu schauen".

Aber von der „Wirtschaft-wie-sie-ist" zur „Wirtschaft-wie-sie-sein-könnte" zu kommen, ist keine einfache Aufgabe. Kurze Gespräche über die soziale Verantwortung von Unternehmen, Diskussionen über „Visionen und Werte" und „Wertekarten" aus Plastik, die Mitarbeiter in ihre Brieftasche stecken können, werden nicht viel verändern. Wir brauchen ein völlig neues Rahmensystem, eine Transformation des bisherigen Paradigmas, das unsere Grundideen von Wohlstand und Kapital umfasst und ein neues, lebendiges Verständnis dessen beinhaltet, was ein Wirtschaftssystem ist und wie es intelligent gesteuert werden kann. Das wiederum erfordert, dass wir uns die Natur von Wirtschaftssystemen und menschlicher Intelligenz näher anschauen.

Auf den folgenden Seiten versuche ich deshalb, das Verständnis von Kapital zu erweitern und die neuen Ideen des „sozialen" und „spirituellen Kapitals" dabei mit einzubeziehen. Wenn wirklich klar wird, was Menschsein bedeutet und was es für die Wirtschaft bedeuten würde, diesem Menschsein zu dienen, dann wird der Unterschied zwischen holistischen, dynamischen, kreativen, adaptiven Systemen und den mechanistischen des herkömmlichen Kapitalismus deutlich erkennbar. Dies beinhaltet wiederum Möglichkeiten, um die moderne Wirtschaft mit wahrer Menschlichkeit zu einem komplexen adaptiven System zu verändern, das nicht nur nachhaltig, sondern sogar „zutiefst nachhaltig“ ist.

Im Zuge dessen werde ich die Ursprünge, das Wesen und die ordnende Kraft der Intelligenz beschreiben, die notwendig ist, um diese Systeme zu schaffen: die spirituelle Intelligenz oder SQ (Weisheit). Dabei grenze ich sie ebenso wie einige moderne systemische Denker vom bekannteren IQ (rationale Intelligenz) des traditionellen Kapitalismus und der neueren Betonung des EQ (emotionale Intelligenz) ab. Dieses Verständnis von Systemen und Intelligenz wird das Buch nutzen, um ein neues Wirtschaftsmodell und eine neue Grundlage für strategische Planung zu entwickeln, die mit der umfassenderen Perspektive einer Wirtschaft der Zukunft und der Schaffung von spirituellem Kapital vereinbar ist.

2

Was ist spirituelles Kapital?

Spirituelles Kapital" ist ein ganz neues Paradigma. Es erfordert, dass wir unser Denken über die philosophischen Grundlagen und die Praxis der Wirtschaft radikal verändern. Es ist nicht antikapitalistisch – es ist noch nicht einmal nichtkapitalistisch, aber es verlangt von uns, dem herkömmlichen Kapitalismus moralische und soziale Dimensionen hinzuzufügen. Spirituelles Kapital ist auch nicht gleichbedeutend mit finanziellem Reichtum, sondern betont die Möglichkeit, Profit zu machen – und vielleicht sogar größeren Profit – durch eine Wirtschaftspraxis im umfassenderen Kontext von Sinn und Werten. Spirituelles Kapital kann Profit erwirtschaften, der zugleich aus dem Reichtum des menschlichen Geistes und des allgemeinen Wohlbefindens schöpft und beides vermehrt.

Im ersten Kapitel habe ich die Schattenseiten des Kapitalismus beschrieben – und die meisten meiner Argumente waren nicht neu. Die gleichen Beobachtungen und Kritikpunkte wurden von Sozialisten, Kommunisten, Umweltschützern und Soziologen angeführt. Allerdings waren die Alternativen, die sie anboten, auch nicht erfolgreich; dafür liefert z. B. der Marxismus ein klares Beispiel.

Laut Marx spricht der Kapitalismus die selbstsüchtigen Motive des Menschen an und führt zur Ausbeutung der Schwachen durch die Mächtigen. Das erzeugt im Gegenzug Leiden und Wut. Marx war der Ansicht, dass der Grund dafür in der Klassenstruktur liege, die dem Kapitalismus zugrunde liegt. Wenn wir uns von dieser Klassenstruktur befreien könnten, würden dadurch die höchsten Motive des Menschen freigesetzt. Unser uns innewohnender Gemeinschaftsgeist würde die Oberhand gewinnen und wir hätten für immer „Brüderlichkeit unter den Menschen". Rein wirtschaftlich, so postulierte *Das kommunistische Manifest*, würden Reichtum und Wohlstand fröhlich nach dem Prinzip verteilt werden: „Von jedem entsprechend seinen Möglichkeiten, für jeden nach seinem Bedarf."

Wie wir wissen, funktionierte der Kommunismus in keiner der Gesellschaften, in denen er versucht wurde. Und auch der Sozialismus konnte nicht mit den ökonomischen Erfolgen des Kapitalismus konkurrieren. Ich denke, dass Marx' Denken hier in zweifacher Hinsicht versagt hat. Zum einen verstand er nicht, dass die meisten Menschen, sei es im Kapitalismus oder in nichtkapitalistischen Systemen, aus egoistischen Motiven handeln. Wir sind nicht die Altruisten, für die Marx uns hielt. Zum anderen: In allen kommunistischen Ländern gab es stets Heerscharen von Bürokraten, Agenten und Geheimdiensten – und alle waren bestechlich. Korruption und Abhängigkeit waren allgegenwärtig.

Marx' zweiter Denkfehler war seine Unfähigkeit, die wahre Natur höherer Motivation zu verstehen – und damit auch die Kraft, die notwendig ist, um die Motivation des Menschen von niederen hin zu höheren Beweggründen zu verschieben. Wie die Kapitalisten reduzierte Marx alles auf materielle Bedürfnisse. Er setzte Hegels „Geist" mit Geld gleich und verkannte völlig die Tatsache, dass der Weg hin zu einem Handeln aus höherer Motivation auf einer zutiefst spirituellen Grundlage ruht.

Die Unzufriedenheit mit dem Kapitalismus und die Fehlschläge des Kommunismus haben einige Theoretiker dazu bewogen, nach einem „dritten Weg“ zu suchen. Dies ist im Grunde auch die Inspiration für die Art der europäischen Sozialdemokratie, die durch Anthony Giddens und Tony Blair vertreten wird. Unglücklicherweise hat diese Vision nicht viele Herzen erreicht und die Motivation wirklich vieler Menschen transformiert. Ihr fehlt eine stabile philosophische, ökonomische und psychologische Basis. Im Großen und Ganzen ist sie ein wahlloser Einkaufskorb verschiedener Ideen des freien Marktes und der Planwirtschaft. Dort, wo der private Bereich mit dem öffentlichen Bereich zusammenarbeitet (wie zum Beispiel im Gesundheitssystem), hat die kapitalistische Denkweise meist die Angebote des öffentlichen Bereichs dominiert und verzerrt. Bisher wurde also noch kein echter „dritter Weg“ formuliert, der aus dem tieferen Bereich der menschlichen Motivation und aus dem Wissen entsteht, wie wir diese transformieren können. „Spirituelles Kapital“ ist daher ein Versuch, dieses neue Paradigma zu beschreiben.

Es ist oft am besten, ein neues Paradigma durch ein Beispiel zu illustrieren. Nicht alle Unternehmen stecken heute in einer Situation fest, die mit der von Erisychthon vergleichbar ist, und durch die wenigen Pioniere, die tatsächlich einen neuen Weg eröffnet haben, wird es leichter für alle anderen, ihnen nachzufolgen. Um zu zeigen, wie die Ideen von Kapital und Wohlstand und der Rolle der Wirtschaft in der Gesellschaft erweitert werden können, schauen wir uns nun ein Unternehmen an, das tatsächlich mehr geschaffen hat als nur materiellen Profit.

Das pharmazeutische Unternehmen Merck wurde von einem Mann mit einer Vision gegründet. Er wollte „Medikamente zu den Patienten bringen, die sie brauchen“. Auf dem Weg zu diesem Ziel haben er und seine Nachfolger auch viel Geld verdient, aber das ist längst nicht alles, was sie taten.

Die Merck-Geschichte

Im Jahre 1995 war Merck & Co das größte pharmazeutische Unternehmen der USA.[15] Es erreichte einen Umsatz von 16,7 Milliarden Dollar und der Nettoprofit betrug 3,3 Milliarden Dollar.

In den 1990er-Jahren wurde Merck vom Magazin *Fortune* zum „angesehensten" Unternehmen gewählt und *Business Week* veröffentlichte eine Titelgeschichte mit der Überschrift „Der Wunder-Konzern", in der sowohl die Forschungsarbeit des Konzerns als auch sein Management aufs Höchste gelobt wurden. Merck wurde besonders bekannt für seine Innovationen im Labor und hat Mitte der 1990er-Jahre mit einem Forschungsbudget von 1,5 Milliarden Dollar solch revolutionäre Medikamente wie Mevacor (zur Senkung des Cholesterinspiegels), Vasotec (gegen Bluthochdruck), neue Asthmatherapien und den ersten Impfstoff gegen Windpocken auf den Markt gebracht. All diese Entwicklungen sind Teil der Erfolgsgeschichte eines äußerst profitablen Unternehmens, das die medizinische Versorgung in vielen Bereichen der Welt enorm verbessert hat.

Wie die meisten pharmazeutischen Unternehmen konzentrierte sich auch Merck darauf, große Profite zu erreichen – mit Produkten für die wohlhabende westliche Welt. Aber dann eröffnete sich eine Möglichkeit, das bisherige Wirtschaftsmodell zu erweitern. Diese Möglichkeit, nämlich die unerwartete Chance, eine der schrecklichsten und folgenschwersten Infektionskrankheiten der Dritten Welt zu heilen, verlangte von den Verantwortlichen, viele der heiligsten Prioritäten des Kapitalismus zu überdenken.

In Afrika, dem Mittleren Osten und in weiten Teilen Südamerikas sind ungefähr 340.000 Menschen blind, weil sie von einer Fliege gestochen wurden, die einen Parasiten trägt, der das Sehvermögen zerstört. Eine Million Menschen leidet aufgrund der gleichen Ursache unter *teilweiser* Blindheit, während weitere 18 Millionen mit dem Parasiten infiziert sind und für 85 Millionen andere das Risiko

15 Die Aufzählung der Erfolge von Merck bezieht sich auf David Bollier, *Aiming Higher,* 1997

der Infektion ständig besteht. Der Parasit verursacht Onchoceriasis oder „Oncho", auch bekannt als „Flussblindheit".

In den späten 1970er-Jahren, während der gleichzeitigen Entwicklung eines sehr effektiven und außerordentlich profitablen Medikaments, das einen ähnlichen Parasiten in der landwirtschaftlichen Viehhaltung bekämpft, erkannten die Wissenschaftler von Merck, dass sie eine chemische Verbindung entdeckt hatten, die die „Flussblindheit" verhindern könnte. Und dieses Medikament namens „Mectizan" musste sogar nur einmal im Jahr als Tablette verabreicht werden! Also verdiente sich Merck seinen Spitznamen als „Wunder-Konzern" schon wieder. Nur, wo war der Haken? Während das Medikament dem Unternehmen im Veterinärbereich nach dem ersten Jahrzehnt einen jährlichen Umsatz von über einer Million Dollar beschert hatte, bestand der potenzielle Markt für Mectizan aus Menschen und Regierungen der Dritten Welt, die nicht das Geld hatten, um dafür zu bezahlen. Und keine einzige weltweite Organisation war bereit, die Entwicklung von Mectizan und die notwendigen Sicherheitstests zu finanzieren, geschweige denn die Verteilung an die Menschen zu übernehmen, die es dringend brauchten und oft in weit abgelegenen Gebieten lebten.

Obwohl es also keine Aussicht auf Profit gab und Merck wusste, dass er alle Kosten für die Entwicklung und die klinischen Tests würde selbst übernehmen müssen, wurde Mectizan produziert. Und wann immer es keine zahlungsfähigen Kunden dort gab, traf das Unternehmen die völlig unorthodoxe Entscheidung, das Medikament *umsonst* an alle abzugeben, die es brauchten – ein Geschenk, das ca. 250 Millionen Dollar wert war. Und das Ergebnis? Bis Mitte der 1990er-Jahre erreichte Mectizan mithilfe der WHO, der Weltbank und verschiedenen gemeinnützigen Organisationen, die in der Dritten Welt tätig sind, 15 Millionen Menschen in 16 teilnehmenden Ländern.

In dieser Produktionsgeschichte war der materielle Profit für Merck also gleich null. Aber das Gute, das erreicht wurde, und das Gefühl, etwas Wertvolles getan zu haben, sowie die daraus entstandene innere Bestärkung der Wissenschaftler des Unternehmens waren Lohn genug. Wie auch in anderen Fällen, als Merck

z. B. nach dem Zweiten Weltkrieg (ebenfalls ohne Profit) in Japan Streptomycin verteilte, um einen großen Tuberkulose-Ausbruch zu bekämpfen, oder später in China die gesamte Technologie zur Produktion des Hepatitis-B-Impfstoffs zur Vorbeugung von Leberkrebs spendete, zahlte sich dies wirtschaftlich trotzdem aus, weil andere Merck-Produkte hohe Dividenden erzielen konnten. Wenn man seine Aufmerksamkeit also auf etwas anderes als nur den materiellen Profit richtet, kann das diesen langfristig sogar erhöhen.

Ich nenne die Art von Kapital, die Merck in der Bekämpfung der Flussblindheit erwirtschaftet hat, „spirituelles Kapital". Es ist Kapital, das entstand, weil aus einem tieferen Sinn, für ein höheres Ziel und nach grundlegenden menschlichen Werten gehandelt wurde. Es ist die Art von Kapital, das sich nicht in Dollar und Cent messen lässt, sondern am Gefühl, etwas erreicht zu haben, in der positiven Bestärkung, der Dankbarkeit und dem allgemeinen Zuwachs von Wohlbefinden, das mit einer höheren Lebensqualität einhergeht. Es ist das gleiche Kapital, das in der Geschichte von großen Quäker-Unternehmern wie dem Schuhfabrikanten Clarke oder dem Schokoladenproduzenten Rowntree erwirtschaftet wurde, die einen Großteil ihres Profits für die Verbesserung der Sicherheit und der Arbeitsbedingungen ihrer Mitarbeiter und für den Bau von Schulen und Krankenhäusern für die Allgemeinheit nutzten. Es ist das gleiche Kapital, das von islamischen Bankern verdient wurde, die keine Zinsen für geliehenes Geld verlangten, sondern stattdessen das Risiko mit ihren Kunden teilten, indem sie einen Prozentsatz des Eigentums an den verkauften Dingen oder den gegründeten Firmen übernahmen. Und es ist auch die gleiche Art von Kapital, das Coca Cola verdient, wenn es der indischen Regierung anbietet, die LKWs des Unternehmens zu benutzen, um den Polio-Impfstoff bis in entlegene Gebiete zu bringen oder als „Project Peace" im ländlichen China und in Südostasien Kliniken zu bauen (siehe auch den Kasten „Einige Beispiele für Unternehmen, die spirituelles Kapital ansammeln").

Einige Beispiele für Unternehmen, die spirituelles Kapital ansammeln

- Amul vertreibt die Produktion der 10.000 Milchbauern im indischen Staat Gujarat. Mit nur einem Eimer Milch, den der pro Tag verkauft, kann ein Bauer die 20 Rupien verdienen, die er zum Leben braucht, und ist dadurch in der Lage, aus eigener Kraft – und unabhängig von seiner Kaste – mit den großen Milchbauern mitzuhalten. Als echte Verkörperung von Mahatma Gandhis sozialen und ökonomischen Prinzipien beträgt der Umsatz von Amul jährlich 516 Millionen Dollar.

- Van City, die größte Kreditbank in Vancouver, vermittelt Finanzierungen für Kunden und Projekte, die von den großen Banken unbeachtet bleiben, wie z.B. die Stadtentwicklung, innovative Geschäftsgründungen, Umweltschutzprojekte und Investmentfonds für Entwicklungsländer. Van City erreicht mit seiner Verpflichtung für die soziale Verantwortung von Unternehmen einen Jahresumsatz von 6,4 Milliarden Dollar und einen jährlichen Profit von 39 Millionen Dollar.

- Coca Cola hat sein Verteilernetz in Indien der Regierung zur Verfügung gestellt, um den Polio-Impfstoff in entlegene Regionen zu bringen. Ein ähnliches Projekt betreibt das Unternehmen in Afrika zur Verteilung von AIDS-Medikamenten. Keine Extrakosten, dafür ein hoher Gewinn an spirituellem Kapital. Das „Project Peace“ von Coca Cola baut Krankenhäuser im ländlichen China und Südostasien.

- British Petroleum (BP) hat ein neues Motto erfunden (und nimmt es sehr ernst!): „Beyond Petroleum". Damit wird BP neben dem Öl quasi zu einem Energiekonzern. Darüber hinaus investiert BP hohe Summen in die Entwicklung von Wasserstoff als Energieträger und in andere alternative Energietechnologien, um die Abhängigkeit von knappen und umweltschädlichen Kraftstoffen zu reduzieren und Energieträger für eine Zukunft ohne Öl zu entwickeln. BP erzielt hohe Profite und reduziert gleichzeitig die Umweltzerstörung.

- Für Starbucks, die globale Café-Kette, ist soziale Verantwortung gegenüber den Kaffeebauern, ihren Dörfern und der Umwelt ein integraler Bestandteil der Unternehmensvision und ihrer Verwirklichung. Starbucks zahlt 240 Prozent mehr als den üblichen Preis für Kaffeebohnen auf dem Weltmarkt und investiert zudem in Krankenhäuser, Schulen, Kreditbanken und Projekte für Biovielfalt in den Dörfern der Kaffeebauern.

Wie wir unser Verständnis von Kapital erweitern

Wenn man Menschen in der Wirtschaft auf die Profitmaximierung als das Grundmotiv des Kapitalismus anspricht, sind sie oft überrascht und sagen: „Natürlich! So war es doch immer – das ist die Wirtschaft! Ihr einziger Sinn ist doch, Profit zu machen." Aber in Wirklichkeit ist die Wirtschaft, wie sie heute ist, erst 200 Jahre alt. Der Kapitalismus der Gegenwart wurde von einer Handvoll englischer Philosophen der Aufklärung formuliert, die von der newtonschen Physik inspiriert waren. Es waren Denker wie Adam Smith und John Stuart Mill – Männer, die Newtons Werk bewunderten und die ihrerseits wiederum zum Paradigma der wissenschaftlichen Managementtheorie beitrugen, das Frederick Taylor entwickelte. Sie sahen das einzelne Unternehmen als Teil einer großen ökonomischen Maschinerie, die durch Geld geölt wird. Ihre Idee von Kapital bezog sich nur auf *materielles Kapital* – Kapital, das in Geld gemessen werden kann.

Aber Kapital hat noch eine umfassendere Bedeutung. Im Oxford English Dictionary wird Kapital als alles das definiert, „was Wohlstand, Profit, Vorteil oder Macht erzeugt". Der Kapitalismus als ökonomische Lehre, die der heutigen Wirtschaft zugrunde liegt, gibt all diesen Begriffen die engste Bedeutung. Dabei ist Wohlstand gleichbedeutend mit Geld; der Wohlstand, der die Welt in Gang hält, ist rein materieller Wohlstand und Profit ausschließlich materieller Profit. Mit Vorteil ist materieller Vorteil gemeint, der sich in Geld messen lässt oder der Macht, Menschen oder die Umwelt so zu manipulieren, dass sie die (üblicherweise finanziellen) Interessen derjenigen maximieren, die diesen Vorteil nutzen können.

Diese Sichtweise führt geradewegs zum Erisychthon-Szenario, in dem das Unternehmen sich selbst und auch alles weitere, was wir als Menschen wertschätzen, verschlingt. Um dem zu entkommen, müssen wir unser gesamtes Konzept vonr Wohlstand und Reichtum erweitern. Wir brauchen ein Konzept vom Wohlstand, das den menschlichen Geist nährt, anstatt ihn ärmer zu machen, und ein Verständnis von Wohlstand, das die Menschen inspiriert, ihr Bestes zu geben, um ihn zu erschaffen. Um den Schatten und die dunkle Seite des Kapitalismus zu verhindern, brauchen wir ein Verständnis von Wohlstand, das aus einer verantwortlichen und mitfühlenden Einbeziehung derjenigen besteht, die nichts haben, *und* dem festen Entschluss, die grundlegenden menschlichen Werte zu berücksichtigen. Und genau die Ignoranz dieser Grundsätze hat zu den gewalttätigen Reaktionen gegen den Kapitalismus in den Straßen von Davos und Seattle geführt und zu dem Hass, der den antikapitalistischen, antiwestlichen Terror nährt. Für alle Menschen, die in der Wirtschaft arbeiten, brauchen wir weiterhin ein Verständnis von Wohlstand, das ein sinnvolles und erfüllendes privates und berufliches Leben beinhaltet.

Dabei gab es in der jüngeren Vergangenheit durchaus schon Versuche, den Begriff des Kapitals zu erweitern. Wir hören in Unternehmenskreisen heute viel von „intellektuellem“ und „menschlichem Kapital“, aber diese Begriffe erweitern nur die Idee des materiellen Werts auf Ideen und Menschen. Sie versuchen, ein Preisschild an die Kreativität und die Fähigkeiten der Mitarbeiter zu kleben, und fügen dem Verständnis von Kapital letztlich nichts Neues hinzu.

Einige Wirtschaftswissenschaftler und Soziologen haben in den letzten Jahren neue Gedanken in diesem Bereich entwickelt, indem sie über „soziales Kapital“ schrieben. Damit meinen sie sowohl materiellen Wohlstand als auch die sozialen Errungenschaften einer Gesellschaft wie eine niedrige Kriminalitäts- und Scheidungsrate, wenige Alleinlebende, hohe Alphabetisierung und ein großes Maß an Vertrauen. Dies ist ebenfalls das Thema von Francis Fukuyamas neuestem Buch *Trust*. Es wird den asiatischen Gesellschaften z.B. nachgesagt, durch ihre soziale Grundstabilität über ein hohes soziales Kapital zu verfügen, wogegen das des Westens niedrig ist. Im Gegensatz zu rein materiellem Wert misst soziales Kapital auch den Zuwachs an Lebensqualität einer Gesellschaft.

In der Wirtschaftswelt ist soziales Kapital heute gleichbedeutend mit dem Wohlstand, der aufgrund der innerbetrieblichen Beziehungen entsteht – daraus, wie gut die Menschen miteinander kommunizieren, wie sehr sie einander und ihren Führungskräften vertrauen, wie sie als Teams arbeiten, wie hoch die emotionale Intelligenz der Gruppe ist, ob es effektive Netzwerke für neue Geschäftskontakte und Kooperationen gibt und Ähnliches. Das Hauptaugenmerk liegt dabei auf den *interpersonellen* Beziehungen innerhalb des Unternehmens. Das soziale Kapital, das durch solche Qualitäten und Beziehungen geschaffen wird, gilt dann als gemeinsamer Besitz der Gruppe und bedarf ständiger Unterstützung. Es ist Ausdruck der *internen Kultur* der Organisation. Eine große Menge sozialen Kapitals wird auch als der Teil der Organisation betrachtet, der wiederum größeren materiellen Wohlstand ermöglicht.[16] Unternehmen,

16 Janine Nahapiet and Sumantra Ghoshal, „Social Capital, Intellectual Capital, and the Organizational Advantage.“

deren interne Beziehungen eine hohe Qualität haben, erwirtschaften meist auch höhere Profite.

Hewlett-Packard zum Beispiel ist bekannt für ein großes soziales Kapital – für den hohen Grad von Verbundenheit, Stolz und Vertrauen der Mitarbeiter untereinander. Die HP-Methode sichert eine effektive Kommunikation der Basisvision des Unternehmens auf allen Ebenen, die konstruktive Zusammenarbeit der Teams und der „Einzelstatus-Politik" als weiteres Unternehmensprinzip, das sicherstellt, dass jeder Einzelne sich wertgeschätzt und angemessen anerkannt fühlt. Wie Lynda Gratton von der London Business School anmerkt, sind „Engagement, Stolz und Vertrauen von entscheidender Wichtigkeit für die ständige Veränderung bei HP und sind die leitenden Manager ebenso der Ansicht, dass dies sogar die wichtigsten Faktoren sind, damit das Unternehmen weiterhin flexibel bleibt und Umsatz und Profit jährlich um 20 Prozent steigern kann – Jahr für Jahr, ohne die Zahl der Beschäftigten zu erhöhen."[17] In der Krise der amerikanischen Wirtschaft zu Beginn des Millenniums war Hewlett-Packard einer der wenigen Konzerne, der trotzdem eine hohe Wachstumsrate aufrechterhalten konnte.

So konsequent in Wirtschaftskreisen praktiziert, bedeutet ein hohes soziales Kapital eines Unternehmens zweifellos großen Nutzen für die Mitarbeiter, Kunden und Aktionäre, vernachlässigt aber die größere Dimension der Stabilisierung der Gesellschaft als Ganzes. Deshalb glaube ich auch, dass diese größere Dimension nur durch eine tiefere spirituelle Vision erreicht werden kann. Wir müssen ein Verständnis dafür entwickeln, *worum* es im menschlichen Leben und Handeln geht und wie wir beides verbessern können.

„Spirituelles Kapital", das Thema dieses Buches, geht in der Erweiterung des Kapitals – und dem damit verbundenen Wohlstand, dem Vorteil, dem Profit und der Macht – einen entscheidenden Schritt weiter. In der Tat glaube ich, dass es die übliche Vorstellung von Kapital vollkommen transzendiert. Indem die tiefere Bedeutung um die Entwicklung einer belebenden und inspirierenden

17 Lynda Gratton, *Living Strategy*

Vision, die Anwendung grundlegender menschlicher Werte und übergeordneter Ziele erweitert wird, die im Wirtschaftsprozess unerlässlich sind, arbeiten die Menschen oder Organisationen, die aus solch einem Kontext heraus handeln, mit spirituellem Kapital. Unser spirituelles Kapital ist also unser gemeinsames Verständnis von Sinn, sind unsere gemeinsamen Ziele, unsere gemeinsame Vision dessen, was tiefe Bedeutung für uns hat – und wie all dies in unserem Leben und unseren Verhaltenstrategien zum Ausdruck kommt. Es ist Kapital, das vermehrt wird, wenn wir aus den Ressourcen des menschlichen Geistes schöpfen.

Zusammengefasst ist spirituelles Kapital also die Menge spirituellen Wissens und Könnens, die einem Einzelnen oder einer Kultur zugänglich sind. Dabei setze ich *spirituell* hier mit „Sinn, Werten und grundlegenden Zielen" gleich.

Soziales und spirituelles Kapital sind beide gleichermaßen Ausdruck des wachsenden Bedürfnisses nach einer größeren sozialen Verantwortung von Unternehmen sowie der Erkenntnis, dass die Wirtschaft *Teil* eines Gemeinwesens ist und wirklich auch Verantwortung *für* dieses übernehmen muss. Spirituelles Kapital führt diese Idee jedoch noch weiter. Wie ich es definiere, ist es sowohl Wohlstand, der dabei hilft, die Zukunft der Menschheit nachhaltig zu gestalten, als auch Wohlstand, der den menschlichen Geist nährt und unterstützt. Es zeigt sich darin, an was eine Gemeinschaft oder Organisation glaubt, wofür eine Gemeinschaft *existiert*, was sie *erreichen* will und wofür sie *Verantwortung übernimmt*. Nur wenn diese geistigen Aspekte genährt werden und wenn wir ihnen dienen, können wir den sozialen und materiellen Wohlstand schaffen, dessen unser tägliches Leben bedarf.

Spirituelles Kapital zeigt sich in einer Gemeinschaft oder Organisation darin,

wofür sie *existiert*,

was sie *erreichen* will,

wofür sie *Verantwortung* übernimmt.

Es ist meine tiefe Überzeugung, dass spirituelles Kapital das Fundament jeder Organisation oder Gesellschaft ist. Indem es das innerste Ziel unseres menschlichen Lebens nährt und erhält, ist das spirituelle Kapital der Klebstoff, der uns zusammenhält. Es bildet den Rahmen für Moral und Motivation, für eine Ethik, einen *Geist*. Es erhält, unterstützt und vermehrt sowohl das materielle als auch das soziale Kapital. Aber wir werden im Folgenden auch sehen, dass spirituelles Kapital innerhalb einer Organisation ein dynamischer Faktor sein kann. Unternehmen, die reich an spirituellem Kapital sind, sind nicht nur nachhaltig, sondern auch evolutionär. In dem Prozess der Vermehrung seines spirituellen Kapitals transformiert sich ein Unternehmen von innen heraus. Es bewegt sich, es ist lebendig. Es hat ein tiefes Gefühl von Sinn und Ausrichtung. Mit den Worten der Komplexitätswissenschaft gesprochen wird es „ein komplexes, adaptives, sich selbst organisierendes System“. All dies erhöht die innere Vitalität der Organisation und ihre Fähigkeit, in ihrer weiteren Umgebung effektiv zu arbeiten und zu deren Entwicklung beizutragen. Und das hat seinen Ursprung in dem, was ich als *spirituell* bezeichne.

Was ich unter spirituell verstehe

Das Spirituelle im Menschen bringt uns dazu, zu fragen, warum wir tun, was wir tun, und lässt uns nach Möglichkeiten suchen, es grundlegend besser zu machen. Es bringt uns dazu, dass wir mit unserem Leben und Handeln etwas in der Welt verbessern wollen.

Wenn ich von „spirituellem Kapital“ spreche oder später über „spirituelle Intelligenz“, die notwendig ist, um dieses Kapital zu schaffen, meine ich nichts, das mit Religion oder einem theologischen Glaubenssystem zu tun hat. Ich meine damit nicht, dass Unternehmen spiritueller werden, indem sie einen Schrein im Empfangsraum aufstellen oder ihre Mitarbeiter zum Gebet rufen. Das Wort *spirituell* kommt ursprünglich vom lateinischen *spiritus*, was so viel bedeutet wie „das, was einem System Leben oder Vitalität gibt“. Es ist im Gegensatz zu einer mönchischen Betonung überirdischer Werte ein Verständnis von Spiritualität als Erweiterung oder Steigerung des Lebens *in* der Welt. Was unsere Menschlichkeit wachruft und uns zutiefst als Menschen ausmacht, ist unser Bedürfnis danach, all unsere Aktivitäten einem größeren Sinn und Ziel unterzuordnen. Das Spirituelle im Menschen bringt uns dazu, zu fragen, *warum* wir tun, was wir tun, und lässt uns nach Möglichkeiten suchen, es grundlegend *besser* zu machen. Es bringt uns dazu, dass wir mit unserem Leben und Handeln *etwas in der Welt verbessern wollen.*

- Unternehmen, die spirituelles Kapital ansammeln wollen, sehen ihre Ziele und Strategien im größeren Kontext von Sinn und Werten. Sie passen ihre Ziele ständig den sich verändernden Gegebenheiten an und evaluieren die Auswirkungen in einem größeren Zusammenhang.
- Unternehmen, die reich an spirituellem Kapital sind, sind sich ihrer selbst bewusst. Sie wissen, woran sie glauben, auf was und auf wen sich ihre Handlungen auswirken und was sie erreichen wollen.
- Unternehmen, die spirituelles Kapital schaffen, werden von einer Vision und von Werten geleitet. Ihre zentrale Vision ist sichtbar und inspiriert jegliches Handeln. Es ist eine wirklich tiefe Vision. Die Werte des spirituellen Kapitals sind zutiefst menschliche Werte – die Bewahrung von Leben, Verbesserung der Lebensqualität, Förderung von Gesundheit, Bildung und Kommunikation, die Befriedigung der menschlichen Grundbedürfnisse, der Erhalt einer intakten Umwelt, Wertschätzung hervorragender Leistungen, Erfüllung durch die Arbeit für die Allgemeinheit und Ähnliches.
- Unternehmen, die viel spirituelles Kapital generieren, haben ein hohes Bewusstsein für *Holismus* und Verbundenheit. Sie erkennen, dass die Wirtschaft Teil der umfassenden menschlichen Geschichte ist, Teil eines großen globalen Zusammenspiels. Sie sind sich ihrer bewusst als Teil der menschlichen Gemeinschaft, des Planeten und allen Lebens und fühlen sich dafür auch verantwortlich. Spirituelles Kapital bezieht in sein Handeln ein, dass alles, was wir in der Unternehmenskultur

zum Ausdruck bringen (rationale Entscheidungen, emotionale und psychologische Fragestellungen, die Vernachlässigung der Bedürfnisse der Dritten Welt oder die Ängste und die Wut des Islam), aus unserer Grundhaltung resultiert.

- Unternehmen, die spirituelles Kapital schaffen, sind mitfühlend. Sie haben ein Bewusstsein des Mit-Fühlens und Mit-Seins mit allen, auf die sich ihr Handeln auswirkt oder auswirken könnte. Wenn sie in ihrem Einflussbereich Bedürftigkeit oder Leiden sehen, kümmern sie sich darum und übernehmen Verantwortung dafür, indem sie etwas dagegen tun.
- Unternehmen, die spirituelles Kapital schaffen, feiern die Vielfalt. Sie wissen, dass jede Sichtweise ihre Berechtigung hat und etwas Wertvolles beinhaltet. Sie erkennen, dass Wohlstand, der aus vielen Quellen schöpft und aus vielen Traditionen gespeist wird, ein lebendigeres Wirtschaftsklima schafft.
- Unternehmen, die spirituelles Kapital schaffen, sind unabhängig von dem sie umgebenden Umfeld. Sie scheuen nicht, in ihrer Struktur anders zu sein, sie wagen, sich von der Masse abzuheben, ja sogar, zu Zeiten, in denen es notwendig ist, unbeliebt zu sein. Auch das ist Teil ihrer Führungsrolle. Anstatt dem allgemeinen Trend zu folgen, starten sie einen neuen. Die Wertschätzung ihrer selbst und ihr Selbstwertgefühl erhalten sie nicht dadurch, wie andere sie sehen, sondern aus der sicheren Überzeugung, entsprechend ihren eigenen Werten und Visionen zu handeln.
- Unternehmen, die spirituelles Kapital schaffen, stellen grundlegende Fragen nach dem *Warum*. Sie werden nie davon besessen sein, bestimmte Ziele zu erreichen, sondern denken darüber nach, warum sie ihre Ziele gewählt haben, ob sie andere wählen sollten und was die tatsächlichen Konsequenzen ihrer Entscheidungen sind.
- Unternehmen, die spirituelles Kapital schaffen, sind immer offen für Spontaneität. Sie sind nicht in Paradigmen, Vorurteilen und festen Plänen verhaftet und haben auch keine Angst vor berechtigter Kritik von innen. Sie streben stets danach, ihre Einstellungen anzugleichen und, wenn notwendig, zu

untermauern. Sie suchen Klarheit über die Paradigmen, aus denen ihre Werte, Ziele, Handlungsstrategien und Entscheidungen kommen, und sie sind bereit, diesen Rahmen, wenn nötig, zu ändern. Sie *antworten* eher auf die Umwelt, anstatt gegen sie zu agieren.

- Unternehmen, die spirituelles Kapital generieren, suchen eine positive Antwort auch auf Misserfolge. Wirtschaftskrisen, Marktschwankungen, Veränderungen im Verhalten der Konsumenten und das Erkennen eigener Fehler oder Fehlkalkulationen begreifen sie als Möglichkeit, kreativ damit umzugehen. Einschneidende globale Ereignisse wie die Terroranschläge des 11. September 2001, Flutkatastrophen, Pandemien, Krisen im Gemeinwesen oder im politischen Weltgeschehen sind lediglich Gelegenheiten, Prioritäten und Werte zu überdenken, neue Ziele zu formulieren und das Engagement neu zu stärken.
- Unternehmen, die reich an spirituellem Kapital sind, bewahren sich ein tiefes Gefühl von Demut. Sie nehmen sich selbst nie zu wichtig, ruhen sich nie auf den Errungenschaften der Vergangenheit aus und verhalten sich niemals selbstgefällig oder selbstgerecht. Spirituelles Kapital wird dadurch gebildet, dass man das Richtige tut, deshalb schielt das Unternehmen nicht nach Lob oder unangemessener Belohnung von außen.
- Unternehmen, die viel spirituelles Kapital besitzen, haben ein sicheres Gefühl ihrer Bestimmung. Sie fühlen sich berufen, ihren Wohlstand zu teilen, indem sie den übergeordneten Bedürfnissen der Gemeinschaft, der Menschheit und des Lebens selbst gerecht werden. Sie sind dankbar für jeden Beitrag, den sie für ihren eigenen Wohlstand, dem der Welt oder dem Wohlergehen der Menschheit leisten können. Sie nehmen nichts als selbstverständlich und gegeben.

Ich glaube, dass Unternehmen, die all diese Qualitäten besitzen – Unternehmen mit hohem spirituellen Kapital also – auch Organisationen sind, die auf dem Markt einen großen Konkurrenzvorteil haben. Es sind Unternehmen, die auch mit spiritueller Intelligenz arbeiten. Die gerade genannten Qualitäten der Schaffung von spirituellem Kapital sind die gleichen Eigenschaften, die im fünften Kapitel als wesentlich für die spirituelle Intelligenz beschrieben werden. Es sind Eigenschaften, die jeder Einzelne, jede Gemeinschaft, Kultur oder Organisation in spirituelles Kapital verwandeln kann.

Der Gewinn: Warum es gut ist, gut zu sein

Ein wichtiger Teil der Argumentation dieses Buches ist der erwähnte Konkurrenzvorteil eines Unternehmens mit hohem spirituellen Kapital, denn schließlich ist es die Aufgabe wirtschaftlichen Handelns, Wohlstand zu schaffen durch Profit. Die Wirtschaft an sich *ist* der Wohlstand schaffende Mechanismus der Gesellschaft. Deshalb muss jedes Argument für die Schaffung von spirituellem Kapital durch Handel und Wirtschaft mit dem Beweis verbunden sein, dass es den Profit tatsächlich vermehren kann, wenn man dabei auch noch Gutes tut. Meiner Ansicht nach gibt es bereits hinreichende Beweise dafür, dass die Organisationen und Gemeinschaften, die aus einem tiefen Bewusstsein für Sinn, einer umfassenden Vision, aus starkem Verantwortungsgefühl heraus nach gemeinsamen Werte handeln, langfristig eher Wettbewerbsvorteile haben als diejenigen, die sich nur auf ihr offensichtliches Eigeninteresse konzentrieren. Ein Handeln, das gut ist für die Gesellschaft, die Menschheit und den Planeten (oder jede andere Größe), kann auch den materiellen Wohlstand für die daran beteiligten Individuen und Organisationen sowie die weltliche Macht in einer Gesellschaft mehren, die ihre eigenen Kriterien für Wohlstand und Macht erweitert hat.

Bei Hewlett-Packard z.B. wird es ohne jede Frage akzeptiert, dass es die klar formulierte, wahrgenommene und umfassend geteilte *Vision* des Unternehmens ist, die zum Erfolg von HP auf jeder Ebene geführt hat. Beim Arzneimittelhersteller Merck bestimmt die Vision des Gründers, dass „dieses Unternehmen allein den Zweck verfolgt, Arzneimittel zu den Patienten zu bringen, die sie brauchen", sowohl die gesamte Forschung und Entwicklung als auch die Schaffung sozialen Kapitals des Unternehmens (Mitarbeitermoral, Teamstärke, gemeinsamer Stolz usw.).

Bei Starbucks sind die leitenden Manager der Ansicht, dass der kontinuierliche Einsatz des Unternehmens für soziale Verantwortung (die hohen Kaffeebohnenpreise, die Schulen, Kliniken und alles andere) ein maßgeblicher Grund dafür ist, dass die Mitarbeiter länger im Unternehmen bleiben. Jeder einprozentige Zuwachs in der Dauer der Mitarbeit bedeutet einen Zuwachs des jährlichen Gewinns von Starbucks um 100.000 Dollar. Bei der Co-operative Bank in England wird damit gerechnet, dass ethische Investments im letzten Jahrzehnt zu einem fünffachen Anstieg der Anlagevermögen geführt haben und damit der Grund für den 15-18-prozentigen Zuwachs des jährlichen Vorsteuergewinns sind.

In *Built to Last* bezeichnen James Collins und Jerry Porras Unternehmen wie Hewlett-Packard, Merck, Starbucks und die Co-operative Bank als „visionäre Unternehmen". Um einen eindrucksvollen Effekt aufzuzeigen, beschreiben sie das Investitionspotenzial eines Dollars, der über einen Zeitraum von 64 Jahren (1926-1990) in herkömmlichen Aktienfonds oder den Fonds eines visionären Unternehmens angelegt wird. In dieser Zeitspanne wuchs der Dollar, der auf herkömmliche Weise investiert wurde, auf 955 Dollar an, während der gleiche Dollar bei der Investition in ein visionäres Unternehmen 6.356 Dollar einbrachte. Das ist ein Zuwachs von 665 Prozent.[18] Mit den Worten des Direktors für Corporate Social Responsibility bei Starbucks heißt das: „Wenn es einem gut geht und man Gutes tut, müssen das keine Gegensätze sein, sondern sie sind Verbündete." Oder wie ich es in diesem Buch formuliere: *Es ist gut, gut zu sein!*

Drei Ebenen der Corporate Social Responsibility (CSR)

In der Diskussion um die soziale Verantwortung von Unternehmen (Corporate Social Responsibility oder kurz CSR) ist heute allgemein anerkannt, dass ethische Prinzipien Kunden anziehen und unethische Prinzipien, wenn sie in der Öffentlichkeit bekannt

18 James Collins und Jerry Porras, *Built to Last*

werden, Kunden abschrecken. Letzteres erfuhr Shell beim Fiasko um die Ölplattform Brentspar auf ganz bittere Weise; Nike bekam es durch Auswirkungen auf den Gewinn zu spüren, als Aktivisten gegen die Bezahlung und Arbeitsbedingungen des Unternehmens in den Entwicklungsländern protestierten. Aber helfen CSR-Programme, egal welche, denn wirklich dabei, spirituelles Kapital zu schaffen? Ich glaube nicht.

Ich denke, es ist wichtig, drei Ebenen zu unterscheiden, auf denen ein Unternehmen CSR-Methoden anwendet. Die trivialste Ebene von CSR ist der „Dreh" – etwas, das eine große und spektakuläre Außenwirkung hat. Ein Beispiel für diese Ebene ist das Schema eines solchen wirkungsbezogenen Marketings, welches Saatchi and Saatchi für Benetton konzipierten. Dabei wurden Bilder von zum Tode verurteilten Gefangenen als Werbeträger für Benetton-Kleidung benutzt. Natürlich hat der Kampf gegen die Todesstrafe rein gar nichts mit den Unternehmensmethoden oder den Produkten von Benetton zu tun. Die Kampagne war nur dazu gedacht, um Benetton in der Öffentlichkeit mit einer emotional aufgeladenen „guten Sache" zu assoziieren (hier: dem Protest gegen die Todesstrafe). Ich glaube allerdings keinesfalls, dass durch solche Kampagnen spirituelles Kapital geschaffen wird. Und in der Tat haben solche PR-Tricks nur zur Folge, dass die Kunden solch aufgesetztes „Gutsein" auch erkennen und dem Unternehmen nur noch Zynismus entgegenbringen.

Die zweite, etwas tiefere Ebene der CSR ist die Verteidigungsstrategie. Unternehmensaktivitäten, die zu PR-Desastern führen, können Kunden, Aktionäre und Mitarbeiter tatsächlich wirksam abschrecken. So war es z. B. mit der Antwort von Nike auf die Kritik der Arbeitsbedingungen und der Kinderarbeit in ihren asiatischen Schwitzhütten. Die bekannt gewordenen schlechten Arbeitsbedingungen fielen auf der ganzen Linie auf Nike zurück, die gute Absicht des Unternehmens war lediglich vordergründig. Sie entsprang keiner tiefen inneren Vision. Durch eine neue Studie von PriceWaterhouseCoopers über CSR-Methoden wurde bekannt, dass die große Mehrheit der Firmen, die CSR anwenden, damit allein die Absicht verfolgen, die negativen Auswirkungen schlechter Publicity zu vermeiden. Zwar werden durch solche Verteidigungsreaktionen die Arbeitsbedingungen und Methoden zum Umweltschutz (wie in vielen Nike-Werken geschehen) oft verbessert, aber diese Motivation schafft keinesfalls spirituelles Kapital. Es ist eine kindliche, pragmatische und berechnende Strategie des „Ich schütze mich, indem ich dir helfe". Und um es noch einmal zu sagen: Solch defensives Gutsein kann komplett fehlschlagen, weil es den Zynismus der Kunden nur noch verstärkt.

Erst die dritte und tiefste Ebene von CSR entsteht tatsächlich aus dem ernsthaften Wunsch, etwas Gutes zu tun, der das Zentrum der Vision eines Unternehmens ist. Dies sind der Wunsch von Merck, Medikamente zu jenen zu bringen, die sie dringend brauchen; Starbucks' Verpflichtung, den Produzenten einen fairen Preis für ihren Kaffee zu zahlen und die Infrastruktur für Gesundheit und Bildung in den Heimatdörfern der Bauern zu schaffen; das Bestreben von Hewlett-Packard, Menschen mit exzellenten, verlässlichen und bezahlbaren Kommunikationssystemen zu versorgen und dabei gleichzeitig noch öffentliche Projekte zu unterstützen; das sind viele der auf Werten basierenden Unternehmensprinzipien bei Nokia und das groß angelegte Programm von Coca Cola zum Bau von Krankenhäusern im ländlichen China: All dies sind Beispiele für diese tiefste Ebene von CSR. Unternehmen, die auf dieser Ebene arbeiten, sehen es als Teil ihrer grundlegenden Vision, dass ein guter Grund, Wohlstand zu schaffen, tatsächlich die Möglichkeit ist, mit diesem Wohlstand etwas Gutes zu tun. Diese Ebene erst schafft wirkliches, solides spirituelles Kapital.

Der Wohlstand, den wir durch unsere eigene Entwicklung schaffen

Weiter oben habe ich spirituelles Kapital als den Wohlstand beschrieben, der einer „tiefen Nachhaltigkeit" dient, Wohlstand, der die zentrale Aufgabe und das Herzstück unseres gesamten menschlichen Handelns schafft, erhält und weiterentwickelt. Weit umfassender als *soziales* Kapital konfrontiert uns *spirituelles* Kapital mit dem Sinn des menschlichen Lebens und fragt, wie wir zunächst ein umfassenderes und erfüllteres Leben für uns selbst gestalten können. Ein Leben, das sinnerfüllter und zielgerichteter ist; ein Leben, das uns ein Gefühl tiefer Erfüllung gibt, weil es ein Leben ist, das etwas zum Besseren verändert hat. Als Geschäftsleute tun wir das z. B., indem wir unsere Arbeitsabläufe aktiv gestalten. Aber egal, ob im Privaten oder in der Öffentlichkeit, hauptsächlich schaffen wir spirituelles Kapital dadurch, dass wir uns selbst immer weiterentwickeln.

Was also heißt es aber, „uns selbst zu entwickeln", und welche Voraussetzungen brauchen wir dazu? Es bedeutet, als Menschen zu wachsen, über alles nachzudenken und Dinge zu tun, die uns mit dem tieferen Kern unserer Menschlichkeit verbinden. Es bedeutet ferner, den Raum zu finden und zu schaffen, um dem Lärm und der Hektik des täglichen Lebens zu entfliehen, um jeden Tag aufs Neue zumindest für einige Augenblicke die Existenz unseres inneren Lebens zu spüren. Uns selbst zu entwickeln, bedeutet, Dinge zu tun, die das Bewusstsein unserer selbst, unser Mitgefühl, eine dienende Haltung, Demut und Dankbarkeit verstärken. Es bedeutet, sich genau diesen „tiefen Dingen" zuzuwenden, die der zynische Manager am Anfang dieses Buches in seinem Zitat als etwas bezeichnet hat, das wir auf keinen Fall brauchen, um unsere Firmen zu leiten.

Wie es schon von vielen spirituellen Lehrern aller Zeiten gesagt wurde, geht es bei unserer eigenen Entwicklung vor allem um das Sein, weniger um das Tun – es ist ein Prozess der Entwicklung dessen, *wie wir sind*. Und diese Form des Seins können wir nicht entwickeln, indem wir eine neue Methode lernen, schnell ein Buch über die „Zehn Schritte zu höherem Bewusstsein" lesen oder einen Wochenendworkshop besuchen. Und ganz sicher können wir die Art und Weise, wie wir in der Welt sind, auch nicht durch zynische Manöver entwickeln, die darauf abzielen, andere zu beeindrucken. Solches Verhalten wird üblicherweise schnell durchschaut. Um bessere, tiefere, spirituell intelligentere Menschen zu werden, müssen wir die Dimension unseres Seins entwickeln, die für den tiefsten Sinn des menschlichen Lebens sensibel ist – ein Gespür für Platons bekannte Wertetriade des Guten, Wahren und Schönen. Wir müssen unser Leben als Berufung leben, als einen Ruf zum Dienst an diesen tiefen Werten. Um dies zu tun, müssen wir aus der höheren Motivation heraus handeln, die uns Menschen zugänglich ist. Das ist allerdings ein langwieriger Prozess und erfordert Ausdauer und Entschlossenheit. Die Betrachtung des ganzen Spektrums menschlicher Motivationen und Möglichkeiten, um das Handeln aus höherer Motivation zu lernen, macht einen großen Teil dieses Buches aus. Unsere Motivationen im Leben zu transformieren, ist die unbedingte Voraussetzung, um die kulturelle Umwandlung hervorzubringen, nach der sich viele von uns so sehr sehnen.

Im Folgenden wende ich mich deshalb einer Beschreibung der menschlichen Motivation und des Motivationsspektrums zu, die uns zugänglich sind. Spätere Kapitel werden zeigen, wie wir höhere Motivation dazu nutzen können, um sowohl unser Sein als auch unser Handeln zu transformieren.

3

Die Motivationen, die uns antreiben

Die ersten beiden Kapitel haben zwei ganz unterschiedliche Sichtweisen der Welt gezeigt. In der ersten beschreibt das Erisychthon-Szenario den Kapitalismus und die Wirtschaft, wie wir sie heute kennen: als unmoralische Kultur des kurzfristigen Eigeninteresses, der Profitmaximierung, des Fokus auf den Shareholder-Value, des isolierten Denkens und verschwenderischer Nichtbeachtung der langfristigen Konsequenzen all dessen. Ich habe dargelegt, dass dies in keiner Weise nachhaltig ist. Das zweite Szenario dagegen beschreibt das spirituelle Kapital als eine auf echten Werten basierende Kultur, in der Wohlstand geschaffen wird, um einen angemessenen Profit zu erzielen, der wiederum zum Wohl der Allgemeinheit beiträgt. Es kombiniert sowohl die politischen Werte der Rechten als auch der Linken. Sein Fokus liegt ganz klar auf dem Stakeholder-Value. Und als diese Betroffenen verstehe ich die gesamte Menschheit heute und in Zukunft, die Vitalität unserer gemeinsamen Kultur und das Wohl des Planeten selbst. Spirituelles Kapital nährt und erhält den menschlichen Geist und ist die dringend notwendige Zukunft, wenn wir überhaupt eine Zukunft haben sollten. Die entscheidende Frage besteht darin, wie wir vom einen zum anderen Szenario kommen.

■ ■ ■

Jeder große Bewusstseins- oder Kulturwandel setzt zunächst voraus, dass wir zum einen verstehen, welche negativen Konsequenzen es hat, wenn wir bleiben, wo wir sind, und zum anderen die Motivationen erkennen, die uns dahin gebracht haben. Warum sind wir heute in diesem Dilemma? Wie sieht unsere Ausgangsposition aus? Und von dort aus müssen wir eine Vision der Zukunft entwickeln. Welche Transformation möchten wir erreichen? Was sind ihre besonderen Merkmale, die uns anziehen? Und welche Motivationen brauchen wir, um dort hinzugelangen? Die Notwendigkeit, Motivationen und ihre veränderbaren Muster zu verstehen ist von höchster Wichtigkeit, um die Krise des gegenwärtigen Kapitalismus zu überwinden.

Ich denke, dass es vier grundlegende Motivationen gibt, die den Kapitalismus und die Wirtschaft von heute bewegen. Es sind die Motivationen, die den Rahmen der Kultur bilden, in der viele Millionen Menschen arbeiten: Selbstbehauptung (Konkurrenzbewusstsein), Wut, Verlangen (Gier) und Angst. Diese Kultur ist in hohem Maße von Konkurrenz bestimmt, oft in brutaler Ausprägung, und diejenigen, die sie am besten beherrschen, erhalten die größte Bestätigung. Wut staut sich auf, weil die Menschen die solchermaßen entstehende Ungerechtigkeit und den Mangel an Fairness und Anerkennung spüren; sie ärgern sich, weil sie den Eindruck haben, nur Figuren in einem großen Spiel zu sein. Die Gier dagegen braucht keine Erklärung; sie ist die wichtigste Triebkraft der Wirtschaft von heute. Die Angst entsteht aus der Furcht vor Fehlern, vor Kritik, vor der Kündigung. Alles in allem ist das zusammen mit den damit einhergehenden Ideen, dem Verhalten und den emotionalen Triebkräften, die wir transformieren müssen, eine schwere Last. Diese Motivationen sind allesamt negativ, sie gehören alle zu den „Mangelbedürfnissen“, wie sie Abraham Maslow beschrieben hat, also den Bedürfnissen, die wir mit niederen Tieren teilen und die allein uns noch nicht zu Menschen werden lassen. Und diese Motive werden uns auch niemals zu den höheren Ebenen des spirituellen Kapitals bringen.

Ich habe hier zumindest einige der negativen Konsequenzen beschrieben, die aus den Motiven und Werten des herkömmlichen Kapitalismus herrühren. Es sind der Verbrauch der Ressourcen, das Ignorieren und dadurch die Gefährdung zukünftiger Generationen, ein Gefühl der Sinnlosigkeit und der große Stress, zu dem das alles führt. Viele dieser Konsequenzen tragen zu einer Krise der Führungskräfte bei, bei der die „Crème de la Crème“ irgendwann in Berufe geht, die ihrem Idealismus wirklich Raum geben. Wir leben in einer Kultur, die durchsetzt ist mit korruptem Eigeninteresse, welches Misstrauen und Terrorismus anfeuert. Die beherrschende Rolle solch einer unmoralischen, von Eigeninteresse und Gier bestimmten Wirtschaftskultur zersetzt den moralischen Standard der gesamten Gesellschaft.

Gleichzeitig leben wir aber insgesamt glücklicher und stressfreier, wenn wir aus höheren Motivationen handeln. Maslow selbst beschrieb nämlich weiterhin, dass Menschen, deren Unterkunft und Lebensunterhalt gesichert sind, mehr Sinn und Zufriedenheit im Handeln aus dem Wunsch nach Wertschätzung und Selbstverwirklichung (positive Motive) finden als im Agieren aus niederen Motivationen wie Selbsterhaltung, Selbstbehauptung oder dem Verlangen nach mehr Geld (negative Motive). Im ersten Kapitel habe ich ja bereits eine neuere Studie darüber zitiert, die Ähnliches aussagt. Laut dem amerikanischen Psychiater David Hawkins steigert das Handeln aus höheren Beweggründen auch unsere persönliche Kraft.

Szenario 1 **Business as usual**	Szenario 2 **Spirituelles Kapital**
Ausbeutung der Ressourcen	Erhält und erneuert Ressourcen
Ignoriert zukünftige Generationen	Bezieht zukünftige Generationen mit ein
Persönliche Abstumpfung	Inspirierend
Egoistische Führung	Führung als Berufung
Stress	Gefühl der Erfüllung
Korruptes Eigeninteresse	Hingabe
Fördert Terrorismus und soziale Unruhe	Reagiert auf Ungerechtigkeit und Wut
Angst	Hoffnung

Tabelle 3.1: Zwei Szenarien

Dagegen ist es leicht, sich die positiven Konsequenzen vorzustellen, die wir von einer Wirtschaftskultur, die aus spirituellem Kapital schöpft, erwarten können. Diese Kultur würde die vitalen Ressourcen sichern und erneuern und würde zukünftige Generationen als Teilhabende betrachten und behandeln. Ihre umfassende Vision und tiefen Werte würden alle Teilnehmenden inspirieren, den heute allgegenwärtigen Stress durch ein Gefühl der Zufriedenheit zu ersetzen und Führung als Berufung zu verstehen. Korruptes Eigeninteresse würde durch Hingabe ersetzt, und ihr tiefes (aktives) Mitgefühl würde sich der Ungerechtigkeit und der Wut annehmen, die zu Terrorismus und sozialen Unruhen führen. Eine solche, auf echten Werten basierende Wirtschaftskultur könnte die Moral und die Vision von Politikern und der gesamten Gesellschaft anheben und ihnen allen zugleich Glück und ein tiefes Gefühl der Sinnerfüllung schenken.

Die höheren Motivationen, die sich in entscheidendem Maße in der Wirtschaftswelt entwickeln müssen, um diese positiveren Konsequenzen zu erreichen, sind *Meisterschaft*, *Kreativität* und *Höheres Dienen*. Um jedoch zu zeigen, was diese im Zusammenhang bedeuten, und um Wege zu finden, sie zu aktivieren, muss ich ein noch umfassenderes Bild des ganzen Motivationsspektrums und der Möglichkeiten ihrer Transformation beschreiben.

Die Erforschung der menschlichen Motivation ist so alt wie unsere Fähigkeit, unser Verhalten zu reflektieren. Es ist ein wichtiges Merkmal unserer Intelligenz (sowohl IQ als auch der emotionalen und spirituellen Intelligenz), nach dem *Warum* zu fragen – und es ist die Beschreibung von Motivationen, wenn wir unser eigenes Verhalten und das unserer Mitmenschen erklären. In der Bibel lesen wir, dass Kain Abel aus den Motiven Neid und Eifersucht tötete. Und die „Sieben Todsünden" – Wollust, Stolz, Völlerei usw. – sind in der Tat sieben wichtige negative Motivationen, die unser Verhalten bestimmen, und die Zehn Gebote waren ein früher Versuch, diese Sünden zu bekämpfen. Freud hingegen war pessimistisch und dachte, jegliches menschliche Verhalten sei von den zwei Grundmotiven Sexualität und Aggression angetrieben. Verschiedene Therapeuten haben seitdem allerdings versucht, das zu relativieren, indem sie auch Motive wie Liebe, Altruismus und Dienen als Handlungsmotor betonen.

Abraham Maslow, dessen Bedürfnishierarchie ich im ersten Kapitel thematisiert habe, war auf jeden Fall der Erste, der eine eigene geordnete Skala aller Motivationen veröffentlichte – von den niedersten bis zu den erhabensten. Er bezeichnete, wie gesagt, das Überleben als die grundlegendste Motivation, dem das Bedürfnis nach Sicherheit folgt, danach das Bedürfnis nach Zugehörigkeit und der Wunsch, geliebt zu werden. Dies sind die „Mangelbedürfnisse". Als sogenannte „höhere Bedürfnisse" bezeichnete er Selbstachtung, Selbstverwirklichung und Gipfelerfahrungen.

Seit all den Jahren ihrer Veröffentlichung inspirierte Maslows Hierarchie zahlreiche Versuche, die Motivationstheorie weiterzuentwickeln. Psychologen, Ärzte und Wissenschaftler wie R. B. Cattell, Ian Marshall, David Hawkins und Daniel Goleman veröffentlichten ausgereiftere Spektren der Motivation und weitere verschiedene Skalen oder Hierarchien. Im Grunde sind diese Ansätze jedoch alle miteinander vergleichbar. Darüber hinaus gibt es noch unzählige andere, aber nach wie vor herrscht noch kein Konsens unter Psychologen bezüglich des gesamten Spektrums von Motivationen und auch nicht darüber, welches die Hauptmotivation ist. Ich habe mich entschieden, in diesem Buch die Skala von Ian Marshall zu verwenden, da sie aus unserer gemeinsamen Arbeit über spirituelle Intelligenz entstand und eine grundlegende Einsicht in die Art und Weise bietet, wie Motivationen transformiert werden können. Ihre nahe Verwandtschaft mit der Motivskala von Cattell verankert sie in der experimentellen Psychologie. Diese Skala bietet eine neue Möglichkeit der systemischen Diagnostizierung der Grundlagen jener Motivationen und Emotionen, die den gegenwärtigen Stand einer Kultur oder eines Individuums kennzeichnen. Und danach zeigt sie Wege auf, wie die gegenwärtige Situation in Richtung eines besseren zukünftigen Zustands verändert werden kann. Diese Diagnose erfolgt eher mit Hilfe der emotionalen Intelligenz als des traditionellen IQ, und die tatsächliche Veränderung wird auch hier entscheidend durch die Anwendung der spirituellen Intelligenz erreicht.

Die Motivationsskala

Ian Marshall ist praktizierender medizinischer Psychiater und Psychotherapeut mit jungianischem Hintergrund und ebensolcher Ausrichtung. Seine Motivationsskala, deren frühe Version im Jahre 1997 veröffentlicht wurde, ist das Ergebnis von mehr als 40 Jahren klinischer Beobachtung des Verhaltens und der Reaktionen von Patienten.[19] Wie weiter unten dargestellt, leitet sie sich von Maslows Bedürfnishierarchie ab, erweitert dessen ursprünglich sechs Motivationen allerdings auf sechzehn, acht positive und acht negative. Diese sind in einem Spektrum von -8 bis +8 angeordnet und haben die einzigartige Besonderheit, dass die positiven und die negativen Schenkel der Skala einander spiegeln. Daher steht auf der Ebene +3 die *Innere Kraft* der Ebene -3, *Verlangen*, gegenüber; auf der Ebene 1 reflektiert +1, *Forscherdrang*, die *Selbstbehauptung*, -1, usw. Für die Verwendung der Skala hat das große Bedeutung.

19 Hazel Guest und Ian Marshall, „The Scale of Responses, Emotions and Mood in Context"

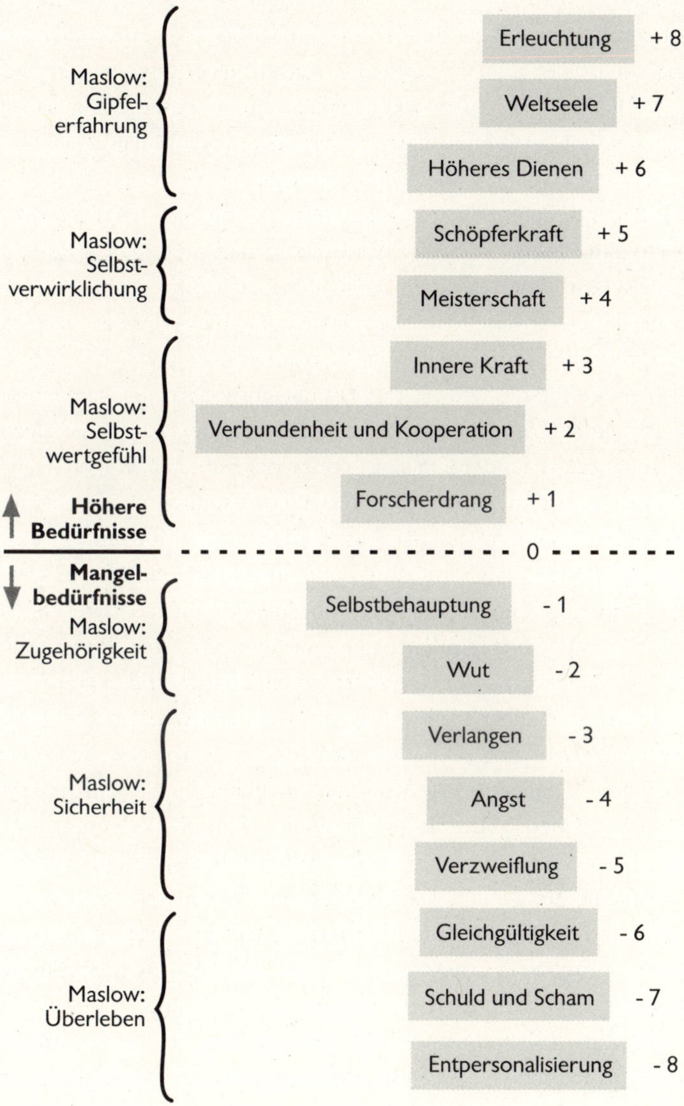

Abbildung 3.1: Die Motivationsskala

Wie es die Nummerierung schon zeigt, ist es besser, ein Motiv der Ebene +3 zu haben als eines der Ebene -1, aber es ist wiederum ebenso besser, auf der Ebene -1 als auf der Ebene -4 zu sein. Unsere persönliche Effektivität steigert und unser Verhalten verbessert sich oder hat positivere Auswirkungen, je weiter wir auf der Skala nach oben gehen. Eine Führungspersönlichkeit, die von *Angst* (-4) motiviert ist, wird eher reaktive und verteidigende Strategien anwenden als jemand, der von *Selbstbehauptung* (-1) motiviert ist. Dies wirkt sich zum Beispiel stark auf das Risikomanagement aus. *Angst* beispielsweise führt zu einem Verhalten, das Risiko vermeidet und vielleicht verzweifelt ist; *Selbstbehauptung* hingegen hat vielleicht Vermessenheit oder Achtlosigkeit zur Folge.

In der Tat verändern sich nicht nur unsere Strategien, sondern auch die tieferen kognitiven Prozesse, die ihnen zugrunde liegen, wenn wir uns auf der Skala nach oben oder unten bewegen. Dabei ist klar, dass Motivationen das Verhalten bestimmen, aber darüber hinaus bestimmen sie auch das Denken. Jede Motivation ist ein ganzes Bündel von Paradigmen und umfasst Ideen, Werte, Ziele, Bestrebungen, Strategien, Beziehungen, Emotionen und Verhalten. Wir können solch ein Paradigma mit dem Satz charakterisieren, den der Philosoph Ludwig Wittgenstein über Werkzeuge formuliert hat: „Wenn ein Hammer alles ist, was ich habe, dann sieht alles wie ein Nagel aus." Und wenn ich aus dem Paradigma der Angst handle, erscheint mir alles wie eine Bedrohung. In der Sprache der neuen Wissenschaften der Chaos- und Komplexitätstheorie gesprochen (die im sechsten Kapitel ausführlich besprochen werden) wirkt eine Motivation wie ein „Attraktor" für unsere Denkmuster, ähnlich den verschiedenen Löchern bei einem Flipperautomaten, die wie Anziehungspunkte für die Bälle wirken, die der Spieler abschießt. Ein Mensch, der beispielsweise von *Wut* (-2) motiviert ist, wird ganz andere Prozesse der Entscheidungsfindung anwenden als jemand, den *Verbundenheit und Kooperation* (+2) antreiben. Der wütende Mensch wird von Schuldzuweisungen und dem Wunsch nach Vergeltung erfüllt sein und nach Möglichkeiten suchen, diese herbeizuführen, da alles, was geschieht, von einem Gegner oder Feind verursacht zu sein scheint. Der kooperative Mensch dagegen wird nach einer ausgeglichenen Analyse für Probleme streben und einen Konsens entwickeln, in dem andere Menschen als mögliche Partner gesehen werden, und auch aus dieser Sichtweise werden angemessene Strategien entstehen.

Deshalb bedeutet jede Bewegung nach oben oder unten auf der Motivationsskala eine Transformation auch des gesamten Bündels von Paradigmen. Die Visionen, Ziele und Strategien (und somit auch die Ergebnisse eines Unternehmens, einer Regierung oder eines Bildungssystems) werden sich in Abhängigkeit von den zugrunde liegenden Motivationen dieser Organisationen radikal unterscheiden. Daraus wird ersichtlich, dass jeder Wachstums- oder Transformationsprozess, der auf eine Veränderung von Verhalten (Gewohnheiten), Haltungen oder Emotionen abzielt, fehlschlägt, wenn nicht zuerst die Motivation betrachtet wird, aus der heraus er entsteht. *Die Veränderung der Motivation ist der einzige sichere Weg, um Verhalten zu verändern.* Motivationen sind Ursachen; Verhaltensweisen sind Wirkungen. Wenn wir darauf hoffen, eine Transformation vom selbstzerstörerischen hin zum nachhaltigen Kapitalismus zu erleben, müssen wir einen Weg finden, die bestimmenden Motivationen der heutigen Wirtschaftswelt zu verändern – von *Angst* (-4), *Verlangen* (-3), *Wut* (-2) und *Selbstbehauptung* (-1) zu den positiveren Motivationen des *Forscherdrangs* (+1), der *Kooperation* (+2), der *Inneren Kraft* (+3) und der *Meisterschaft* (+4). Das ist der umfassende Paradigmenwechsel, an den ich denke, wenn ich von der Schaffung spirituellen Kapitals spreche, und in diesem Buch geht es nur darum, wie das geschehen kann.

Sieben Fragen zur Anwendung der Motivationsskala

1. Welche Motivationen treiben uns als Individuen und als Kultur gegenwärtig an?
2. Welche Auswirkung haben diese Motivationen auf unser Verhalten und unsere Handlungsstrategien?
3. Welche Ergebnisse erhalten wir?

4. Wohin möchten wir uns entwickeln?
5. Welche Motivationen brauchen wir, um dorthin zu gelangen?
6. Was müssen wir tun, um die entsprechende Transformation der Motivationen zu erreichen?
7. Welche Veränderungen im Verhalten und in unseren Handlungsstrategien werden wir erfahren?

Für die Fragen 1 und 2 brauchen wir die diagnostischen Fähigkeiten der emotionalen Intelligenz; für 4 und 5 spirituelle Intelligenz; und für Frage 3 brauchen wir etwas von beiden.

Positive und negative Spiegelung

Eine weitere Möglichkeit der Nutzung der Motivationsskala für diagnostische Zwecke ist die Anwendung ihrer positiven und negativen Spiegelung. Neben anderem erlaubt uns diese Reflexion (von z. B. -4 und +4), der Schubkraft einer Motivation in Bezug auf eine andere mehr Gewicht zu geben. Wenn wir uns das zunutze machen, können wir durch einfache Mathematik ableiten, ob die Motivationen eines Menschen oder einer Kultur diejenigen einer anderen integrieren können oder ob sie von ihnen in positiver oder negativer Art und Weise überwältigt werden.

Ein wütender Mensch (-2) beispielsweise kann niemals einen anderen wütenden Menschen kontrollieren. Beide prallen nur zusammen und verschlimmern die Situation. Ebenso wird aber auch ein kooperativer Mensch (+2) kaum eine Wirkung auf einen wütenden Menschen haben (-2): Sie hebeln sich einfach gegenseitig aus. Allerdings kann der Zustand der *Wut (-2)* eines verärgerten Menschen durch einen anderen, der mindestens die Ebene +3 (*Innere Kraft*) erreicht hat, nach oben hin verändert werden und in gleicher Weise kann ein wütender Mensch (-2) durch jemanden, der von *Verzweiflung* (-5) motiviert ist, nach unten in die *Angst* (-4) gedrückt werden. Diese einfache Mathematik bildet die Grundlage für eine neue Art der Motivationsdynamik und ermöglicht uns also, unsere relative Position auf der Skala zu diagnostizieren. Darüber hinaus hilft sie uns bei der Entscheidung, ob wir für einen anderen Menschen oder eine Situation etwas Positives tun können oder aber bedroht werden und uns abwenden sollten. Dies wiederum macht es uns möglich, eine Strategie zu entwickeln, um mit der Situation umzugehen.

Die positive und negative Spiegelung der Motivationsskala erlaubt uns ebenfalls, das zu erkennen, was C.G. Jung die „Schatten"-Anteile jeder Motivation genannt hätte. Das sind die Merkmale, von denen wir uns willentlich abschneiden oder die wir auf andere projizieren, weil wir sie nicht als unsere eigenen annehmen wollen. Der Schatten ist die „Kehrseite" oder „dunkle Seite" einer jeden Eigenschaft oder eines Persönlichkeitsmerkmals. Somit ist *Wut* (-2) z.B. der Schatten von *Kooperation* (+2) und Verdammung (*Entpersonalisation*, -8) der Schatten von Erlösung (*Erleuchtung*, -8). Jung glaubte weiterhin, dass der Schatten eines Einzelnen oder einer Kultur eine unbewusste Energiedynamik enthält, die das Verhalten zusätzlich stark beeinflusst. Unser Schatten verfolgt uns und hat ungewollte Konsequenzen zur Folge. All die negativen Motivationen auf der Skala sind deshalb Schatten-Motivationen, d. h., sie führen zu selbstzerstörerischen Handlungsstrategien. Des Weiteren wird aus der Skala ersichtlich, dass die vier negativen Motivationen, die den heutigen Kapitalismus und die Wirtschaftsethik bestimmen, zeigen, dass der Kapitalismus allein aus seinem eigenen Schatten lebt. Dadurch unterstützt und fördert er die gleichen negativen Motivationen in mindestens einem seiner Feinde – denn auch *Terroristen* sind angetrieben von *Angst*, *Verlangen*, *Wut* und *Selbstbehauptung*.

Wie wir unsere Position auf der Skala bestimmen

Daniel Goleman hat Selbstwahrnehmung („das Erkennen eines Gefühls im Augenblick seines Entstehens") als den „Grundstein" der emotionalen Intelligenz beschrieben.[20] Er sagt, dies sei unsere wichtigste emotionale Kompetenz. Durch ehrliche, gut ausgeprägte Selbstwahrnehmung finden wir unsere Position auf der

20 Daniel Goleman, *Emotionale Intelligenz*

Motivationsskala. Aber das ist leichter gesagt als getan. Weil eine Motivation ein ganzes Paradigmenbündel unterstützt – all unsere Gedanken, Wahrnehmungen und Ideen –, ist es für die meisten Menschen sehr schwierig, ja unmöglich, ihre eigene Position auf der Motivationsskala zu bestimmen, besonders wenn sie in einem negativen Zustand sind. Selbstwahrnehmung ist also die entscheidende Kompetenz der emotionalen Intelligenz, aber sie ist auch diejenige, die am schwersten zu entwickeln ist.

Die meisten von uns leben in einem Gespinst von Lügen oder zumindest Illusionen, die zum Großteil uns selbst oder unsere Gruppe zum Inhalt haben. Nehmen wir das Beispiel einer Versicherungsfirma, die ich einmal näher untersucht habe. Dieses Unternehmen hatte seine Werte als die „Four T's" formuliert – Trust, Truth, Transparency, Teamwork (Vertrauen, Wahrheit, Transparenz, Teamarbeit). Die Mitarbeiter sonnten sich entsprechend im Wohlfühlfaktor dieser Werte. Sie hätten das Unternehmen wohl ziemlich hoch auf der Skala eingestuft, wahrscheinlich zwischen +1 und +4. Dann kam eines Morgens ein leitender Manager ins Büro und warf eine Tasche mit Frauenkleidern auf den Boden. Die Kleider gehörten seiner Frau. „Er hat mit ihr geschlafen!", schrie er und zeigte auf das Büro des CEO (Generaldirektors). Es kam heraus, dass der CEO eine Affäre mit der Frau des Mannes hatte. Um mehr Zeit mit ihr verbringen zu können, hatte er sie über ihre Kompetenz hinaus zu seiner privaten Assistentin befördert, und sie waren regelmäßig auf Dienstreisen unterwegs gewesen. Nun aber fühlten sich die Mitarbeiter betrogen und erkannten die Werte des Unternehmens als Heuchelei. Das Verhalten des CEO hatte gegen jedes der Four T's verstoßen und die meisten Menschen konnten nun sehen, dass sich die Kultur des Unternehmens in Wirklichkeit auf den Motivationsebenen von -4 bis -1 befand.

Menschen, die mit Paradigmen arbeiten, behaupten, dass wir niemals über unser gegenwärtiges Paradigma hinausschauen können, solange es funktioniert. Erst wenn es brüchig wird – wie bei den Four T's – und wenn die bisherigen Vorstellungen ganz eindeutig als falsch erkannt werden, beginnen wir, nach einem neuen Paradigma zu suchen. So können uns z.B. traumatische Ereignisse wie das eben geschilderte aus unseren Illusionen wachrütteln. Ein Verrat, eine schwerwiegende Krise oder ein Fehler und auch ein bedeutsamer Verlust können unsere Selbstwahrnehmung steigern. Und dann gibt es natürlich auch Menschen, die sich auf der Skala oberhalb der Ebene 0 befinden und durch deren Verhalten wir eine lernende Perspektive auf uns selbst entwickeln können. Ebenso haben viele Menschen auf den negativen Positionen der Skala trotzdem zeitweise Einsichten in höhere Motivationen.

Wie Daniel Goleman erklärte, ist die diagnostische Fähigkeit, die Emotionen anderer Menschen richtig zu interpretieren und angemessen darauf zu antworten, ein ganz wesentliches Element der emotionalen Intelligenz. Aber wir können das Verhalten oder die Emotionen von anderen nicht richtig interpretieren, wenn wir die zugrunde liegenden Motive nicht kennen. Und wenn uns diese Erkenntnis fehlt, werden die Strategien, die wir als Reaktion auf den anderen anwenden, falsch sein.

Die Beziehung zwischen Teenagern und ihren Eltern ist beispielsweise ein ganz alltägliches Beispiel für falsch interpretierte Motive. Viele Eltern, oder wahrscheinlich die meisten, bewegen sich in der Beziehung zu ihren Kindern auf den Motiven der Ebene +4, *Meisterschaft*, oder der Ebene +5, *Schöpferkraft* (liebende Kreativität im Dienst einer höheren Aufgabe). Sie alle wollen das Beste für ihre Kinder und nehmen an ihrer Entwicklung Anteil. Manchmal führt das zu Konflikten. Aber Teenager mit ihrem neu gefundenen Instinkt für Unabhängigkeit – und in diesem Sinne auf der Ebene -4, *Angst* (unterdrückt zu werden) oder der Ebene -1, *Selbstbehauptung* – missverstehen die Motive ihrer Eltern oft als deren eigene *Selbstbehauptung* (-1), *Wut* (-2) oder *Angst* (-4) (ihre Kinder loszulassen). Dies führt zu Strategien von Täuschung und Konflikten auf Seiten der Kinder, worauf die Eltern mit Verteidigungsstrategien reagieren.

David Hawkins hat seinerseits seine eigene Motivationshierarchie entworfen, deren Basis die Messung der Muskelspannung im Verhältnis zu den Einstellungen ist, die mit verschiedenen Motivationen einhergehen (Kinesiologie). Seiner Ansicht nach werden 85 Prozent von uns von Motivationen geleitet, die noch nicht mal die Ebene 0 auf der Skala erreichen.[21] Von den 15 Prozent, die über 0 kommen, erreichen nur 4 Prozent jemals die Ebene +5, *Schöpferkraft*. Die große Mehrheit, vielleicht 60 Prozent, liegt zwischen Ebene -4, *Angst*, und -1, *Selbstbehauptung*. Um diese alarmierende Tatsache bestätigt zu finden, müssen wir uns nur das Verhalten der meisten Persönlichkeiten des öffentlichen Lebens anschauen, sei es in der Wirtschaft oder in der Politik. Als positive Nachricht stellt Hawkins aber auch fest, dass die wenigen, die aus höherer Motivation handeln, eine überragend große Fähigkeit besitzen, uns andere etwas höher zu ziehen oder uns zumindest zum Streben nach höherer Motivation zu inspirieren. Gewisse Historiker behaupten sogar, dass jeder erreichte Fortschritt der Menschheit in ihrer 40.000-jährigen aufgezeichneten Geschichte durch die Führung der am weitesten entwickelten 2 Prozent erreicht wurde.

Meiner Meinung nach können Menschen oder Kulturen, deren Motivationen unterhalb der Ebene 0 liegen, sich selbst (und andere!) nicht wirklich richtig einschätzen. Sie nehmen sich selbst nicht genug wahr, und ihre negativen Paradigmen verfälschen jede neue Information entsprechend ihrem Grundparadigma und lassen blinde Flecken entstehen. Eine verbesserte Selbstwahrnehmung entsteht daraus, dass uns jemand zuhört oder wir im Dialog mit Menschen sind, die sich ihrerseits mindestens auf der Ebene +1, *Forscherdrang*, oder +2, *Kooperation*, befinden. Deshalb ist die Zusammenarbeit mit anderen oder die Teilnahme an Gesprächsgruppen so unerlässlich, um uns selbst auf der Motivationsskala einordnen zu können. Gespräche mit unvoreingenommenen und vertrauensvollen Freunden können uns ebenso dabei helfen, und das trifft natürlich auch auf professionelle Hilfe wie von Therapeuten, Coaches, Mentoren, Priestern oder Workshop-Leitern zu. Sehr effektiv kann auch die Praxis der 360-Grad-Evaluation von Kollegen und Freunden sein. Im nächsten Kapitel werde ich jeden der 16 Motivationszustände eingehend beschreiben und mit dem charakteristischen Verhalten und den dazugehörigen Strategien, die wir eindeutig erkennen können, verbinden.

---

21 David Hawkins, *Power vs. Force*

Neben der Arbeit in Gruppen ist jedwede Form der Meditationspraxis die wirksamste Methode, um einen höheren Zustand der Selbstwahrnehmung zu erreichen – jedenfalls für die, die sich tief genug darauf einlassen können. Meditation erhebt den Geist jenseits der Ablenkungen und des Lärms des Augenblicks auf eine erweiterte Bewusstseinsebene, auf der die Ursachen und Muster von Ereignissen erkannt werden können. Im meditativen Zustand kann ich über meinen Ärger hinausgehen, mir bewusst werden, dass ich wütend bin und dadurch eine Stufe der Reflexion oder Einsicht in die Ursachen erreichen. Des Weiteren hat jeder von uns eine Reihe von nahezu unbewussten Subpersönlichkeiten, deren eigene, abgetrennte Motivationen uns behindern oder helfen können. „Ich" mag vielleicht wütend sein, aber möglicherweise gibt es einen weniger zugänglichen Teil in mir, der eine tiefere Innere Kraft oder Meisterschaft spürt, die mit echtem Mitgefühl einhergeht. Durch Meditation ist es möglich, sich dieser Subpersönlichkeiten bewusst zu werden und dadurch besser in der Lage zu sein, sie und ihre Motivationen zu integrieren.

Meditation transzendiert auf jeden Fall die ganze Ebene des Egobewusstseins, auf der sich die Motivationen befinden, und bringt den Geist mit der Ebene der Werte in Verbindung, die den Motivationen immer schon zugrunde liegen. Das kann uns vom diagnostischen Gebrauch unserer emotionalen Intelligenz zum transformatorischen Gebrauch unserer spirituellen Intelligenz führen. Wir bewegen uns vom *Erkennen* der Motivationen zur *Transformation* der Motivationen.

Wie wir uns auf der Skala bewegen

Sobald wir sehen, dass wir aus niederen Motivationen handeln, die negative Konsequenzen haben, oder wenn wir von Menschen oder einer Kultur inspiriert werden, die ganz klar aus Motivationen handeln, die höher sind als unsere eigenen, wollen wir wissen, wie auch wir unsere eigenen Motivationen transformieren können. Wie kann ich z. B. aus einem Denken und Handeln der Ebene -4, *Angst*, zur Ebene -2, *Wut*, kommen, was auf jeden Fall eine Verbesserung meiner Situation bedeuten würde? Und wenn ich noch ehrgeiziger bin: Wie kann ich von Ebene -2, *Wut*, zur Ebene +2, *Kooperation*, gelangen? Oder verhindern, dass ich von Ebene +1, *Forscherdrang*, zur Ebene -4, *Angst*, hinuntergezogen werde? Kurz gesagt: Welche Dynamiken bestimmen diese Motivationsskala und wie wird Transformation möglich?

Es gibt zwei Arten der Transformation, die gemäß der Skala in einem Einzelnen oder einer Kultur geschehen können. Die erste ist eine äußere und wahrscheinlich vorübergehende oder von Umständen abhängige Transformation, die aus dem Einfluss anderer Menschen oder der Umgebung resultiert. So kann ich beispielsweise in einem Zustand der *Angst*, -4, sein, aber von Menschen umgeben, die aus der Ebene +4, *Meisterschaft*, heraus handeln. Dies mag dann vorübergehend ein größeres Selbstbewusstsein meinerseits zur Folge haben. Für eine Gruppe hingegen würde es bedeuten, mit möglicher Gefahr umgehen zu können. Aber damit habe ich mich trotzdem noch nicht mit den tieferen Ursachen meiner Ängstlichkeit auseinandergesetzt und falle ohne Unterstützung der Gruppe und ihrer ausgeprägten Meisterschaft wahrscheinlich wieder zurück.

In der jüngeren Geschichte gibt es ein interessantes reales Beispiel von Menschen, die in ihre ursprünglichen Motivationen und Einstellungen zurückfielen, sobald sie vom Gruppendruck befreit waren. Die amerikanischen Soldaten nämlich, die im Korea-Krieg von den Chinesen gefangen genommen wurden, erhielten eine Gehirnwäsche und kritisierten daraufhin im Fernsehen bereitwillig den Kapitalismus und die USA. Sie waren anscheinend „gute Kommunisten" geworden. Aber innerhalb von sechs Monaten nach ihrer Befreiung und der Rückkehr in ihre vertraute amerikanische Umgebung kehrten sie alle zu ihrer früheren patriotischen Grundhaltung zurück.

Die zweite Möglichkeit der Transformation dagegen ist tiefer, geschieht *innerlich* und ist sehr viel dauerhafter. Das ist das Ergebnis einer Untersuchung der ursprünglichen Motive und des Verständnisses der zugrunde liegenden Ziele und Werte sowie der Transformation dieser Werte. Die daraus folgende Transformation der Motivation bringt nämlich einen wirklichen Paradigmenwechsel mit sich. Es ist die Art von Motivationsänderung, die von McKinsey Australien in ihrem Führungskräfteprogramm zur Entwicklung spiritueller Intelligenz verfolgt wurde, in dem die oberen 2.000 Mitarbeiter einer Organisation ein Programm durchliefen, das ihre Motivationen und Werte einschätzte.

Noch habe ich bisher nicht die volle Grundlage dargelegt, um den inneren Motivationswandel anzusprechen, der tatsächlich ganze Paradigmen verändert. Dazu müssen wir nämlich die spirituelle Intelligenz mit einbeziehen, was die Aufgabe der nächsten drei Kapitel sein wird. Aber es wird jetzt schon sichtbar, wie die Umgebung oder die emotionale Intelligenz ebenfalls die Bewegung von Menschen nach oben oder unten auf der Skala beeinflusst. Diese äußere Dynamik kann in vier grundlegenden Prinzipien ausgedrückt werden.

Prinzip eins: Eine negative Person oder Kultur kann einer anderen, die sich ebenfalls auf der negativen Skala befindet, nicht helfen. Zwei Menschen, die in *Wut* (-2) feststecken, werden sich gegenseitig anstacheln und nur noch stärker in ihrer Wut verhaftet bleiben. Zwei Menschen mit *Selbstbehauptung* auf der Ebene -1 werden einen Machtkampf ausfechten. In ähnlicher Weise wird es nur zu einer anderen negativen Motivation führen, zu versuchen, eine negative Situation aus negativer Motivation heraus zu verändern. So handelte Nike, wie ich beispielsweise schon im zweiten Kapitel erwähnt habe, allein aus *Angst* (-4) vor möglichem Kundenverlust, als bekannt wurde, dass seine ausbeuterischen Betriebe in Südostasien Kinderarbeit praktizieren. Das Management veränderte die Methoden des Unternehmens dahingehend, dass es seinen asiatischen Arbeitern bessere Bedingungen anbot – was aber die Motivation des Unternehmens insgesamt nur einen Schritt weiter zum *Verlangen* (-3) hin veränderte. Nike wollte seinen Profit wieder sichern und die Verbesserung der Arbeitsbedingungen seiner Arbeiter war nur ein notwendiges Mittel zu diesem Zweck.

Prinzip zwei: Ein Mensch auf der Ebene -3, *Verlangen*, wird von der Energie eines Menschen auf der Ebene +3, *Innere Kraft*, regelrecht neutralisiert, aber das Aufheben der Gegensätze reicht nicht aus, um die Motivation eines der Beteiligten zu verändern. Um die

Kraft zu haben, einen anderen auf der Skala nach oben zu ziehen, muss der Einzelne etwas tun, was Schachspieler einen „Königszug" nennen. Das heißt, es braucht z.B. jemanden auf der Ebene +4, *Meisterschaft*, um einen anderen von der Ebene -3, *Verlangen*, auf die Ebene -2 oder höher zu bewegen. Dieses Prinzip liegt üblicherweise der Philosophie von Dialoggruppen oder dem Mentoring zugrunde – der Idee, dass sich ein Dialogleiter, ein Mentor (oder ein Workshopleiter) auf einer höheren Motivationsebene befindet und dadurch die ganze Situation anheben kann.

Prinzip drei: Ein Mensch der Ebene +4 kann mit einem anderen, der auf -3 ist, wohl umgehen; aber eine Person, die auf +2 ist, kann von einer anderen der Ebene -3 hinuntergezogen werden. Deshalb kann eine Kultur oder eine Gruppe, die sich auf der Skala weiter oben befindet, auch die Situation für die darunter anheben; deshalb gibt es Priester, gute Lehrer, meisterhafte Künstler und dienende Führungskräfte in der Gesellschaft. Sie inspirieren unser aller Entwicklung durch ihr Beispiel oder ihre Vision. Aber es kann auch passieren, dass eine Kultur einzelne Menschen nach unten zieht. So beginnen die meisten Kinder zum Beispiel ihren Weg in der frühen Kindheit auf Ebene 0 der Skala, bewegen sich dann aber schnell zur Ebene +1, *Forscherdrang*. Zum Schulanfang sind sie noch voller Neugier und Staunen. Aber ein großer Teil des Bildungssystems ist von *Angst* (-4) oder *Verlangen* (nach Kontrolle, -3) motiviert. Das reduziert die Erfahrung in der Schule für die meisten Kinder drastisch auf die Ebene -3, das *Verlangen* (nach einem guten Zeugnis), oder, noch schlimmer, auf Ebene -4, die *Angst* (vor dem Versagen).

An einer Wirtschaftshochschule in Südafrika wurde einmal mit zwei Gruppen von Studenten der Betriebswirtschaft eine Studie über „Idealismus" durchgeführt. Die erste Gruppe bestand aus jungen Absolventen, die gerade frisch von der Universität kamen. Es stellte sich heraus, dass sie hinsichtlich ihrer Arbeitsziele sehr idealistisch waren. Sie handelten aus *Forscherdrang* (+1), *Kooperation* (+2) und *Innerer Kraft* (+3) und hofften, durch ihre Arbeit in der Wirtschaft *Meisterschaft* (+4) zu erreichen. Die zweite Gruppe dagegen setzte sich aus älteren Studenten der Betriebswirtschaft zusammen, die bereits mindestens zehn Jahre in der Wirtschaft gearbeitet hatten. Sie hatten wenig Idealismus, waren voller Wut und ziemlich zynisch. Zehn Jahre in einer Wirtschaftskultur, deren bestimmende Motive die Ebenen -4, *Angst*; -3, *Verlangen*, -2, *Wut*, und -1, *Selbstbehauptung*, sind, hatten diese Menschen auf genau diese untere Ebene hinuntergezogen. *Wenn wir die Motive und das Verhalten der Menschen in der Wirtschaft transformieren wollen, müssen wir die zugrunde liegenden Motivationen dieser Kultur transformieren.*

Prinzip vier: Wir können unsere emotionale Intelligenz (unsere ursprüngliche Selbstwahrnehmung und emotionale Kontrolle) natürlich immer dazu verwenden, uns auf der Skala nach oben zu bewegen, vorausgesetzt, sie beinhaltet den Wunsch, andere nicht zu verletzen oder die Situation zu verschlimmern. Wenn ich zum Beispiel weiß, dass ich in einer schlechten Stimmung bin, kann ich durch Anstrengung verhindern, die Kontrolle zu verlieren. Dann handle ich aus der Ebene +2, *Kooperation*, oder vielleicht sogar aus der Ebene +3, *Innere Kraft* (Selbstbeherrschung). Auch diese Art der Wandlung bringt uns in die Tiefe der zugrunde liegenden inneren Werte und damit zur spirituellen Intelligenz. In diesem Beispiel ist der zugrunde liegende Wert der Wunsch, andere nicht zu verletzen, der mich letztlich auf eine höhere Ebene der Motivation hebt.

Von nun an werde ich mich darauf konzentrieren, zu erklären, was spirituelle Intelligenz genau ist, wie sie wirkt und wie ihre Anwendung einen Paradigmenwechsel in der Motivation hervorbringen kann. Solch eine Verschiebung ist nötig, wenn wir den Kapitalismus und die Wirtschaft, wie wir sie kennen, hin zum spirituellen Kapital transformieren wollen. Dies setzt voraus, dass wir die negativen Motivationen, die unsere gegenwärtige Wirtschaftskultur bestimmen, durch höhere und positivere ersetzen. Aber zunächst möchte ich im nächsten Kapitel jede einzelne der sechzehn Motivationen auf der Skala beschreiben und zeigen, zu welchem Verhalten und welchen Strategien sie führen.

4

Die Anwendung der Motivationsskala

Die sechzehn Motivationszustände der Skala sind, wie ich schon gesagt habe, „Attraktoren" oder ganze Paradigmen, die Verhalten, Emotionen, Einstellungen, Annahmen, Werte, Denkprozesse und Strategien umfassen. Wenn wir also etwas über die Motivation oder das ganze Bündel von Motivationen erfahren wollen, das Individuen oder ganze Kulturen bestimmt, bedeutet das, sowohl ihren inneren Zustand als auch ihre Reaktion auf ihre Umwelt und von Seiten ihrer Umwelt genau zu kennen. Es bedeutet ferner, die individuelle und kollektive „Psychologie" zu kennen und in der Lage zu sein, ihren Handlungsansatz – und dessen Effektivität – vorauszusagen.

Von Adolf Hitler nehmen wir aufgrund der historischen Zeugnisse seiner Vergangenheit, seiner emotionalen Reaktion auf Deutschlands erniedrigende Niederlage im Ersten Weltkrieg sowie seines eigenen Versagens als Künstler an, dass er von *Schuld und Scham* (-7), *Verlangen* (nach Macht und Größe, -3), *Wut* (-2) und einem guten Teil *Selbstbehauptung* (-1) motiviert war. Diese Motive zeigten sich jedenfalls in Hitlers Sprache und Gesten und auch in den aggressiven Strategien, die er entwickelte. Wären die Führer der damaligen Welt in der Lage gewesen, dies während der Zeit seiner Machtergreifung zu erkennen, hätten sie erahnen können, dass dieses Reich möglicherweise zu einer großen Gefahr für umliegende Staaten und bestimmte ethnische Gruppen in Deutschland werden würde. In diesem Fall hätten die Alliierten vielleicht aus einer Position der *Inneren Kraft* (+3) oder *Meisterschaft* (+4) auf Hitlers Bedrohung reagieren können. Stattdessen warteten sie, bis er Österreich und Polen besetzte und reagierten dann aus einer Position der *Angst* (-4). Sechzig Millionen Menschen starben, weil die Alliierten das nicht sahen.

Dieses extreme Beispiel dient als Erinnerung dafür, dass aus negativen Motivationen keinesfalls etwas Gutes kommen kann. Wie es David Hawkins ausdrückt: „Alle Ebenen [der Motivation] unterhalb [0] wirken destruktiv auf das Leben von Individuen und Gesellschaft; alle Ebenen oberhalb [0] sind konstruktive Ausdrucksformen der Macht.“[22] Menschen oder Kulturen müssen mindestens auf der Ebene +1 sein, um als Person oder Gemeinschaft einen positiven Effekt auf die Welt zu haben. *Die Krisen des Kapitalismus sind die Krisen der negativen Motivation.*

Wenn ich nun nacheinander jede Motivation beschreibe, stelle ich die sich jeweils spiegelnden positiven und negativen Paare einander gegenüber. Deshalb bewege ich mich auf der Skala gleichzeitig nach oben und unten und beschreibe jedes negative (Schatten-) Motiv direkt nach seinem positiven Äquivalent. Dies ist wichtig, um später dann die dynamischen Bewegungen der inneren Transformation zu verstehen.

Bekannte Motivationen

Die Motivationen zwischen +4 und -4, die am meisten verbreiteten, wurden bereits alle von R. B. Cattells statistischen (faktorenanalytischen) Studien über ganz normale Durchschnittsmenschen erfasst. Jenseits dieser Ebenen finden wir einerseits den Bereich des

22 David Hawkins, *Power vs. Force*

Genius und des Heiligen und andererseits den Bereich der Psychosen und Zusammenbrüche. Die große Mehrheit jeder arbeitenden Bevölkerung der Welt befindet sich zwischen +4 und -4.

0, Neutral

Die Position der Neutralität selbst ist keine eigene Motivation. Sie ist entweder der Ausgangspunkt unseres Lebens in der frühen Kindheit oder der lebensverändernde Wendepunkt von den negativen zu den positiveren Handlungsmotivationen. Sie ist wie die Position des Leerlaufs in der Gangschaltung eines Autos: gelöst und startbereit, aber noch ohne festgelegte Richtung. Viele von uns erwachen jeden Morgen neu auf der *neutralen* Ebene, bevor die Erinnerungen, Bilder und Gefühle des Vortages in unser Bewusstsein strömen. Die Position der Neutralität ist wie die *Tabula rasa*, die Descartes benannte – die Schrifttafel, auf der noch nichts geschrieben steht.

+1, Forscherdrang

Forscherdrang wird oft mit Neugier gleichgesetzt, einem Gefühl des Staunens und einer offenen, bereitwilligen Haltung gegenüber allem, was das Leben uns auf unserem Weg beschert. Bei kleinen Kindern z. B. ist Forscherdrang sehr ausgeprägt. Es ist der Wunsch, mehr über einen Ort oder eine Situation zu erfahren, so ähnlich wie beim ersten Erkundungsgang nach der Ankunft an einem neuen Urlaubsziel oder einem neuem Wohnort. Menschen mit dieser Motivation befinden sich im offenen Dialog mit ihrer Umwelt; sie beobachten, hören zu und kommen leicht in Kontakt. *Forscherdrang* ist die Erkenntnis, dass wir die Dinge erforschen und wir lernen müssen und dass dies etwas Erfüllendes ist. Deshalb lesen wir Bücher, Zeitschriften und Magazine – alles, was uns etwas Neues lehrt und uns erlaubt, aktiv mit unserer Umgebung in Kontakt zu sein. Durch Forscherdrang werden wir zu guten Schülern oder Studenten und wachen, aufmerksamen Mitarbeitern. Menschen mit dieser Motivation sind meist an Musik, Kunst und Filmen interessiert. Sie reisen gern an neue Orte und neue Probleme oder Herausforderungen begeistern sie geradezu. Sie möchten wissen, wie die Dinge funktionieren und erweitern ihr Wissen oder ihr Erfahrungsspektrum um der Sache selbst willen. All ihre Handlungsstrategien haben damit zu tun, Neues zu ergreifen und ihre Fähigkeiten, ihr Wissen oder ihren Einflussbereich zu erweitern. Sie fühlen sich von Innovationen angezogen, denn diese inspirieren sie. Und widrige Umstände begrüßen sie erfreut mit einem „Was kann ich daraus machen?".

-1, Selbstbehauptung

Diese Motivation wird mit Gedankenlosigkeit, ungebremstem Konkurrenzdenken, einem Übermaß an Stolz, Selbstbezogenheit und Aggression verbunden. David Hawkins bemerkt, das in dieser Motivation genügend Energie ist, um die U.S. Marine Corps in Bewegung zu setzen. Ebenso wie die Marines gehen nämlich Menschen, die sehr von sich eingenommen sind, ständig über Grenzen und drängen der Umgebung ihren Willen und ihre Struktur gerade deshalb auf, indem sie „keine Gefangenen nehmen". In der Wirtschaft brechen sie auf, um den Markt zu erobern und Konkurrenten zu vernichten. Ihre Einstellungen gegenüber dem Lernen und Wissen sind manipulativ. Sie beharren auf dem, was sie schon wissen oder sie lernen nur, um ihre bestehende Position noch mehr zu stärken. Deshalb sind sie nicht offen für das Lernen von Dingen, die nicht dem Erreichen ihrer Ziele dienen. Allerdings schaden sie damit letztlich nur sich selbst. Menschen, die sehr von sich überzeugt sind, besitzen einen Machtwillen, der sie mit jedem in Konflikt bringt, dessen starker oder unabhängiger Standpunkt nicht dem ihrem entspricht. Wenn zwei solcher Menschen oder Kulturen im Konflikt zusammentreffen, führt das unweigerlich zum Krieg, psychologisch oder ganz real. Sie sind streitsüchtig, lehnen den Dialog ab und wollen Abläufe nur nach ihren Vorstellungen gestalten. Menschen der Position -1 haben darüber hinaus ein Bedürfnis nach Status und ihr Selbstwertgefühl ist von anderen Menschen abhängig. Sie wollen, dass andere gut über sie denken oder sie offen loben. Sie achten auf ihre Kleidung und wollen auch durch sie noch mehr Wertschätzung bekommen. Sie wenden Handlungsstrategien an, die ihnen weiteren Einfluss oder noch mehr Ansehen bringen oder ihre Macht vergrößern. Sie spielen nur, um zu gewinnen und zählen die Skalps der Verlierer. Sie können sympathisch sein, aber nur dann, wenn sie ihren Willen bekommen und genug Respekt erhalten.

+2, Verbundenheit und Kooperation

Wir Menschen sind soziale Wesen. Wir müssen mit anderen Menschen in Beziehung sein und erfahren dadurch in der Regel große Bereicherung und Stärkung. Einige Psychologen nennen diesen Wesenszug unseren „Herdeninstinkt", aber diese Bezeichnung verfälscht die Wirklichkeit, ohne sie angemessen zu würdigen. Die Bande, die wir durch die Verbundenheit mit unseren Mitmenschen und unserer Kultur entwickeln, sind Bande von großer Stabilität, die meistens auf gemeinsamen Werten und Normen basieren. Menschen, denen Verbundenheit wichtig ist, suchen die Nähe anderer und sind nicht gern allein. Sie mögen die Menschen und gemeinsame soziale oder berufliche Aktivitäten.

Von *Verbundenheit und Kooperation* motivierte Menschen sind gute Teammitglieder und haben einen starken Kameradschaftsgeist. Aber der stärkere Aspekt dieses Motivs ist der Wille zur Kooperation, der notwendig ist, wenn wir mit anderen Menschen einvernehmlich zusammen sein wollen. Dies führt uns zur Entwicklung von Handlungsstrategien, die Umgänglichkeit, Verhandlungsfähigkeit, Einigung und Konfliktmanagement umfassen. Die Stärke kooperativer Menschen besteht darin, die Sichtweise anderer zu erkennen und diese ganz selbstverständlich zu respektieren, selbst dann, wenn sie anderer Meinung sind. Das macht sie zu sehr guten Verhandlungsführern, die auch die kreativen Ideen anderer zu fördern verstehen. Verbundene und kooperative Menschen sind gute Zuhörer und suchen sich in der Regel einen sozialen Beruf, oft in Tätigkeitsfeldern wie der Pädagogik, Sozialarbeit oder dem Coaching. Sie sind der soziale „Klebstoff" jeder Gruppe oder Organisation, immer damit beschäftigt, Strategien zu entwickeln, die Menschen zusammenbringen können. Jede neue Beziehung erscheint als neue Möglichkeit. Die Motive der Ebenen +1 und +2 zusammengenommen sind ausreichend, um ohne große Veränderungen in einer kleinen Gruppe zu leben. Evolution und Kreativität dagegen brauchen eine höhere Motivation.

-2, Wut

Wir alle erkennen *Wut* in anderen Menschen schnell und eindeutig. Wütende Menschen sind für gewöhnlich entweder sehr kalt und halten ihre Emotionen sorgfältig unter Kontrolle oder sie sind hitzig und ergießen ihre Wut hemmungslos in ihre Umwelt. Sie fühlen sich schlecht und geben aber jemand oder etwas anderem die Schuld dafür. Schlimme Dinge in ihrem Leben sind nicht ihre eigene Schuld. David Hawkins formuliert es so: „Wut ist der Lebensstil gereizter, explosiver Menschen, die übersensibel auf Beleidigungen reagieren und zu ‚Ungerechtigkeitssammlern' werden, streitsüchtig, aggressiv und anklagend."[23] Oft sind sie rebellisch, aber nur um der Rebellion wegen. Wütende Menschen sind selten bereit zu kooperieren. Wo kooperative Menschen die Gesellschaft anderer und damit auch die Lösung von Konflikten suchen, lehnen wütende Menschen die Gruppe oder die Gesellschaft ab. Sie sind boshaft und suchen nach Rachestrategien. Das Gegenüber ist der Feind, und der Feind muss bestraft oder besiegt werden. *Wut* ist z. B. das Motiv für Vandalismus und ebenso auch Terrorismus. Beide, Vandalen und Terroristen, fühlen sich von der Gesellschaft übersehen oder ausgegrenzt. Ihr Selbstwertgefühl ist bedroht oder wurde enttäuscht, und sie wollen ihren Anspruch darauf herausschreien, damit ihr Dasein (ihre Beweggründe, Werte oder anderes) anerkannt wird. Die Grundlage fast jeder *Wut* ist in der Tat Frustration in der einen oder anderen Form: Liebe oder Treue, die nicht erwidert; ein Wert, der nicht anerkannt; ein Standpunkt, der nicht gehört wurde; ein Selbst, das sich abgelehnt, verlassen oder ausgegrenzt fühlt. Als Strategie in der Wirtschaft, führt *Wut* dazu, Wege zu finden, um einen Konkurrenten zu schlagen, zu vernichten oder ihm Schaden zuzufügen, auch wenn Kooperation zu einem besseren Ergebnis führen würde. In einer Führungskraft kann *Wut* zu Strategien führen, möglichst viele Fehler bei anderen zu finden.

Die bekannte „Dirty (schmutzige) Tricks"-Kampagne, die British Airways gegen Virgin Atlantic führte, war eine Strategie, die allein vom Wunsch inspiriert war, den Konkurrenten zu zerstören

---

23 David Hawkins, *Power vs. Force*

oder ihm Schaden zuzufügen. Bei dieser Kampagne rief BA Passagiere an, die mit Virgin fliegen wollten, und versprach ihnen billigere Preise, wenn sie stattdessen zu BA wechselten.

+3, Innere Kraft

Persönliche Macht verbinden wir normalerweise mit der Fähigkeit, andere zu bewegen oder zu dominieren: *Über-Macht*. Diese aber ist äußere Macht, die ein Mensch allein durch die Tatsache erhält, dass er in einer Position der Autorität oder Einflussnahme ist und er von daher „jemand ist"; manchmal sogar auch körperlich. Menschen, die aus -1, *Selbstbehauptung* heraus handeln, streben nach Macht über andere als Mittel, um sich selbst stark oder wichtig zu fühlen. Wenn sie nicht aus höherer Motivation ausgeübt wird, schafft Über-Macht (Macht über andere) immer Gewinner und Verlierer, und daraus entstehen Konflikte.

Der einzige Mensch allerdings, über den jemand, der von *Innerer Kraft* motiviert ist, wirklich Macht ausüben will, ist er selbst. Menschen, die von *dieser* Kraft geleitet werden, ruhen in sich selbst und sind mit sich im Reinen. Sie wissen, wen und was sie lieben und wertschätzen, und sie handeln genau von dieser Ebene der Liebe und der Werte aus. Sie haben *Integrität* im buchstäblichen Sinne des Wortes, das heißt, sie bringen als Menschen Ganzheit zum Ausdruck und ihr gesamtes Verhalten zeugt von Integrität. Sie sind auch in ihren Fähigkeiten gut verwurzelt oder, wenn es Sportler sind, in ihrem gut trainierten Geist und Körper. Das wunderbar angenehme Gefühl des „Flow", das wir spüren, wenn wir physisch oder mental unser Bestes geben, entspringt der *Inneren Kraft*.[24]

Menschen mit *Innerer Kraft* sind vertrauenswürdig. Wir wissen, woher sie kommen und dass es ein innerer Ort in ihnen ist, dem wir vertrauen können. Sie haben einen erkennbar persönlichen Stil, der aus tiefer Verbindlichkeit schöpft und ein starkes Gefühl ihrer eigenen Identität. Bei diesen Menschen kann man darauf vertrauen, dass sie jeder ihnen gegebenen Verantwortung gerecht werden. Sie handeln oft aus einem Gefühl der Verantwortlichkeit, der Loyalität, des Dienens oder der Führerschaft (Begleitung), aber sie können

24 M. Csikszentmihalyi, *Living Well*

auch Nein sagen, wenn sie anderer Meinung sind. Sie sind mehr selbst- als fremdbestimmt und unabhängig im Denken. Weil ihre tiefste Motivation das Wissen um ihre eigenen Werte und ihre Ausrichtung ist, sind sie auch offen und tolerant gegenüber den Wegen und Werten anderer. Sie sind offen für Vielfalt und entwickeln oft sogar Strategien, die verschiedenartige Elemente oder Stimmen zusammenbringen. In einer Position, in der sie Macht *über* andere haben (als Eltern oder Führungskräfte), wird ihre Handlungsstrategie die Verstärkung anderer beinhalten. Sie hören allen Seiten zu, bevor sie eine Entscheidung treffen, und fällen selten vorschnelle Urteile. Ihre Strategien sind in der Regel durch eine ruhige (und manchmal auch sehr kraftvolle) Entschlossenheit bestimmt. Wenn sie etwas begonnen haben, führen sie es auch zu Ende; sie „kriegen die Dinge hin".

-3, Verlangen

Buddha sagte, das *Verlangen* sei die Wurzel allen Leidens. Die meisten der Sieben Todsünden sind Sünden des Verlangens. *Verlangen* manifestiert sich als ständige Ruhelosigkeit; als das Gefühl, niemals genug und immer mehr haben zu müssen. Angetrieben durch ein Gefühl der inneren Leere (dem exakten Gegenteil der *Inneren Kraft*) benutzen solche Menschen ständig Handlungsstrategien des Er-Greifens. Sie sind gierig und wie Erisychthon niemals zufrieden. Die meisten meinen, die Welt sei ihnen etwas schuldig, ihnen wurde ständig vorenthalten, was sie brauchten, oder man habe ihnen niemals Ruhe gegönnt. Sie wollen vieles, sind aber der Meinung, nicht dafür bezahlen zu müssen. Ihre Gier macht sie materialistisch, wenn es um Geld oder Dinge geht, und eifersüchtig, wenn sie vom Hunger nach Liebe erfüllt sind. Kapitalistische Gier ist Gier nach immer mehr Profit, egal um welchen Preis.

Verlangen macht uns eifersüchtig, denn in allem, was ein anderer besitzt, sehen wir etwas, das wir auch haben wollen. *Verlangen* ist demzufolge die Grundlage für alle Süchte – Esssucht, Spielsucht, Alkoholismus, Drogenabhängigkeit usw. – und die Strategien eines gierigen Menschen sind immer die eines Süchtigen: ein schneller Kick statt eines langfristigen Plans; sofortige Wirkung statt geduldigem

Arbeiten und Planen; die Suche nach schnellem Genuss oder nach anhaltendem Wohlgefühl. Und dafür wird jeder und alles betrogen (inklusive uns selbst), das der Erfüllung im Wege steht. Gierige Menschen sind bezüglich des Objekts ihres Verlangens nicht vertrauenswürdig und oft sind sie sehr verantwortungslos.

+4, Meisterschaft

Die Menschen (oder die Kultur), die die Ebene +3, *Innere Kraft*, erreicht haben, sind zutiefst in ihren Werten zentriert. Wenn unsere Motivation jedoch *Meisterschaft* erreicht, sind wir in noch höheren, transpersonellen Werten und Fähigkeiten verwurzelt – besonders dann, wenn sie einem Beruf, einer Tradition oder einem Denksystem angehören, das sich durch erweitertes Denken oder eine gemeinsame Vision auszeichnet. Ein meisterhafter Steinmetz z. B. drückt mit seinem Hammer die gesammelten Fähigkeiten und die Kraft aller Meister der Steinmetzkunst in der Geschichte aus. Er schöpft aus der kollektiven Quelle der Weisheit und Geschicklichkeit seines Handwerks selbst. Eine Führungskraft der *Meisterschafts*-Ebene führt mit spielerischer Autorität und innerer Selbstsicherheit, verbunden mit einem *Instinkt* für gute Strategien und Entscheidungen. Das Verhalten und die Entscheidungen eines Meisters zeigen immer seine innere Disziplin und den „Flow". Die Kontrolle seiner Stimmungen, oberflächlicher Wünsche und voreiliger Entscheidungen erreicht er durch Praktiken wie Meditation, Gebet oder die kontinuierliche Praxis einer Fähigkeit oder Kunst. Auf der Ebene der *Meisterschaft* sehen wir das größere Bild und sind mit dem gesamten Muster im Einklang, deshalb sind unsere Strategien auch komplexer und langfristiger. Wir suchen uns längerfristige Ziele und passen diese Ziele kontinuierlich an, wenn wir neue Informationen erhalten. Da wir durch die Verwurzelung in der kollektiven Weisheit unserer Tradition mit dem gesamten Pool der Potenzialität verbunden sind, erkennen wir Gelegenheiten und mögliche Innovationen dort, wo andere dies nicht tun. Es ist beispielsweise die Kampfkunst des Aikido, die die *Innere Kraft* entwickelt und das Shaolin-Kung-Fu, wie es im chinesischen Film *Tiger and Dragon* gezeigt wird, ist die bevorzugte Praxis der Meister. Der

Aikido-Krieger als solcher bewegt sich mit der Sicherheit seiner persönlichen Kraft, der Shaolin-Meister dagegen mit der Kraft, die „von den Göttern gegeben wird".

David Hawkins behauptet, dass nur ausgesprochen wenige Menschen in unserer Kultur über die Ebene der *Meisterschaft* hinausgelangen und sie auch nur von 8-10 Prozent erreicht wird. Unter *Meistern* finden wir meistens Menschen, die die höchste Ebene in ihrem Beruf oder ihrer Kunst erreicht haben – erfahrene und erfolgreiche Ärzte, höhere Führungskräfte, die Ersten Violinisten in großen Orchestern, Spitzensportler, führende (aber nicht herausragende) Wissenschaftler. Winston Churchill und Franklin Delano Roosevelt waren meisterhafte Politiker, Marie Curie war eine meisterhafte Wissenschaftlerin.

-4, Angst

Angst wird natürlicherweise mit Furcht, Misstrauen, einem Gefühl der Bedrohung oder der Verwundbarkeit in Verbindung gebracht. Sie ist das genaue Gegenteil desjenigen, der eine Situation meistert. Wenn ich aus diesem Motiv heraus handle, versuche ich stets, mich selbst zu schützen oder zu verteidigen. Die Menschen meiner Umgebung empfinde ich als Bedrohung und als Feinde. Neue Möglichkeiten oder Herausforderungen sehe ich als mögliche Bedrohung (da ich an meiner Fähigkeit zweifle, mit ihnen umzugehen). Ich neige dazu, mich von Menschen (d.h. von jenen, die mir bedrohlich erscheinen) oder der Umgebung zurückzuziehen, und ich werde scheu. Meine Körpersprache ist Ausdruck meiner Verteidigungshaltung und ich vermeide es, die Initiative zu übernehmen und Aufmerksamkeit zu erregen. Ich melde mich niemals freiwillig und gehe jedem Risiko aus dem Weg. *Angst* isoliert mich vom Augenblick und lähmt meine Spontaneität (daher der Ausdruck „starr vor Angst"). Die Strategien, die ich anwende, sind immer reaktiv und vorsichtig; es sind Vermeidung und Rückzug oder auch Passivität. Da ich Ärger unbedingt vermeiden und keine Aufmerksamkeit auf mich ziehen will, verberge ich durch mein Handeln meine wahren Emotionen oder Bedürfnisse. Und darüber hinaus treffe ich unnötige Vorkehrungen, um jegliche Kritik oder

Anschuldigung zu vermeiden. Aus der von *Angst* erfüllten Strategie ist z.B. die gesamte Palette überflüssiger Tests und Methoden („Verteidigungs-Medizin") entstanden, für die die amerikanische Medizin so bekannt ist. Wenn Führungskräfte in der Wirtschaft von *Angst* bestimmt werden, vermeiden sie das Risiko und verschließen sich jeder Art von Innovation oder Neuentdeckung.

Fortgeschrittene Motivationen

Mit den nächsten acht Motivationen begeben wir uns an die Orte, an denen wir die wirklich außergewöhnlichen Menschen finden, seien es die überdurchschnittlichen und besonders talentierten oder die „anormalen" und besonders verletzten und beschädigten. Dies sind die Bereiche wahrer Größe auf der einen und der psychiatrischen Krankheit auf der anderen Seite. Nicht mehr als 4 Prozent der Bevölkerung werden von diesen höchsten oder niedersten Motiven bestimmt. Es sind die Menschen, deren Persönlichkeit sichtlich von der Norm abweicht, vielleicht sogar bis zum Extrem beginnenden Wahnsinns – Menschen mit Borderlinesyndrom, manisch-depressive (bipolare) oder jene, die zu schizophrenen Zusammenbrüchen neigen (aber nicht völlig darin untergehen) und als *schizoid* bekannt sind. Es gibt mittlerweile sogar eine gut erforschte Korrelation zwischen dem „Borderline-Wahnsinn" und der Kreativität. Die gleichen Qualitäten, die zu unnormalem Verhalten führen, lassen auch ungewöhnliche Visionen oder außergewöhnlich empfindsames Temperament entstehen. Bei solchen Persönlichkeiten werden die Risiken großer Katastrophen durch die Chancen des großen Genies aufgehoben.

Wenn wir in einer Kultur auch nicht viele Menschen auf der positiven Seite der Skala sehen, so ist ihre Anwesenheit doch notwendig, um die Motivationsebene derjenigen anzuheben, die weiter unten sind. Nur jemand, der bereits mindestens auf der Ebene +5, *Schöpferkraft*, oder +6, *Höheres Dienen,* ist, kann einen anderen potenziellen Führer von +3, *Innere Kraft*, auf +4, *Meisterschaft*, bringen. Und Menschen mit höherer Motivation sind auch unbedingt notwendig für den Fortschritt ganzer Kulturen, weil sie es sind, die

Kreativität und die Frische neuer Energie einbringen. Unter den besonders Überzeugten von ihnen hoffen wir deshalb, die neuen „Tempelritter" unternehmerischer Schöpferkraft, höherer Verantwortlichkeit und des Dienens in der Wirtschaft zu finden (siehe Kapitel 10).

+5, Schöpferkraft

Schöpferkraft ist eine besondere Ausdrucksform der Kreativität, und zwar jener, die von Liebe oder Leidenschaft bewegt ist. *Schöpferkraft* nimmt zum geschaffenen Gegenstand eine Haltung ein, die Martin Buber als *Ich-Du*-Beziehung beschrieben hätte. Ein Maler *liebt* Farbe und die Entfaltung seiner Kunst. Albert Einstein sagte, er liebe die Mathematik, und Isaac Newton fühlte eine große Ehrfurcht und Liebe für das Universum, das er erforschen wollte. Diese Liebe oder Leidenschaft gibt schöpferischen Menschen ein Gefühl des Spielerischen in ihrer Kreativität. Sie empfinden wirkliche *Freude* daran und identifizieren sich damit. Die Geschichte beispielsweise, dass der Chemiker Friedrich Kekule sein bahnbrechendes Modell des Benzolringes träumte, ist sehr bekannt. Weniger bekannt ist allerdings, dass die sechs Kohlenstoffatome, die den Ring bilden, in Kekules Traum einander an den Händen hielten und tanzten. Kekule hatte einen kindlichen Spaß an seiner Arbeit.

Weil ihre *Schöpferkraft* so eng mit dem Spiel verbunden ist, sind diese Menschen oft in vielen Richtungen schöpferisch. Sie sprühen nur so vor Kreativität und sind inspiriert von allem, was ihr Interesse oder ihre Neugier erregt. Ihre Kreativität ist also nicht notwendigerweise an einen Zweck gebunden, sondern wird eher von einer grenzenlosen Liebe bewegt. Die Strategien, die sie anwenden, sind immer solche des Lernens und Entdeckens. Es sind spielerische Strategien – zu sehen, „was geschieht, wenn" und sich an welchem Ausgang auch immer zu erfreuen. Sie sind risikofreudig im wahrsten Sinne des Wortes.

Meister (+4) schöpfen aus den Potenzialen *innerhalb* ihrer gemeinsamen Tradition. Sie sind sogar deren führende Beispiele. Schöpferische Menschen dagegen schaffen *neue* Traditionen, neue Paradigmen. Sie lieben das Unbekannte und Unerforschte, fühlen sich davon angezogen und geben ihm mithilfe ihrer kreativen Talente eine Gestalt. Rainer Maria Rilke hätte sie die „Bienen des Unsichtbaren" genannt, die rastlos den Nektar sammeln, der erst durch sie für andere Menschen sichtbar wird. Die meisten der ganz großen Namen, an die wir uns in der intellektuellen und künstlerischen Geschichte der Menschheit erinnern, waren Menschen, die von *Schöpferkraft* motiviert waren – von Platon bis Picasso; herausragende Wissenschaftler wie Newton oder Einstein und ebenso einige der großen Wirtschaftsführer heute. Steve Jobs von Apple ist ein solcher, Konosuke Matsushita, der die japanische Elektronikindustrie aufbaute; Henry Ford, wahrscheinlich Bill Gates und ganz sicher Richard Branson von Virgin sind einige weitere. Branson ist ein besonders gutes Beispiel für *Schöpferkraft* in Aktion, denn seine jungenhafte Kreativität sprüht in viele verschiedene Richtungen. „Spaß haben" führt er als einen der zentralsten Werte von Virgin an.

-5, Verzweiflung

Hamlets berühmter Monolog „Sein oder nicht sein, das ist hier die Frage" ist der Hilfeschrei eines verzweifelten Mannes. Anders als Trauer oder Kummer als notwendige und gesunde Reaktionen auf einen Verlust entsteht *Verzweiflung* aus einem Gefühl des Verlorenseins und der Hilflosigkeit darüber, was zu tun ist oder wofür man sich entscheiden soll. Sie ist das Gefühl des blockierten Potenzials, und in ihr ist der schöpferische Prozess selbst blockiert. Wir ringen die Hände und fühlen uns verloren, festgefahren und ohne Hoffnung und Bewegung im Augenblick gefangen. *Verzweiflung* entsteht oft aus unheilbaren Schicksalsschlägen – ein schwerkrankes Kind; ein Sportler ohne Leistungsvermögen; eine Frau mit Kinderwunsch, dessen Erfüllung ihr jedoch verwehrt bleibt. Die Pensionierung kann sie auslösen oder eine Situation, die uns einfach überfordert.

Verzweifelte Menschen haben keine Strategien, denn ihre *Verzweiflung* entspringt ja gerade der Tatsache, dass sie keinerlei Handlungsstrategien sehen können. Alles und jegliches Handeln scheint unmöglich. Das ist natürlich ein wichtiges Element der Depression.

Aber obwohl verzweifelte Menschen leiden, haben sie noch nicht alle Hoffnung verloren, wie es z. B. auf der Ebene -6, der *Gleichgültigkeit*, der Fall ist.

+6, Höheres Dienen

Höheres Dienen ist das Motiv der dienenden Führungskraft und lässt diese auf die höchste und hingebungsvollste Art führen, die nur möglich ist. Alle großen Führungskräfte dienen einer Sache jenseits ihrer eigenen Person, aber die dienenden Führer – oder „Ritter", wie ich sie nennen möchte – dienen transpersonalen Werten: der Güte, Gerechtigkeit und Wahrheit, der Linderung von Leiden, der Erlösung oder Erleuchtung anderer. Alle Führungskräfte dienen ihren Mitmenschen, ihrer Gemeinschaft, ihrem Land oder ihrem Unternehmen, aber dienende Führungskräfte dienen letztendlich zuallererst ihrer eigenen Überzeugung dessen, was sie als Höchstes oder Heiligstes betrachten. Und die Besten von ihnen dienen der Sehnsucht der menschlichen Seele, die Visionen und neue Möglichkeiten hervorbringt. Sie haben ein Gefühl der Bestimmung, das Gefühl, berufen zu sein, und sie finden ihren tiefsten Frieden, ihr eigenes Schicksal, indem sie darauf antworten. Das ist *fokussierte* Kreativität, die über die Ebene +5 hinausgeht.

Dienende Führungskräfte oder Ritter machen damit Dinge möglich, die andere für unmöglich hielten, sie schaffen neue Möglichkeiten im zwischenmenschlichen Bereich; neue Möglichkeiten für Unternehmen, der Gesellschaft zu dienen; ja, neue Möglichkeiten für ganze Gesellschaften, zu *sein*. Buddha, Moses und Jesus waren z.B. solch inspirierende Menschen und in der Jetztzeit haben wir das Glück, von der Wirkung von Menschen wie Gandhi, Martin Luther King Jr., Mutter Teresa, Nelson Mandela und dem Dalai Lama zu profitieren. Aber diese Größe ist nicht Voraussetzung für dienende Führung: Jeder von uns kann ein inspirierender Führer sein, wenn wir aus dem Motiv des *Höheren Dienens* handeln.

Dienende Führungskräfte müssen notwendigerweise mit Macht umgehen, aber sie tun das mit Bescheidenheit, Demut und persönlicher Hingabe. Sie benutzen ihre Macht lediglich, um das Gute zu fördern und niemals dazu, ihr eigenes Ansehen zu mehren. Wie

Jesus sagte: „Nicht mein, sondern *Dein* Wille geschehe." Dabei ist solche Hingabe für die risikofreudigen und entschlossenen Persönlichkeiten, die Führungskräfte in der Regel sind, keineswegs leicht. Sie aber dennoch zu leben, ist ein Akt der Gnade.

Die Strategien, die von dienenden Führungskräften angewendet werden, sind oft wagemutig und umfassen einen großen Rahmen. Es sind gleichermaßen umsichtige und intelligente Strategien, die das Beste und Schlechteste eines Menschen erkennen und beides zu nutzen wissen, um das höhere Ziel zu erreichen. Sie haben meist eine umfassende Sicht des Möglichen wie Gandhis Traum der Unabhängigkeit Indiens und des gewaltlosen Wegs dahin oder Kings Traum einer Gesellschaft ohne Rassismus.

Vivekananda, ein indischer Philosoph des 19. Jahrhunderts, sagte einmal: „Das Universum ist nur eine Sportarena, in der die Seele ihr Training absolviert." Vivekananda war auch einer derjenigen, die Gandhis Sicht der „Treuhänderschaft" und dessen besondere Vision dienender Führung inspirierten. Gandhi war der Ansicht, dass jeder Einzelne oder jedes Unternehmen, das mehr als seinen angemessenen Anteil am Wohlstand der Welt bekommt, für den zusätzlichen Anteil sozusagen Treuhänder für das Wohl aller Menschen werden sollte. Das ist die Vision, die möglichst viele Führungskräfte heute brauchen, wenn sich der Kapitalismus, wie wir ihn heute kennen, zu einem spirituellen Kapitalismus hin entwickeln soll.

-6, Gleichgültigkeit/Teilnahmslosigkeit

Wenn Hamlet der *verzweifelte* Mensch ist, dann ist Macbeth der auf *Gleichgültigkeit und Teilnahmslosigkeit* reduzierte Mensch. „Morgen, und morgen, und dann wieder morgen,/Kriecht so mit kleinem Schritt von Tag zu Tag,/Zur letzten Silb' auf unserm Lebensblatt;/Und alle unsre Gestern führten Narr'n/Den Pfad des stäub'gen Tods. – Aus! kleines Licht! –/Leben ist nur ein wandelnd Schattenbild ... ein Märchen ist's, erzählt/Von einem Dummkopf, voller Klang und Wut,/Das nichts bedeutet." Macbeth war Zeuge des Scheiterns all seiner Träume und Pläne und fühlt sich nun selbst nichtig. Er ist die Verkörperung von Sartres Ausspruch: „Der

Mensch ist eine nutzlose Leidenschaft." In der Gleichgültigkeit sind wir überwältigt von dem Gefühl der *Anomie*, einem Gefühl, das sagt, wir spielten keine Rolle in unserem Leben. Während der *verzweifelte* Mensch unter seiner Unfähigkeit leidet, am Spiel des Lebens teilzunehmen, kann der *gleichgültig-teilnahmslose* Mensch nicht erkennen, dass es überhaupt ein Spiel zu spielen gibt. Solche Menschen haben sehr wenig Energie; gerade nur so viel, um weiterzuleben. Sie zeigen wenig Interesse und vernachlässigen sich und ihre Angelegenheiten. Sie haben keine Strategien, denn nichts scheint der Anstrengung wert zu sein. Dieser Zustand ist eine sehr schwere Form der Depression, die bei Menschen in der Dritten Welt, die gerade die Überlebensgrenze erreichen, fast die Norm ist.

+7, Weltseele

Die dienenden Führungskräfte der Ebene +6 sind im „Göttlichen" verwurzelt, fühlen sich aber dennoch berufen, der Welt der alltäglichen Dinge zu dienen. Auf der nächsthöheren Ebene, +7, *Weltseele*, sieht der Mensch sich selbst, andere und die Natur einzig als eine der Ausdrucksformen des Göttlichen. Wenn dem so ist, ist der Zustand oft mit einem Rückzug von der weltlichen Ebene verbunden, wie z. B. bei Mönchen oder Nonnen und Künstlern. Diese Menschen, vielleicht nur einer in einer Million, sind eng mit einer Welt der Archetypen und reinen Formen verbunden. Sie sehen die Welt in himmlisches Licht getaucht (Wordsworth) oder sind inspiriert von den Stimmen der Engel (Rilke). Sie haben das Verlangen nach Selbstverwirklichung verloren, kennen kein Ego mehr und dadurch auch keine Begrenzung in irgendeine Richtung. Sie leben – oder erreichen manchmal dauerhaft – eine Bewusstseinsebene, die Raum und Zeit transzendiert, und haben dadurch ein Wissen der Unsterblichkeit und des Ewigen. Ihr Bewusstsein ist mit dem kollektiven Unbewussten unserer Menschheit (und manchmal auch dem anderer Spezies) verschmolzen und wenn sie sprechen oder Kunstwerke schaffen, scheint es uns, als könnten wir durch diese Ausdrucksformen die Stimme des kollektiven Unbewussten hören. Mozarts Musik beispielsweise wurde ihm buchstäblich von dieser Ebene eingegeben, denn er sagte selbst, er schreibe nur auf, was er höre. Dantes Vision von Inferno und Paradies kommt ebenfalls aus diesem Reich des Göttlichen und Archetypischen und so ist es auch mit dem Genie Shakespeares, das ihn in einem komplexen Gefüge menschlicher Charaktere völlig verschiedene Sichtweisen einnehmen lassen konnte, die er zum Leben erweckte. „Die ganze Welt ist eine Bühne, und alle Männer, alle Frauen sind nur Schauspieler", die Shakespeare vom Standpunkt eines himmlischen Dramatikers aus sah.

Die meisten von uns dagegen werden diese mystische Ebene der Motivation niemals als stabile Stufe erreichen – und es in der Tat auch gar nicht erst versuchen –, aber zumindest die Hälfte von uns hat eine Ahnung davon durch zeitweise aufblitzende (oder auch nur einmal im Leben auftretende) mystische Erfahrungen von Einheit, Schönheit, Frieden oder Liebe. Wir bekommen zudem Ahnung davon durch die großen Werke der Künstler, die daraus schöpfen, und deshalb sind Kunst, Musik und Literatur so wichtig für die menschliche Seele.

Menschen auf der Ebene +7 fühlen sich eingeladen, das Göttliche in der Welt zu feiern und deshalb auch zu allen Strategien beizutragen, die diesem Ziel dienen. Ablenkungen sind eher schmerzhaft für sie oder werden von ihnen gar nicht wahrgenommen, denn sie werden von einer Welt jenseits der unsrigen gerufen. Einige Menschen treten auch vorzeitig in jene Welt ein, quasi als Flucht vor weltlichen Problemen. Ihre weltliche Persönlichkeit ist oft unreif oder krank, und viele der Genialsten und Besten beendeten ihr Leben durch einen allzu frühen Tod oder im Wahnsinn.

-7, Scham und Schuld

Scham und Schuld erfüllen einen Menschen mit fast dem gegenteiligen Gefühl wie dem gerade beschriebenen der Weltseele. Wenn ich von den Motivationen der Ebene -7 bestimmt werde, fühle ich mich *getrennt* von jeder sinnvollen oder tieferen Ebene der Wirklichkeit. In der Tat fühle ich mich so abgeschnitten von der Existenz, dass ich meine, kein Recht zu haben, hier zu sein, und meine Gegenwart hier nur als etwas Negatives empfinde. Ich erfahre mich selbst als eine Wunde oder Narbe auf dem Antlitz des

Lebens und möchte mich am liebsten selbst zerstören. Ich ertrage es nicht, mir selbst in die Augen zu schauen oder mit meiner Schuld weiterzuleben.

Die Todesrate der Menschen, die von dieser Motivation bestimmt werden, ist hoch und oft begehen sie auch einen ritualisierten Selbstmord. Die japanische Tradition des Harakiri beispielsweise resultiert dabei ebenso aus dem Verlieren des eigenen Gesichts (das heißt eigener *Scham und Schuld*) wie auch die Praxis römischer Generäle, sich in ihr Schwert zu stürzen. Auch Judas tötete sich selbst aus unerträglicher Scham. Menschen, die von dieser Ebene aus handeln, haben oft ihre tiefsten Ideale betrogen und ihre Strategien haben daher etwas Selbstzerstörerisches – sei es, dass sie sich direkt durch Selbstmord töten oder indirekt durch Drogen, Alkoholismus oder riskantes Verhalten. Wirklich gewalttätig und aggressiv oder größenwahnsinnig können Handlungsstrukturen allerdings dann sein, wenn die empfundene *Scham und Schuld* durch ein Gefühl der Demütigung entstanden ist. Demütigung kann auch zu Strategien führen, die anderen Menschen schaden und aus Rache für reale oder eingebildete Kränkungen ausgeführt werden; hier wird blind ein Sündenbock gesucht, den wir für unseren unerträglichen Schmerz verantwortlich machen können. Wie bereits gesagt, waren *Scham und Schuld* die bestimmenden Motivationen Hitlers. Hier sind wir am Tor zum Bösen.

+8, Erleuchtung

An dieser Stelle kommen wir zu einem Punkt, an dem uns fast die Worte oder Bilder ausgehen. Wie Laotse zu Beginn des *Tao-Te-King* schrieb: „Können wir weisen den Weg,/Es wäre kein ewiger Weg." Die wenigen Menschen in der Geschichte, die Erleuchtung erlangt und darüber geschrieben haben, können darüber nur in Andeutungen oder Metaphern sprechen. Oft ist die Rede von der totalen Aufgabe oder Auflösung des Selbst „im Absoluten" oder „dem Nichts". Der christliche Mystiker Johannes vom Kreuz beschrieb dies in „Die dunkle Nacht der Seele" folgendermaßen:

Ich blieb zurück, vergaß mich
Neigte mein Gesicht über den Geliebten
Alles hörte auf, alles ließ ich los
auch meine Sorgen
Zwischen den Lilien – vergessen.

Dass das Absolute in so vielen mystischen Traditionen als Leere oder Dunkelheit beschrieben wird, zeigt eindrucksvoll unsere Unfähigkeit, es mit unseren Konzepten oder Bildern zu fassen. Johannes vom Kreuz sagt: „Es ist eine helle Dunkelheit und ein erfülltes Nichts." Buddhisten beschreiben es als „eine Leere, die voll ist" (Shunyata). Und sogar die Quantenphysik hat eine Vision des absoluten Grundzustands der Wirklichkeit, die als „Quantenvakuum" bezeichnet wird. Auch hier wird das Quantenvakuum nur im Sinne von Struktur und Merkmalen als leer, aber angefüllt mit Möglichkeiten begriffen. Dieses absolute Nichts können wir nur in einem Zustand strukturlosen Bewusstseins „erfassen" (bzw. darin versunken sein).

Bezüglich der *Erleuchtung* ist es möglich, sie erfahren zu haben und dann in die Welt zurückzukehren. Buddha tat das, ebenso wie alle anderen, die darüber geschrieben haben. Aber sie kehrten als transformierte Menschen zurück, frei von jeder negativen Motivation und teilweise mit der göttlichen Wirklichkeit eins geworden, an der sie teilhatten. Wie Paulus nach seiner Bekehrung sagte: „Nun lebe nicht mehr ich, sondern Christus in mir." Oder in T.S. Eliots „Four Quartets" finden wir den Gedanken: „Hier unten gibt es Jäger und Gejagte,/Sie folgen ihrem Wesen wie eh und je,/Werden aber versöhnt sein inmitten der Sterne." Zurückgekehrt ins weltliche Dasein, leben diese Menschen ein Leben der Gnade. Sie sind im Frieden mit sich selbst und dem Dasein. Und wenn sie nach außen auch ziemlich durchschnittlich erscheinen mögen, strahlt ihr Wesen doch ein inneres Leuchten aus.

-8, Entpersonalisation

Ein Mensch auf der Stufe der *Erleuchtung* ist nur inneres Licht ohne körperliche Hülle. Ein Mensch dagegen, der *Entpersonalisation* erfahren hat, ist eine leere Hülle ohne Kern. Das „Ich"-Bewusstsein ist verschwunden, weil das Ego-Selbst zerfallen ist. Es gibt keine „Person" mehr als solche, nur willkürliche Äußerungen und unkoordiniertes Verhalten. Das ist die innere Welt des Schizophrenen in der geschlossenen Psychiatrie oder des hoffnungslos ausgebrannten Alkoholikers oder Drogenabhängigen. Näher können wir der Hölle in diesem Leben nicht mehr kommen. Hier gibt es keinen weiteren Zerfall mehr als nur den Tod selbst.

Die Transformation unserer Motivationen

Die beschriebenen sechzehn positiven und negativen Motivationen sind Zustände, in denen wir oft gefangen bleiben. Aber die Idee hinter dieser Skala (und diesem Buch) ist es, zu zeigen, dass niemand gefangen sein oder stecken bleiben *muss*. Wir alle können unsere Motivationen nach oben oder unten transformieren. Um eine Verschiebung nach oben zu erreichen, müssen wir ganz bewusst psychische Energie aufbringen, denn eine Veränderung nach unten erfolgt dann, wenn eine Situation, ein verborgener Glaube oder ein Wertesystem uns diese Energie entzieht. Um diese Dynamik zu verstehen, ist es wichtig, uns die Rolle der spirituellen Intelligenz (SQ) in unserem Leben und unseren Entscheidungsprozessen genauer anzuschauen.

5

SQ – Spirituelle Intelligenz

Mats Lederhausen kontaktierte mich zum ersten Mal vor einigen Jahren, kurz bevor ich nach Schweden reisen wollte. Er sagte mir, dass er meine Bücher gelesen habe und dass er gern ein Problem mit mir besprechen wolle. Er fragte, ob wir uns treffen könnten. Zu dieser Zeit war Mats der leitende Manager von McDonald's in Schweden.

Wir trafen uns in einem Café am Rande von Stockholm. Mats war Mitte dreißig, hatte dunkles Haar, war attraktiv und offensichtlich bei guter Gesundheit. Zuerst schien er nervös zu sein und etwas verlegen wegen des Grundes für unser Treffen. „Ich denke, man kann sagen", begann er, „dass ich ein ‚spirituelles Problem' habe. Ich bin jung, habe eine wunderbare Familie, eine Menge Geld und in meinem Beruf eine Spitzenposition hier in Schweden. Aber ich bin nicht glücklich. Irgendwie spüre ich, dass es noch mehr gibt, was ich in meinem Leben tun könnte. Ich bin mir nicht sicher, ob ich mit der Arbeit, die ich tue, auf dem richtigen Weg bin." Mats sagte, dass er sich Sorgen um den Zustand der Welt mache, besonders wegen der globalen Umweltproblematik und dem Zerfall des sozialen Lebens. „Und so große Konzerne wie McDonald's", fügte er hinzu, „tun einfach nicht genug, um diesen Dingen zu begegnen." Er kam aus einer jüdischen Familie und lernte als Junge schon früh, dass ein Mann auch Verantwortung für die Gesellschaft übernehmen müsse. „Aber was tue *ich*?", fragte er. „Ich verdiene bloß Geld, verbringe zehn bis zwölf Stunden meines Tages mit der Arbeit für McDonald's und ändere dabei nichts an den Dingen, um die ich mich wirklich sorge. Ich möchte etwas besser machen. Ich möchte, wenn Sie so wollen, mein Leben nutzen, um zu dienen. Aber ich weiß nicht, *wie*; ich weiß nur, dass ich Teil der Lösung sein will und nicht Teil des Problems." Mats fürchtete, sich selbst untreu und damit auch ein schlechtes Beispiel für seine Kinder zu sein.

„Ich denke, es gibt drei Möglichkeiten für mich", fuhr er fort. Ich kann bei McDonald's bleiben und darauf hoffen, in eine noch höhere Position im Unternehmen aufzusteigen, von der aus ich die Veränderungen in Gang setzen kann, die ich sehen möchte. Aber das ist wohl unwahrscheinlich. Die zweite Möglichkeit wäre, McDonald's zu verlassen und unabhängiger Berater zu werden. Auf diese Weise könnte ich versuchen, andere Unternehmen zu großen Veränderungen zu inspirieren. Allerdings weiß ich auch, dass niemand wirklich auf Berater hört. Und als Drittes, und das wäre der Extremfall, könnte ich einfach in ein tibetisches Kloster gehen und meditieren." Mats sagte, dass ihm seine Kollegen in den USA den „Tibet-Virus" nachsagten und ihm rieten, er solle sein Gewissen beruhigen, indem er für wohltätige Zwecke spendet oder am Wochenende mit Jugendlichen arbeitet. „Aber das ist mir nicht genug", stellte er fest. „Ich möchte mit meinem *beruflichen* Leben etwas besser machen. Was also soll ich tun?

Mats' Unbehagen, seine Besorgnis und sein tiefes Bedürfnis, etwas zu tun, damit sein Leben einem sinnvollen Zweck diene, sind allesamt Anzeichen für das, was ich seine hohe „spirituelle Intelligenz" nenne. Es ist die Intelligenz, die ihn mit Fragen des Sinns und der Werte ringen ließ und ihn dazu bringen wollte, sein Leben zum

Dienst für eine höhere oder tiefer gehende Sache zu nutzen. Es ist jene Intelligenz des Gewissens, die das menschliche Empfinden für Moral und das Heilige ermöglicht und das sichere Gefühl, das Leben habe noch eine tiefere Dimension als nur die des täglichen „Verdienens und Ausgebens". Mats benutzte nicht genau diese Worte, aber ich denke, dass er sein Leben im Wirtschaftsprozess dazu nutzen wollte, spirituelles Kapital zu schaffen. Und seine spirituelle Intelligenz ist notwendiger Teil seiner Fähigkeit, genau das zu tun.

Wissenschaftler definieren *Intelligenz* als die Fähigkeit, Probleme zu lösen, Strategien zu planen oder Methoden zu gestalten, die hilfreich sind, um Ziele zu erreichen. Wenn es Ihr Ziel ist, viel Geld zu verdienen, werden Sie mit Hilfe Ihrer Intelligenz eine Strategie finden, um gezielt genau das zu tun. Wenn Sie aber das Dilemma der Menschheit verbessern wollen, wird Sie Ihre Intelligenz zu ganz anderen Strategien führen.

Die Frage des Geldverdienens oder der Verbesserung der menschlichen Lebensbedingungen ist eindeutig eine Frage unserer *Werte* und diese werden erst seit kurzem mit Intelligenz in Verbindung gebracht. Bisher wurden Werte als erschreckend subjektiv betrachtet, Intelligenz dagegen als etwas Messbares und Objektives. Heute wissen wir es besser. Wie könnten wir jemals eine intelligente Entscheidung treffen, um ein Lebensziel oder eine Strategie einer anderen vorzuziehen, wenn wir nicht unsere Werte als Kriterium benutzen? Das Paradoxon, das diese Frage beantwortet, veranlasst heute führende Intelligenzforscher zu der Aussage, dass „Werten zu dienen" ebenfalls ein Aspekt der menschlichen Intelligenz ist. Dies erweitert unser Verständnis von Intelligenz erheblich und lässt es möglich erscheinen, dass es mehrere Arten von Intelligenz gibt.

Diese neue Diskussion stellt auch die Frage, ob zur Schaffung unterschiedlicher Arten von Kapital auch unterschiedliche Intelligenzen wirksam sind. Erfordert der Prozess des Geldverdienens (materielles Kapital) eine andere Intelligenz als die des Aufbaus starker Beziehungen, der Förderung von Vertrauen und des Dienstes für die Gemeinschaft (soziales Kapital)? Und erfordert der Wunsch, die Lage der Menschheit zu verbessern, womöglich noch eine ganz andere, dritte Intelligenz? Wenn dem so ist, wie erkennen wir und treffen wir dann Entscheidungen, welche dieser Intelligenzen wir in welcher Situation nutzen und welche wir fördern und entwickeln sollten?

Drei Arten der Intelligenz

Seit dem Beginn des 20. Jahrhunderts wurde die menschliche Intelligenz mit dem *IQ*, dem Intelligenzquotienten, gleichgesetzt. Psychologen entwarfen Tests, die in der Lage waren, den menschlichen IQ zu messen, und mit Hilfe dieser Tests konnte man die Intelligentesten und Besten herausfinden. Ursprünglich wurden sie nur von der US-Armee benutzt, um Offiziersanwärter zu prüfen, später jedoch wurden sie von Universitäten und Arbeitgebern ganz allgemein verwendet, um mögliche Talente zu finden. Während des letzten Jahrhunderts wurde es allmählich zur allgemeinen Praxis, irgendwann in der Ausbildung oder bei der Arbeitssuche einen IQ-Test zu machen. Wir alle haben irgendwann schon mal einen gemacht.

Ein IQ-Test misst bestimmte grundlegende und (so glaubte man) weitgehend vererbte räumliche, numerische und linguistische Fähigkeiten, die, weil sie die einzigen messbaren Zeichen von Intelligenz waren, dann als Richtwert der vollständigen Intelligenz des Menschen betrachtet wurden. Darüber hinaus verändert sich der Wert im IQ-Test im Verlauf des Lebens nur selten.

In den 1960ern wurden IQ-Tests und deren Werte sehr kontrovers diskutiert. Man erkannte, dass der Test nur eine bestimmte Art der Intelligenz misst – die rationale, logische, lineare Intelligenz, also jene, die man braucht, um bestimmte logische Probleme zu lösen und bestimmte Arten strategischen Denkens anzuwenden. Es ist auf jeden Fall die Art Intelligenz, die vom westlichen Schulsystem gezielt gefördert wird und die westliche Wirtschaft dominiert. Des Weiteren verhalf auch das multikulturelle Bewusstsein der 1960er-Jahre Psychologen zur Erkenntnis, dass verschiedene ethnische Gruppen und die beiden Geschlechter beim IQ-Test divergierende oder ungleichmäßige Werte erzielten. Beide Optionen waren zwar kontrovers, aber der IQ-Test war zu jener Zeit die einzige Definition oder Messung der Intelligenz, die es gab.

Erst Mitte der 1990er-Jahre veränderte Daniel Golemans Buch über „Emotionale Intelligenz“ (EQ) das ganze Paradigma auf diesem Gebiet.[25] Das Buch basierte auf der Forschungsarbeit von Neurowissenschaftlern an führenden amerikanischen Universitäten, die festgestellt hatten, dass auch die menschlichen Emotionen ein sehr wichtiger Faktor für die Intelligenz des Menschen sind. Wenn unsere Emotionen gesund und reif sind und keine Hirnschädigung vorliegt, nutzen wir unseren IQ viel effektiver. Sind die Emotionen aber beschädigt oder unreif oder liegt eine Verletzung des emotionalen Zentrums des Gehirns vor, können wir unseren IQ vielleicht nicht so gezielt oder angemessen anwenden. Wenn die Strukturen, mit denen wir *fühlen,* also geschädigt sind, *denken* wir nicht so effektiv. Das trifft für den sprichwörtlich zerstreuten Professor zu, der bei einem intellektuellen Thema brillant ist, aber seine Schnürsenkel nicht zubinden kann. Das Gegenteil zeigt sich bei Menschen mit angeblich geringerer Intelligenz (niedrigem IQ), die aber z. B. sehr geschickt im Umgang mit Menschen sind.

Emotionale Intelligenz ist unsere Fähigkeit, mit anderen Menschen verbunden und in Beziehung zu sein und sie und ihre augenblickliche Situation zu verstehen. Sie ist gleichzeitig auch unsere Fähigkeit des Umgangs mit unseren eigenen Gefühlen von Angst, Wut, Aggression und Zorn. Wie Goleman sagt: „Wenn wir diese Gefühle nicht kontrollieren können, werden sie uns kontrollieren.“ Goleman definierte im Weiteren den EQ als unsere Fähigkeit, unsere gegenwärtige (faktische und emotionale) Situation einzuschätzen, zu erkennen und uns ihr angemessen zu verhalten.

Die Forschungsarbeit, über die Goleman schrieb, revolutionierte in der Tat unser Verständnis von Intelligenz, und die praktische Bedeutung dieser Erkenntnisse für Alltags- und Arbeitsleben wurde schnell erkannt. Anders als der IQ, der im Lauf des Lebens so gut wie stabil bleibt, kann der EQ nämlich gefördert und entwickelt werden. Wir können *lernen*, uns in der Beziehung mit anderen

---

25 Daniel Goleman, *Emotionale Intelligenz*

Menschen intelligenter zu verhalten oder unsere eigenen Emotionen besser zu erkennen und mit ihnen umzugehen. Der EQ hat auch unsere Vorstellung von strategischem Denken erweitert, denn es zeigte sich, dass Menschen sowohl emotionalen als auch rationalen Strategien folgen, oder zumindest, dass die von ihnen benutzten Strategien oft auch einen emotionalen Anteil haben. Aber der EQ war noch nicht das letzte Wort in der Intelligenzforschung.

Gegen Ende der 1990er-Jahre zeigte die neurologische Forschung, dass das Gehirn noch über einen ganz anderen „Q", eine dritte Intelligenz, verfügt, über jene nämlich, mit Hilfe derer wir Zugang zu einer tiefen Sinnebene, grundlegenden Werten und einer Bestimmung im Leben haben. Mit ihr verstehen wir auch, wie dieser Sinn, diese Werte und diese Bestimmung unser Leben, unsere Strategien und Gedankenprozesse beeinflussen. Das ist die Art Intelligenz, die Mats Lederhausen in seinen Überlegungen anwendete, wie sein Leben einem tieferen Sinn dienen könnte. Ich nenne diesen dritten Q den „SQ" oder die „spirituelle Intelligenz".[26] Der SQ veranlasst uns, die wirklich großen Fragen zu stellen: Warum wurde ich geboren? Was ist der Sinn meines Lebens? Warum widme ich mein Leben dieser Beziehung, dieser Arbeit oder dieser Sache? Was will ich mit diesem Projekt oder mit meinem Leben eigentlich erreichen? Der SQ ermöglicht uns den Blick auf den größeren Kontext, in dem alles geschieht. Er gibt unserem Leben ein übergeordnetes Empfinden von Werten und Sinn.

Wie schon erwähnt, kommt der Begriff *spirituell* vom lateinischen Wort *spiritus*, was so viel bedeutet wie „das belebende Prinzip eines Organismus". Das „S" in SQ leitet sich auch vom lateinischen Wort *sapientia* (griechisch *sophia*) ab, was so viel bedeutet wie „Weisheit" – die Intelligenz der Weisheit. SQ umfasst also alles, was wir im Gegensatz zu bloßer Wissensfindung oder einer eher mechanistischen Fähigkeit der Problemlösung traditionell als Weisheit bezeichnen.

Künstler, Mystiker, herausragende Männer und Frauen aller (oder auch keiner) Glaubensrichtungen erinnern uns daran, dass

26 Danah Zohar und Ian Marshall, *SQ. Spirituelle Intelligenz*

es eine transpersonale Quelle gibt, die die Grenzen menschlicher Beschreibungen übersteigt. Menschen, die von *Schöpferkraft* (+5) oder den noch höheren Stufen wie *Höheres Dienen*, *Weltseele* oder *Erleuchtung* motiviert sind, haben einen lebendigen Zugang zu dieser Dimension. Unsere spirituelle Intelligenz gibt uns eine Ahnung dieser ewigen oder heiligen Dimension, die Möglichkeit, das Flüstern der Engel zu hören oder in einen spürbaren Kontakt mit archetypischen Energien zu kommen. Sie verbindet uns mit dem, das größer ist als wir, mit dem Unbeschreiblichen, das unserem endlichen Leben Sinn und Bedeutung gibt. Psychologische Untersuchungen haben gezeigt, dass an einem bestimmten Punkt unseres erwachsenen Lebens 50-70 Prozent von uns schon einmal solch eine Berührung des Ewigen empfunden haben, die als überwältigende Schönheit, umfassende Liebe, tiefe Wahrheit oder Ehrfurcht gebietendes Gefühl der Einheit aller Dinge erfahren wird.

An dieser Stelle ist es wichtig, noch einmal zu betonen, dass die Verwendung des Wortes *spirituell* in Verbindung mit Intelligenz nicht an eine institutionelle Religion gebunden ist. Ein Mensch kann einerseits einen hohen SQ haben und gleichzeitig aber keinem religiösen Glauben folgen. Ebenso kann ein sehr religiöser Mensch einen niedrigen SQ haben. Religion basiert auf einem bestimmten System von Verhaltensweisen, Glaubenssätzen und Werten, wie z. B. dem christlichen, muslimischen oder jüdischen. Welcher Religion – und ob überhaupt – wir folgen, hängt von unserer Kultur und unserer Erziehung ab. Der SQ hingegen ist eine *angeborene* Fähigkeit des menschlichen Gehirns – er ist in Gehirnstrukturen verankert, die uns die grundlegende Fähigkeit geben, Sinn, Werte und Glaubenssätze überhaupt erst zu formen. Der SQ ist *präkulturell* und noch ursprünglicher als die Religion, denn zuerst entwickelte sich die spirituelle Intelligenz und erst später entstanden daraus religiöse Systeme als Antworten auf die Fragen, die der SQ uns eingibt.

Spirituelle Intelligenz ist also „die Intelligenz der Seele", die uns Ganzheit erfahren lässt und uns ermöglicht, die zahllosen Fragmente unseres Lebens, unserer Aktivitäten und unseres Seins zu integrieren. Durch diese Intelligenz können wir erkennen, *wofür* wir oder unsere Organisationen hier sind. Der SQ verbindet uns mit den Tiefen unseres Seins und den tiefen Quellen unseres Potenzials. Er lässt die Einsichten und Erkenntnisse aus den Tiefen an die Oberfläche unseres Seins steigen, wo wir handeln, denken und fühlen. Und dies ist in der Tat mein persönliches Verständnis davon, was es überhaupt heißt, eine Seele zu haben – ein lebendiger Brunnen zu sein, durch den die tieferen Dimensionen und Potenziale des Lebens an die Oberfläche steigen und in die Welt kommen. Es ist unsere spirituelle Intelligenz, die uns eine Seele gibt.

Der SQ hilft uns auch dabei, uns zu entwickeln. Er trägt uns weit über das, was wir bereits wissen oder was gegeben ist, hinaus ins Unbekannte und Mögliche. Durch ihn streben wir nach höheren Motivationen und können aus ihnen handeln. In der Evolution der Menschheit war es unsere Suche nach Sinn, die im menschlichen Gehirn die Sprachbildung „anspringen“ ließ. Und in der Evolution der menschlichen Gesellschaft hat eben diese Suche bewirkt, die besten Führer für sie auszuwählen (über lange Zeit und mit vielen Fehlern!), diejenigen nämlich, die uns am meisten zum Träumen und zur Erweiterung unserer Grenzen inspiriert haben. Die Suche des SQ nach immer mehr Sinn, Bestimmung und Werten macht uns *unzufrieden* mit dem Gegebenen und inspiriert uns, immer mehr von dem zu schaffen, was wir suchen. Auf diese Weise bringt er uns auch dazu, als Kultur zu wachsen und weiterzukommen.

Und schließlich gibt uns der SQ fast unbegrenzt Einsicht und Verständnis in die Gesamtheit einer Situation, eines Problems oder die umfassende *Ganzheit* des Daseins selbst. Er ermöglicht uns ein tiefes Empfinden des *Erkennens* oder *Entdeckens* der Dinge und ihrer Tiefe oder Bedeutung. In seinem Werk *Das tibetische Buch vom Leben und Sterben* beschreibt Sogyal Rinpoche z. B. die nachhaltige Wirkung auf sein Bewusstsein und die weitreichenden Implikationen für sein Leben, als er durch den SQ in einem Moment der Einsicht die wahre Natur der Vergänglichkeit erkannte.

> *Es ist so, als wären wir unser ganzes Leben in einem Flugzeug durch dunkle Wolken und Turbulenzen geflogen, und dann steigt das Flugzeug plötzlich höher in einen klaren, grenzenlosen*

Himmel. Wir sind inspiriert und voller Freude über diesen Durchbruch in eine neue Dimension der Freiheit. ... Und während dieses neue Bewusstsein immer lebendiger wird und fast ungebrochen stark bleibt, geschieht das, was [in alten Hindu-Schriften] als „Umkehr im Zentrum des Bewusstseins" beschrieben wird, eine persönliche, zutiefst nichtkonzeptuelle Erkenntnis dessen, wer wir sind, warum wir hier sind und wie wir handeln sollten. Das „bedeutet letztendlich nichts weniger als ein neues Leben, eine neue Geburt, wir könnten sagen, eine Auferstehung".[27]

SQ: Die Intelligenz, die Paradigmen schafft und zerstört

Der IQ ist eine formale Intelligenz, die lernt, wie wir formale Regeln z.B. der Grammatik oder der Mathematik manipulieren und benutzen können. Sie funktioniert nur innerhalb eines Regelsystems. Nach dieser Definition haben Computer also einen hohen IQ, aber sie können nur in ihrem eigenen Programm arbeiten. Wenn wir wollen, dass sie etwas tun, was in ihrem Programm nicht vorgesehen ist, müssen wir das Programm entsprechend umschreiben.

Der EQ, wie er von Goleman definiert wurde, ist im Grunde eine adaptive Intelligenz. Wir erkennen die Situation, in der wir sind und verhalten uns ihr „angemessen". Es ist z. B. auch Teil unseres EQ, die Konventionen (d. h. emotionalen und sozialen Regeln) der Gruppe, der wir angehören möchten, zu erkennen. Desgleichen nutzen wir den EQ auch, um uns selbst zu verstehen und um die Motivationen zu erforschen, die letztlich unser Verhalten bestimmen. Sowohl der IQ als auch der EQ sind das, was der Autor James Carse als „endliche Spiele" bezeichnet, Spiele, die *innerhalb von Grenzen* gespielt werden.[28] Aber das ist noch nicht das ganze Bild.

---

27 Sogyal Rinpoche, *Das tibetische Buch vom Leben und Sterben*
28 James Carse, *Endliche und unendliche Spiele*

Menschen wollen nicht immer nach den Regeln spielen oder sich auf Situationen einstellen. Wir sind eine rastlose Spezies und sagen oft: „Ich mag diese Situation nicht, sie könnte anders und besser sein“, und dann tun wir etwas, um sie zu verändern. Indem wir das tun, benutzen wir unseren SQ.

Der SQ macht es also möglich, dass wir ein „ewiges Spiel“ spielen. Dadurch können wir *mit den Grenzen* spielen. Der SQ erlaubt uns, die Regeln zu verändern oder neue zu formulieren. Wir kritisieren dann das „Was-ist“ vom Standpunkt des „Was-sein-könnte“ aus. Es ist die Intelligenz, mit Hilfe derer wir uns Situationen und Möglichkeiten vorstellen können, die noch nicht existieren. Der SQ ist eine transformative Intelligenz, die alte Paradigmen brechen und neue formulieren kann. Durch ihre Fähigkeit, Probleme und Situationen in einem neuen Kontext zu betrachten und sie aus einer größeren Perspektive zu sehen, hat die spirituelle Intelligenz die Kraft, alte Muster und Denkweisen zu zerstören. Deshalb schafft sie die Grundlage für eine Art metastrategisches Denken – ein strategisches Denken, das die Strategien selbst aus einigem Abstand betrachten und einschätzen kann.

Nach allem, was die Forschung bisher herausgefunden hat, handeln unsere drei Intelligenzen unabhängig voneinander. Ein Mensch kann einen sehr hohen IQ, aber einen niedrigen EQ und SQ haben, oder er kann einen hohen SQ und niedrige Werte bei den anderen beiden haben. Erisychthon, der griechische Holzhändler, der durch das Fällen eines heiligen Baumes einen bösen Fluch auf sich zog, hatte sicher einen hohen IQ, denn er war ein erfolgreicher Geschäftsmann. Wir wissen nicht viel über seine emotionale Intelligenz, aber es war mit Sicherheit sein niedriger SQ, der zu seiner Selbstzerstörung führte. Er konnte einfach nicht begreifen, dass der von ihm gefällte Baum etwas Besonderes und von heiliger Bedeutung war, denn er selbst hatte kein Gefühl für das Heilige. Es war, als sei er farbenblind, wobei sich seine Blindheit jedoch auf die Bedeutung der Dinge bezog.

Wissenschaftliche Beweise für den SQ

Die Hardware im Gehirn, durch die IQ und EQ erst möglich werden, ist schon seit einiger Zeit bekannt. Der IQ wird durch die Art der Gehirnverschaltung erreicht, die als „Serienschaltung" bekannt ist und in der die Nervenzellen (Neuronen) in einer Weise miteinander verknüpft sind, die als linear, Punkt-zu-Punkt oder aufeinanderfolgend beschrieben wird, wie bei der Lichterkette eines Weihnachtsbaums. Das ist die gleiche Art von Schaltung, die wir auch in Computern finden. Der EQ dagegen wird durch neuronale Konfigurationen gebildet (neurale Netzwerke), in denen Bündel von ungefähr 100.000 Neuronen in einer chaotischen, scheinbar ungeordneten Art und Weise miteinander verschaltet sind. Es gibt heute sogar bereits Computer mit neuralen Netzwerken (Parallelprozessoren), die Muster wie Gesichter, Geschmäcker, Fingerabdrücke und Gerüche erkennen sollen. Während sich die Serienschaltungen des IQ durch die Lernmethoden des Gehirns bilden, entstehen die neuralen Netzwerke des EQ durch die Assoziationen, mit denen wir verschiedene Dinge im Leben verknüpfen. Ein kleines Kind z.B. verbindet seine Mutter mit Liebe, das Zuhause mit Gemütlichkeit, bellende Hunde mit Gefahr, Feuer mit Schmerz usw. Beide Arten der Verschaltung, serielle und neurale Netzwerke, finden sich übrigens an jeder Stelle des Gehirns.

Wissenschaftliche Beweise für die Existenz einer dritten Intelligenz, die Werte, Sinn und Bestimmung benutzt, erschienen zuerst Ende der 1990er-Jahre. Dabei war seit einiger Zeit bekannt, dass das Bedürfnis nach Sinn in der menschlichen Evolution und für das menschliche Überleben eine wichtige Rolle gespielt hat. Die Arbeit des Neurowissenschaftlers und Anthropologen Terrence Deacon hatte gezeigt, dass das Bedürfnis unserer Spezies nach Sprache eine Folge der Suche nach Sinn war und dass die Evolution der Sprache ihrerseits daraufhin das schnelle Wachstum des menschlichen Frontalhirns auslöste.[29] Auch Viktor Frankls Arbeit hat die psychologische Bedeutung des Sinns demonstriert, aber erst gegen Ende der

29 Terrence Deacon, *The Symbolic Species*

1990er-Jahre wurde von Neurowissenschaftlern der „God-Spot“ im Gehirn entdeckt.[30]

Dieser sogenannte God-Spot ist eine Ansammlung von Nervengewebe, die im Temporallappen des Gehirns lokalisiert ist, einer Region, die hinter den Schläfen liegt. Sie ist es, die uns grundlegende Fragen nach dem Sinn des Daseins stellen und uns nach tiefgründigen Antworten suchen lässt. Sie löst unseren Idealismus aus und den Willen, nach der idealen Lösung für ein Problem zu suchen. Der God-Spot veranlasst uns, nach höheren Dingen zu streben und von einem besseren Morgen zu träumen. Er ist es auch, der uns spirituelle Erfahrungen ermöglicht – tiefe Gefühle der Liebe, des Friedens, der Einheit des Daseins oder der Schönheit. In religiösen Menschen ist der God-Spot aktiv, wenn sie fühlen, dass sie mit der Wahrheit ihrer Religion in Kontakt sind.

Er wurde in den späten 1990ern von Wissenschaftlern entdeckt, indem sie das Gebiet des Temporallappens mit einer magnetischen Sonde künstlich stimulierten. Nach einer solchen Stimulation erklärte beispielsweise ein atheistischer Neurowissenschaftler später, dass er in seinem Labor „Gott gesehen“ habe. In ähnlichen Experimenten wurden die Temporallappen von Versuchspersonen mit magnetischen Sensoren verbunden und die Personen gebeten, darüber nachzudenken, was ihnen das Heiligste im Leben sei. Dabei dachten einige an eher allgemeine Werte wie Frieden, Liebe oder Einheit, andere an die religiösen Lehrer Christus oder Buddha. Aber jedes Mal in diesem Prozess registrierten die Sensoren an den Temporallappen ihres Gehirns unabhängig von den einzelnen Inhalten starke magnetische Aktivität.

Der God-Spot allein kann allerdings nicht die vollständige Grundlage der spirituellen Intelligenz sein, denn seine Aktivität ist nicht immer intelligent – das heißt, er ist nicht ständig fähig, unsere Lebensqualität zu verbessern. Dieselbe Hirnregion ist ebenfalls sehr aktiv bei Borderline-Schizophrenen und in manischen Episoden, und dann ist die Wahrscheinlichkeit weitaus höher, dass derjenige, bei

30 M. A. Persinger, „Feelings of Past Lives as Expected Perturbations Within the Neurocognitive Processes That Generate a Sense of Self“
und V. S. Ramachandran, Sandra Blakeslee, *Phantoms in the Brain*

dem die hohe Aktivität gemessen wird, kleine grüne Männchen im Spülbecken sieht, als dass er tiefen Fragen über den Sinn des Lebens auf den Grund geht. Um wirklich *intelligente* spirituelle Erfahrungen hervorzubringen, muss die Aktivität des God-Spots vollkommen in die Aktivität des gesamten Gehirns – und des IQ und EQ – integriert sein. Wie das möglich ist, wurde ebenfalls in der zweiten Hälfte der 1990er-Jahre entdeckt.

Wie das Gehirn Integration herstellt und aus seinen Erfahrungen ein Ganzes macht, war für die Wissenschaft lange Zeit ein Rätsel. Wie ist es beispielsweise möglich, dass wir, wenn in jedem Moment Tausende einzelner Daten die Trillionen Neurone, aus denen das Gehirn besteht, stimulieren, diese Daten in Form eines anderen Menschen, einer Uhr oder eines Baums sehen? Warum sind wir nicht alle komplett schizophren? Dieses Geheimnis war lange bekannt als das „Bindungsproblem" – wie schafft es das Gehirn tatsächlich, seine Erfahrungen miteinander zu verbinden? Die Antwort darauf konnte nur gegeben werden, als eine neue Technologie die Entdeckung eines vollkommen unerwarteten Phänomens ermöglichte.

In Forschungen, die erstmals Wolf Singer[31] durchführte, wurde entdeckt, dass die Neuronen im menschlichen Gehirn als Reaktion auf bestimmte Stimuli im Einklang vibrieren. Wenn Sie z. B. die Vorderseite einer Uhr anschauen, dann vibriert ein Teil des Gehirns als Reaktion auf die runde Form der Uhr, ein anderer dagegen reagiert auf die Zeiger und wieder ein dritter Teil reagiert auf die Bedeutung der Zeit, und diese Aufzählung könnten wir noch durch eine ganze Reihe von Merkmalen fortsetzen. Aber wenn Sie die Uhr anschauen, dann agieren all diese unterschiedlich angesprochenen Neuronen in Verbindung miteinander, indem sie im Einklang vibrieren. Nicht angesprochene Neuronen vibrieren z. B. nicht in der gleichen Frequenz. Die Vibrationen oder Schwingungen finden mit 40 Hz statt – 40 Umdrehungen pro Sekunde. Das Gleiche geschieht, wenn Sie einen bestimmten Menschen sehen oder eine bestimmte Idee haben. Das Gehirn vereint seine Erfahrung in

31 Wolf Singer, „Striving for Coherence"

jedem dieser Fälle, indem die relevanten Neuronen mit ungefähr 40-Hz im Einklang vibrieren.

Diese neuralen Schwingungen von 40-Hz vibrieren als Hintergrundwelle im ganzen Gehirn, wann immer ein Mensch bewusst ist. Sie bewegen sich in einer die Information tragenden Welle vom vorderen zum hinteren Teil des Kopfes und werden dann von verschiedenen Wahrnehmungs- oder Kognitionserfahrungen modifiziert. In der Tat ist es heute allgemein bekannt, dass diese 40-Hz-Schwingungen *die* neurale Grundlage für das Bewusstsein im Gehirn sind. Sie wirken auch, um all die Dinge zu vereinen, die für die Funktion des Gehirns als Ganzheit notwendig sind. Sie vereinen die vielen spezialisierten Systeme des Gehirns (numerologische Fähigkeiten, Sprache, Sehfähigkeit, Gehör und alles andere), und sie vereinen auch den IQ und den EQ mit den Aktivitäten des SQ im God-Spot. Und dies tun sie, indem sie in unseren verschiedenen, getrennten Erfahrungen nach übergeordneten, tieferen und komplexeren Bedeutungsmustern suchen. Diese 40-Hz-Schwingungen, zusammen mit der Aktivität des God-Spots, sind höchstwahrscheinlich die neurale Grundlage für die besonderen Merkmale und Qualitäten unseres SQ, und erst dieser lässt uns die intellektuell, emotional und spirituell entwickelten Menschen werden, die wir sein können.

Auf diese Weise faktisch durch den God-Spot und die 40-Hz-Schwingungen in unserem Gehirn verankert, ist die Suche nach Sinn und das Streben danach, ihn auch zu verwirklichen (also unseren SQ) eindeutig eine wesentliche Grundlage unserer Menschlichkeit. In ihr liegt das natürliche Potenzial unseres Gehirns und sie ist das Zentrum unserer Fähigkeit, die Welt und andere Menschen zu verstehen. Ebenso erklärt sie auch die Empfindung der Einheit, die wir in Bezug auf uns selbst haben – die Empfindung des „Ichseins" oder der persönlichen Identität. Deshalb ist es unerlässlich, den SQ auch in Organisationen anzuwenden, um ein Gespür für die Identität der Organisation zu entwickeln, eine Wahrnehmung ihrer Persönlichkeit und ihrer Aufgabe, ein sicheres Gefühl dafür, *wofür* sie da ist.

Ein Feld gemeinsam geteilter Bedeutung

Spirituelle Intelligenz unterscheidet sich sowohl vom IQ als auch von der emotionalen Intelligenz. Niedere Tiere haben beide letztgenannten Intelligenzen in verschiedener Ausprägung. Nach allem, was wir heute wissen, ist spirituelle Intelligenz eine einzigartige *menschliche* Fähigkeit, moralische Entscheidungen zu treffen und einen tieferen Sinn zu erfassen. Sie ist die Intelligenz, die zutiefst unser Menschsein ausmacht. Deshalb ist es nur natürlich, wenn wir uns fragen, woher sie kommt und ob unser Zugang zu ihr in irgendeiner Weise von einem gemeinsam geteilten Phänomen wie der Kultur verstärkt wird.

Gibt es beispielsweise Anteile des SQ, die ein Individuum befähigen, den SQ einer ganzen Kultur zu erhöhen oder, anders herum gefragt, kann eine Kultur mit hohem SQ den SQ Einzelner erhöhen? Diese Fragen sind besonders für das Grundanliegen dieses Buches sehr wichtig: Kann eine „kritische Masse" einzelner Führungskräfte tatsächlich den SQ einer ganzen Kultur anheben, sodass diese dann wiederum die SQ-Ebene einer großen Anzahl der ihr angehörigen Menschen beeinflusst?

Materialistische Wissenschaftler würden solche Fragen niemals stellen. Für sie besteht alles in dieser Welt aus materiellen Atomen und das Gehirn besteht aus Neuronen, die ebenso aus Atomen aufgebaut sind. Ein höherer Sinn oder sogar ein höheres Bewusstsein werden nur als erlebte und mehr oder weniger zufällig auftauchende Nebenprodukte der neuralen Prozesse gesehen. Für sie macht es keinen Sinn, zu fragen, wo der SQ oder das Bewusstsein „herkommen". Sie stellen lediglich fest, dass wir diese Erfahrungen dem God-Spot im Temporallappen des Gehirns und der Schwingung unserer Neuronen mit 40 Hz verdanken. Der Neurowissenschaftler Francis Crick, der für seine Erforschung der DNA den Nobelpreis erhielt, formuliert diese Position so: „Sie als Person, Ihre Freuden und Neigungen, Ihre Erinnerungen und Ziele, Ihre Empfindung einer persönlichen Identität und eines freien Willens sind in der Tat nicht mehr als die Bewegungen großer Ansammlungen von Nervenzellen und der mit ihnen verbundenen Moleküle."[32] Wir *denken* also nur, wir hätten einen Verstand!

---

32 Francis Crick, *Was die Seele wirklich ist*

Für mich ist dieser materialistische Standpunkt dagegen ungenügend, um meine eigenen Erfahrungen zu beschreiben – und auch die Erfahrungen von Tausenden Menschen, die innerhalb der großen spirituellen und philosophischen Traditionen in Ost und West über den Geist und die Seele geschrieben haben, und darüber hinaus ebenso für die 50-70 Prozent von uns, die irgendwann einmal im Leben eine „Gipfelerfahrung" gemacht oder eine „höhere Wirklichkeit", einen „unendlichen Geist" oder eine „ewige Dimension" erfahren haben.

Ich stimme eher mit denjenigen überein, die der Meinung sind, dass unser Gehirn die „Hardware" und unser Geist die „Software" unserer bewussten mentalen Erfahrung ist. In diesem Fall hat der Geist und haben insbesondere die Bedeutungen und Werte, die von der spirituellen Intelligenz erschlossen werden, eine eigene Wirklichkeit (physisch oder in anderer Weise), die wiederum Verstand braucht, um mit der newtonschen, materiellen Welt zu interagieren. Das Gehirn ist in dieser Betrachtungsweise wie ein Fernsehgerät, das es uns ermöglicht, einige der Muster aufzunehmen und zu verarbeiten, die in einem größeren, gemeinsamen „Bewusstseinsfeld" (einem Feld gemeinsam geteilter Bedeutungen) enthalten sind. Und eine ganze Reihe psychologischer Forschungsergebnisse unterstützt diese Sichtweise.

Bereits vor über 2.000 Jahren beschrieb Platon ein universelles Reich der Ideen, mit dem sich Individuen verbanden bzw. das sie „anzapften", um ihre (unsere) menschlich begrenzten und getrennten Konzepte zu entwickeln. In diesem Reich gab es eine universelle Idee von Wahrheit, Güte, Schönheit und sogar universelle Ideen von Dingen wie Äpfeln und Stühlen. Platon glaubte, dass einzelne Menschen nur miteinander kommunizieren können – wie unvollkommen auch immer – und deshalb eine Kultur miteinander teilen, weil wir alle Zugang zu diesen universellen Ideen haben.

Im 20. Jahrhundert dann formulierte der große katholische Philosoph Pierre Teilhard de Chardin eine ähnliche Idee mit seiner Vorstellung der *Noosphäre*, die von der materiellen Biosphäre getrennt ist. Auch Teilhard de Chardins Noosphäre war solch ein Bereich gemeinsam geteilter Konzepte und Bedeutungen, die das bewusste Leben des Einzelnen formen.

Einige Jahre später veröffentlichte C. G. Jung seine Theorie des kollektiven Unbewussten, einer gemeinsam geteilten Ebene unseres mentalen Lebens, die von Archetypen, Bedeutungen und großen traumatischen Ereignissen bevölkert ist. Jung war der Ansicht, dass ein großer Teil unserer Träume und auch die universellen Themen, die in den Mythen der verschiedenen Kulturen immer wieder auftauchen, aus diesem kollektiven Unbewussten stammen. Er war der Meinung, dass dieses kollektive Unbewusste der Urgrund zahlloser Erfahrungen von Telepathie zwischen einzelnen Menschen und der Synchronizität scheinbar getrennter, aber in ihrer Bedeutung miteinander verbundener Ereignisse wäre. Jungs Sichtweise glich damit den Ideen derjenigen, die von einem Zeitgeist oder „Spirit of the Age“ sprechen.

Im Jahre 1984 entwickelte der amerikanische Psychologe und Familientherapeut E. Bruce Taub-Bynum die Vorstellung des kollektiven Unbewussten um zwei bedeutende Schritte weiter. Zum einen bemerkte er in seiner extensiven Arbeit mit Familien, dass deren einzelne Mitglieder ein „familiäres Unbewusstes“ zu teilen scheinen.[33] Er war der Ansicht, dass es dieser teilweise persönliche und teilweise gemeinsame Bereich des Unbewussten ist, der das Vorhandensein gleicher oder ähnlicher Träume, überdauernder Gefühle und Einstellungen, kollektiver Ideen, Erziehungsstile, Rollenverteilungen und sich wiederholender Verhaltensmuster (wie Sucht oder Missbrauch) erklärte, die wir in Familien finden. Taub-Bynum nahm an, dass dieses familiäre Unbewusste generationenübergreifend wirkt und einzelne Merkmale davon manchmal sogar auch Generationen überspringen.

Der zweite wichtige Schritt von Taub-Bynum war die Beschreibung dieser unbewussten Familienmatrix als ein Feld, das sowohl im Unbewussten einzelner Familienmitglieder als auch *zwischen* den Personen wirkt. Er bezeichnete dieses Feld als den elektromagnetischen Gravitations- und Quantenfeldern der Physik ähnlich – oder sogar als mit ihnen identisch. In seinen Worten:

---

33 E. Bruce Taub-Bynum, *The Family Unconscious*

> *Die Idee der Kraft- oder Interaktionsfelder aus der Physik ist hilfreich, wenn wir diese Familienmatrix verstehen wollen. In der Physik ist ein klassisches Feld eine Art „Spannung" oder „Stress", die im leeren Raum trotz der Abwesenheit von Materie existieren kann. Es zeigt sich, indem es Kräfte produziert, die auf jedes materielle Objekt wirken, das sich zufällig im Raum des Feldes befindet. Deshalb können solche Felder selbst entfernte Bewegungen durch leeren Raum hindurch erklären und ebenso, wie voneinander entfernte Objekte einander beeinflussen können. ... Felder bringen Objekte, die durch den Raum getrennt sind, miteinander in Beziehung.*[34]

In der Tat existieren all diese Felder – elektromagnetische, Gravitations- und Quantenfelder – in unseren Körpern (inklusive unserem Gehirn) und umgeben sie auch.

Verschiedene Wissenschaftler des späten 20. Jahrhunderts vertreten die Ansicht, dass eines oder sogar all diese Felder Teil unseres bewussten Lebens sind.[35]

In Anlehnung an diese Logik von Taub-Bynum glaube ich deshalb, dass dasselbe gemeinsam geteilte, unbewusste Feld auch in jeder Gruppe von Menschen, die zusammenlebt oder eng zusammenarbeitet, wirksam ist. Jedes Unternehmen und jede Institution hat ihr eigenes, größtenteils unbewusstes Feld geteilter Bedeutungen und Gefühle. Und in unserer in hohem Maße verbundenen globalen Gesellschaft sind deshalb vielleicht noch viel umfassendere kulturelle oder globale Felder des gemeinsamen Unbewussten vorhanden. Ein aufrüttelnd spannendes, noch andauerndes Experiment scheint nämlich genau das zu beweisen.

---

34 ebd.

35 Siehe Danah Zohar, *The Quantum Self;* Roger Penrose, *Das Große, das Kleine und der menschliche Geist;* David R. Hawkins, *Power vs. Force* und Lynne McTaggart, *Das Nullpunkt-Feld*

Seit dem Jahre 1977 führt ein Forschungsteam unter Leitung von Dean Radin mit Sitz in Princeton, USA, einen fortlaufenden Test durch, der untersucht, ob große, von vielen Menschen bewusst wahrgenommene Ereignisse irgendeinen Effekt auf elektronische Sensoren haben, die in verschiedenen Teilen der Welt aufgestellt sind. Das Forschungsteam hat ungefähr 50 Zufallszahlengeneratoren (random number generators, RNGs) auf verschiedenen Kontinenten stationiert, die alle mit dem zentralen Archiv in Princeton verbunden sind. Da es Zufallszahlengeneratoren sind, würden wir vermuten, dass ihre Fluktuationen nicht miteinander verbunden sind, und normalerweise sind sie das auch nicht. Dennoch war bei einigen großen Ereignissen, die viele Menschen betrafen, eine korrelierte Aktivität der Generatoren feststellbar. Eine starke Korrelation fand z. B. während der Beerdigung von Diana, Prinzessin von Wales, statt und eine andere am 11. September 2001, als die New Yorker Twin Tower von Terroristen zerstört wurden. Die Wahrscheinlichkeit, dass solche Korrelationen ein Zufall sind, liegt bei 10.000:1. Das Forschungsteam interpretiert diese Ergebnisse deshalb als Beweis für die Existenz eines globalen Bedeutungs- oder Bewusstseinsfeldes sowie für seine Interaktion mit der Materie (den RNGs).[36]

Um jedoch die menschlichen Motive und ihre mögliche Veränderung durch spirituelle Intelligenz zu verstehen, genügt die Feststellung, dass es mit großer Wahrscheinlichkeit ein solches gemeinsames Feld gibt, egal, wie letztlich seine zugrunde liegende physische Grundlage (oder auch ihr Fehlen) beschaffen ist. Das erlaubt uns, die Motivationszustände als „Attraktoren“ (Punkte fokussierter Energie) in diesem Feld (wie die Löcher im Flipperautomaten) und den SQ als aktives Prinzip der Transformation mitten darin zu sehen. Die Fragen, die sich nun stellen, sind: Welche Eigenschaften oder Prozesse des SQ wirken auf die Motivation transformierend? Was sind die *aktiven, dynamischen Prinzipien* des SQ? Diesen Fragen widme ich mich im nächsten Kapitel. Aber zunächst noch einige Worte zu Mats Lederhausen.

---

36 Siehe die Website des Global Consciousness Project, http://noosphere.princeton.edu/

Was aus Mats wurde

Ich habe dieses Kapitel mit der schwierigen Frage begonnen, mit der Mats mich aufsuchte: „Was soll ich tun?“ Mats (und mit ihm die Wirtschaft) hatte Glück. Er entschloss sich, einen Brief mit seinen Überlegungen an Jack Greenburg zu schreiben, den CEO von McDonald's. Zu seiner Überraschung wurde er zu einem Gespräch nach Chicago eingeladen und erhielt die Beförderung, die er für die unwahrscheinlichste von allen gehalten hatte. Heute ist er Vice President Strategy und verantwortlich für die „Implementierung von Veränderungen“. Mats sagt, er wurde eingestellt, um ein „Stachel im Fleisch“ des Unternehmens zu sein. Die meiste Zeit verbringt er damit, bei Managern von McDonald's und anderen Unternehmen um Unterstützung für Dinge zu werben, die seiner Meinung nach positive Veränderungen bewirken können. Bei McDonald's selbst steht seine Arbeit für den Kampf gegen genmanipulierte Nahrungsmittel, für eine Kampagne für größere Hühnerkäfige, für die Zusammenarbeit mit Conservation International, um das geschädigte Ökosystem der Erde wiederherzustellen, und für neue Wege von McDonald's, zu einer nachhaltigen Landwirtschaft beizutragen. Darüber hinaus ist er auch einer der „Global Leaders of Tomorrow“ des Weltwirtschaftsforums in Davos, was ihm eine globale Plattform für seine Anliegen bietet. Sein hoher SQ und insbesondere seine Bereitschaft, für seine Vision und seine Werte zu kämpfen hat seine Arbeitsmotivation von -3, *Verlangen* (Arbeiten, um Geld zu verdienen), hin zu +3, *Innere Kraft*, transformiert. Und noch deutlicher ausgedrückt, sehe ich ihn bereits auf der Ebene +6, *Höheres Dienen* – als einen der Ritter, über die ich im zehnten Kapitel schreibe. „Im Moment“, sagt er, „habe ich jedenfalls das Gefühl, am richtigen Platz zu sein und das Richtige zu tun.“

6

Die zwölf Prinzipien der Transformation

„Wir Neuen, Namenlosen, Schlechtverständlichen ... wir Frühgeburten einer noch unbewiesenen Zukunft, wir bedürfen zu einem neuen Zwecke auch eines neuen Mittels ...“

Friedrich Nietzsche, Ecce Homo

Das Ziel, das ich mit diesem Buch erreichen will, nämlich die Vermehrung des spirituellen Kapitals, ist ein Ziel, das anders ist als alle Ziele zuvor. Es erfordert, dass wir aus unseren höheren und manchmal sogar höchsten Motivationen handeln, und das bedeutet für uns, uns als ganze Menschen zu transformieren. Um dieses neue Ziel zu erreichen, müssen wir neue *Methoden* entwickeln. Dazu müssen wir die Prinzipien der Transformation kennen, die der spirituellen Intelligenz zugänglich sind.

Wie schon erwähnt, ist der IQ eines Menschen im Laufe des Lebens ziemlich stabil, eine Erkrankung oder Schädigung des Gehirns natürlich ausgenommen. Der EQ jedoch, die emotionale Intelligenz, kann erlernt, gefördert und verbessert werden. Und alle Menschen werden darüber hinaus auch noch mit dem Potenzial für einen hohen SQ geboren; das ist insbesondere bei den meisten Kindern der Fall. Aber unsere spirituell unsensible Kultur, ebenso das Bildungssystem und unsere oft zu spiritueller Abstumpfung führenden Strukturen und Stresssituationen am Arbeitsplatz vermindern unsere Fähigkeit, den SQ anzuwenden. Und genauso wie der EQ muss auch der SQ gefördert werden. Auch er kann neu erlernt und verbessert werden. Damit das möglich ist, müssen wir die Eigenschaften des Wesens und Verhaltens eines Menschen erkennen, die darauf hindeuten, dass der SQ lebendig ist und wirkt. Indem wir diese Eigenschaften finden und untersuchen, verstehen wir auch den SQ selbst besser. Aber das verlangt von uns, zu fragen, was für *Systeme* oder *Organisationsformen* wir als Menschen eigentlich sind und welches System im menschlichen Gehirn wirkt, wenn wir den SQ anwenden. Um die Eigenschaften einer Sache zu kennen, müssen wir zunächst die Sache selbst kennen.

Auf der einfachen wissenschaftlichen Ebene sind wir Menschen natürlich rein biologische oder lebende Systeme. Aber die heutige Wissenschaft hat erkannt, dass lebende Systeme ganz besondere Eigenschaften haben, durch die sie sich von den meisten nichtlebenden Systemen unterscheiden. Auf der Suche nach den Qualitäten der vollständigen menschlichen Intelligenz müssen wir uns deshalb zunächst dieser neuen Wissenschaft zuwenden – und eintauchen in die Dimensionen der Komplexitätstheorie und die komplexen adaptiven Systeme, die sie beschreibt.

In den 1960er-Jahren bewegte sich die Wissenschaft weg von ihrer obsessiven Beschäftigung mit dem Einfachen hin zur Würdigung des Komplexen. Die wissenschaftliche Theorie Newtons z. B. beschreibt einfache Systeme, die linear, voraussagbar, kontrollierbar und isoliert sind und aus getrennten Teilen bestehen, in die das System aufgeteilt werden kann, um es zu analysieren. Das Ganze ist nur die Summe seiner Teile. Newtonsche Systemmodelle wurden häufig – und werden auch heute noch in vielen Fällen – auch auf menschliche Systeme, wie den Markt, oder auf Wirtschaftsunternehmen angewendet. Ohne sich dessen bewusst zu sein, wenden viele Unternehmen immer noch die einfachen newtonsche Geschäftsmodelle an.

Zusätzlich zu den eben beschriebenen müssen noch zwei andere Arten klassischer Systeme erwähnt werden: „komplexe Systeme“ und „einfache adaptive Systeme“. Im Gegensatz zu einem einfachen System hat ein komplexes System viele, miteinander interagierende Teile, und um das System zu verstehen, ist es wichtig, diese Interaktionen zu verstehen – wie z. B. die zahlreichen Teile, die zusammen ein Auto ergeben, und die Art und Weise, wie ihre Interaktion Bewegung ermöglicht. Solche komplexen mechanischen, Systeme sind nicht adaptiv – sie lernen und sie entwickeln sich nicht. Auch verändern sich nicht die einzelnen Bestandteile des Systems durch ihre Interaktion miteinander oder mit der Umgebung. Leider orientiert sich das „Systemdenken“ in der Wirtschaftswelt überwiegend noch immer an dieser Art nichtadaptiver Systeme. Deshalb hat die herkömmliche Form des Systemdenkens keine wirklich tiefe Transformation hervorgebracht.

Im Gegensatz zu mechanischen Systemen, seien sie nun einfach oder komplex, kann sich ein einfaches adaptives System anpassen oder entwickeln – selbst wenn es isoliert existiert und nur aus wenigen Teilen besteht. Darwins Modell der genetischen Mutation beschrieb solch ein System, in dem ein einzelnes Gen manchmal eine zufällige Mutation durchläuft. Die Umgebung, in der das Gen existiert, wird zunächst nicht davon beeinflusst, aber das Gen selbst verändert sich, und damit schließlich der ganze Organismus.

Mit der Entstehung der Komplexitätswissenschaft vor ungefähr 40 Jahren wurde klar, dass lebende Systeme jedoch auch noch einer ganz anderen Art von evolutionärem Muster folgen können. Durch die genaue Beobachtung, wie sich das Leben in Bezug auf seine jeweilige Umgebung verhält, entdeckten Biologen eine weitere Art eines Systems: das „komplexe adaptive System“. Diese Systeme haben viele interagierende Teile und sind ständig in kreativem Austausch mit ihrer Umgebung. Sie leben an der Grenze zum Chaos.

Wenn die Umwelt diese Systeme mit einer Krise konfrontiert, dann „koevolviert“ das ganze „Megasystem“ (Organismus plus Umwelt) *und* die einzelnen Elemente darin.

Diese komplexen adaptiven Systeme sind nichtlinear. Sie sind unberechenbar; Versuche, sie zu kontrollieren, haben destruktive Folgen und darüber hinaus können sie auch nicht in getrennte, einfachere Teile zerlegt werden. Ein lebendes System an der Grenze zum Chaos muss als Ganzes gesehen werden, dessen Ganzheit größer ist als nur die Summe seiner Teile. Während die newtonschen Systeme nach einem detaillierten Plan oder entsprechend seiner drei Gesetze der Bewegung angelegt sind, entstehen komplexe adaptive Systeme durch Selbstorganisation. Während erstere (newtonsche) unter allen Bedingungen gleich bleiben und niemals eine innere Veränderung durchlaufen, erforschen komplexe adaptive Systeme im Prozess der Anpassung oder Entwicklung in einer Umgebung, für die sie eine innere Sensibilität haben, kreativ ihre eigene Zukunft. Und wo newtonsche Systeme stabil sind, können komplexe Systeme radikal instabil sein, wobei es diese Instabilität ist, die ihnen ermöglicht, sich sogar an der Grenze zum Chaos zu entwickeln.

Diese Grenze zum Chaos ist wiederum eine neue, dritte Art der Ordnung im Universum. Jedes System wird, wenn es nicht gestört wird, in nur wenigen seiner möglichen stabilen Zuständen ruhen. Diese werden in jedem Feld *Attraktoren* genannt. (Unsere Motive sind daher Attraktoren im Feld der Bedeutung.) Wenn das System gestört oder zu sehr herausgefordert wird, kann es ins Chaos abgleiten, in dem es keine erkennbare oder vorhersagbare Ordnung mehr gibt. Wenn aber komplexe adaptive Systeme mit einer Krise konfrontiert werden, werden sie zur Grenze des Chaos gezogen, die ein Punkt zwischen Ordnung und Unordnung ist. Die Elemente des Systems sind gerade noch geordnet genug, um in einer Anzahl teilstabiler Zustände zu sein, die aber durch die kleinste Störung nur allzu leicht wieder instabil werden. Und wenn das geschieht, sucht das System in jeder Richtung nach neuen Attraktoren, um darin ihren Ort zu finden, und in diesem Prozess entstehen eine neue Ordnung und neue Informationen. Die Prinzipien der Transformation, die das System anwendet, um seinen neuen Zustand zu finden, sind die gleichen wie diejenigen, die wir brauchen, um unsere Motive von alten Attraktoren zu neuen zu transformieren.

Alle lebenden Systeme, von der einzelligen Amöbe bis zu uns Menschen, unseren Organisationen und unserer Kultur, können solch komplexe, adaptive Systeme an der Grenze zum Chaos sein. Beim Menschen befindet sich z. B. das Immunsystem an dieser Grenze, genauso wie unser Herzschlag, der größte Teil unserer Hirnaktivität und ganz sicher auch unsere mentale Aktivität, wenn wir kreativ denken. Und ebenso ist auch der SQ eine komplexe adaptive Intelligenz an der Chaosgrenze. Deshalb können wir bestehende Paradigmen brechen, neue erschaffen und eingefahrene Denk- und Verhaltensmuster auflösen. Der SQ erschafft seine selbstorganisierenden Bedeutungsmuster, indem sie aus dem kreativen Dialog zwischen unserem Geist und seiner Umgebung entstehen. Und die vielen interaktiven, komplexen adaptiven Systeme des Gehirns interagieren wiederum mit diesem Bedeutungsfeld.

Der SQ wird für Zeiten der Krise benötigt, wenn unsere gewohnheitsmäßigen Verhaltensweisen nicht mehr funktionieren und etwas Neues und Kreatives geschehen muss. In alltäglicheren und vertrauteren Situationen allerdings und vom Chaos weit entfernt sind der IQ und der EQ oft ausreichend und verbrauchen weit weniger Energie. Wenn dann der SQ ins Spiel kommt, sollten wir uns an das alte chinesische Sprichwort erinnern: „Mögest du in bewegten Zeiten leben!“

Der SQ ist eine relativ neu entdeckte Intelligenz und es gibt noch kaum klinische Forschungen über die menschlichen Eigenschaften, mit denen er in Verbindung gebracht werden kann. Aber da der SQ als ein komplexes adaptives System im Geist wirkt, scheinen die besser erforschten und leichter verständlichen Eigenschaften dieser Systeme offensichtlich der erste Ort zu sein, an dem man seine entscheidenden Qualitäten suchen sollte. Wenn wir uns diese biologischen Systeme als Modelle oder Vorläufer der SQ-Eigenschaften vorstellen, ist es jedoch wichtig, nicht zu vergessen, dass der SQ ein *bewusstes* komplexes adaptives System ist, dessen Eigenschaften daher eine einzigartig bewusste Ausdrucksform finden.

Solche Systeme haben zehn spezifische Merkmale, die ihnen genau diese einzigartig kreative Wirkungsweise in der Welt geben. Weil die kreative Evolution des Systems durch diese Eigenschaften hervorgerufen wird, können sie als Transformationsprinzipien innerhalb des Systems gesehen werden. Der Verstand selbst (sowie unser Bewusstsein und seine strukturierten Inhalte) ist ebenfalls ein komplexes adaptives System, das entsteht, wenn sich das Gehirn mit dem Bedeutungsfeld verbindet. Deshalb sind diese Prinzipien der Transformation auch Transformationsprinzipien (Lernen, Evolution) innerhalb des Bewusstseins. Sie sind (teilweise) die transformierenden Prinzipien, die dem SQ seine Fähigkeit geben, Paradigmen zu erschaffen und zu durchbrechen. Und sie sind die transformativen Prinzipien, die die Basis jedes Versuchs sind, die Motive und damit das Verhalten des Menschen zu verändern. Diese zehn Prinzipien sind folgende:

- *Sich selbst organisierend.* In diesen Systemen ruht eine tiefe Ordnung, aber diese Ordnung ist ein Potenzial, das während der Selbstorganisation des Systems im Austausch mit der Umwelt die jeweils angemessene Form annimmt.
- *Gebundene Instabilität.* Diese Systeme existieren nur an der Grenze zum Chaos, in einer Zone der Instabilität knapp zwischen Ordnung und Chaos. Sie werden als „weit entfernt vom Gleichgewicht" beschrieben. Wären sie völlig instabil, würden sie im Chaos zerfallen. Wären sie dagegen geordnet, wären sie unflexibel und nicht adaptiv.
- *Emergierend.* Diese Systeme sind größer als die Summe ihrer Teile. Das Ganze hat Eigenschaften und Merkmale, die ein einzelner Teil nicht besitzt, und dieses Ganze entsteht nur, wenn das System sich an die Umwelt anpasst und sich in ihr entwickelt.
- *Holistisch.* Diese Systeme haben keine inneren Grenzen und keine erkennbaren, separaten Teile. Jeder Teil ist mit jedem anderen Teil vernetzt und durchdringt ihn. Die Teile sind innerlich durch ihre gegenseitige wie auch ihre Beziehung zur Umwelt bestimmt.

- *Adaptiv.* Diese Systeme lernen nicht nur während ihres Bestehens, sie erschaffen sich selbst, wenn sie aktiv sind, um ihre eigene Zukunft zu erforschen. Diese Adaptation steht immer in gegenseitigem, selbstkreativem Austausch mit einer Umgebung, für die solche Systeme innerlich sensibel sind.
- *Evolutionäre Mutationen.* In der abschließend auftauchenden Struktur der Zukunft dieses Systems spielen Mutationen eine kreative Rolle.
- *Zerstört durch äußere Kontrolle.* Die feine innere Ordnung und Balance dieser Systeme wird zerstört, wenn wir versuchen, sie von außen zu kontrollieren. Ihre Selbstorganisation kollabiert und sie werden wieder zu einfachen oder komplexen newtonschen Systemen.
- *Erforschend.* Diese Systeme erforschen ständig ihre eigene mögliche Zukunft und erschaffen sich selbst, indem sie existieren.
- *Rekontextualisierung.* Diese Systeme passen ständig ihre innere Entwicklung an, indem sie sich immer wieder neu an den Grenzen und Eigenschaften ihrer Umwelt orientieren.
- *Ordnung aus dem Chaos.* Diese Systeme schaffen Ordnung aus dem Chaos; sie haben eine „negative Entropie". Sie bringen Form in eine ungeformte oder unstrukturierte Dimension.

Aus diesen Merkmalen komplexer adaptiver Systeme kann ich nun zehn Eigenschaften eines *spirituell intelligenten,* komplexen adaptiven Systems (dem Menschen!) ableiten. Dabei müssen wir den zusätzlichen Faktor Bewusstsein und die Auswirkung bedenken, die eine bewusste Ausdrucksform auf die jeweilige Eigenschaft hat. Ich habe auch zwei zusätzliche Eigenschaften des SQ hinzugefügt, die ich von Merkmalen aus der umfangreichen spirituellen Literatur der Vergangenheit abgeleitet habe. Während also nichtmenschliche komplexe adaptive Systeme zehn bestimmende Merkmale haben, sehe ich dagegen *zwölf* Eigenschaften, die einen Menschen mit spiritueller Intelligenz auszeichnen. Sie sind die zwölf Kriterien für einen Menschen oder eine Organisation mit einem hohen SQ und die zwölf Prinzipien der Transformation, die dem SQ ermöglichen, alte Motive aufzulösen und neue zu erschaffen:

- *Selbst-Bewusstheit.* Wissen, an was ich glaube und wertschätze und was mich zutiefst motiviert. Mir des tiefsten Sinnes meines Lebens bewusst sein.
- *Spontaneität.* Im Augenblick leben und für alles offen sein, was er enthält.
- *Visions- und wertegeleitet.* Aus Prinzipien und tiefen Überzeugungen handeln und dementsprechend leben.
- *Holismus* (ein Bewusstsein für das System oder die Verbundenheit). Größere Muster, Beziehungen, Verbindungen erkennen und ein starkes Gefühl der Zugehörigkeit haben.
- *Mitgefühl.* Die Qualität des „Mit-Fühlens" und tiefer Empathie ist die Grundlage für universelle Sympathie.
- *Würdigung der Vielfalt.* Andere Menschen und unbekannte Situationen *gerade wegen* (und nicht trotz) ihrer Unterschiede wertschätzen.
- *Feldunabhängigkeit.* Die Fähigkeit, allein gegen die Menge zu stehen und meinen eigenen Überzeugungen zu folgen.
- *Tendenz zu Warum-Fragen.* Das Bedürfnis, die Dinge zu verstehen, ihnen auf den Grund zu gehen; ist die Grundlage, um das Gegebene zu kritisieren.
- *Kontextualisierung.* Die Fähigkeit, ein Problem oder eine Situation aus einem größeren Abstand zu betrachten und das größere Bild, den umfassenderen Kontext zu sehen.
- *Positiver Umgang mit Misserfolgen/Krisen.* Zu Fehlern stehen und aus ihnen lernen, Probleme als Möglichkeiten sehen und Entwicklung einer inneren Regenerationskraft.
- *Demut.* Das Wissen, nur ein Spieler in einem größeren Schauspiel zu sein, das Empfinden, seinen Platz in dieser Welt gefunden zu haben; beides Grundlage für Selbstkritik und kritische Beurteilung.
- *Berufung.* „Berufen" sein, um etwas Größerem zu dienen als mir selbst. Dankbarkeit jenen gegenüber, die mir geholfen haben, und der Wunsch, etwas zurückzugeben; Grundlage für die „dienende Führungskraft".

Es ergibt wenig Sinn, an dieser Stelle noch mehr Einzelheiten über diese Eigenschaften zu sagen; dafür sind sie zu wichtig. In der Kultivierung und der Anwendung dieser Qualitäten und Transformationsprozesse liegt jedenfalls unsere Fähigkeit, unser gesamtes Gehirn zu benutzen, die Fähigkeit, den tiefsten Sinn und die Bestimmung unseres Lebens zu kennen und ihr gemäß zu handeln, die Fähigkeit, Transformation in unser Leben und die Situationen zu bringen, in denen wir agieren, und die Fähigkeit, an der Grenze zum Chaos zu denken. Sie ermöglichen es, unsere Erfahrung vollständig zu erkennen und immer wieder neu einordnen zu können. Durch sie können wir mit unserer eigenen Seele Kontakt aufnehmen und uns selbst im Zentrum des tiefsten Menschseins sehen, das uns möglich ist. Sie sind die aktiven Prinzipien, mit denen wir spirituelles Kapital schaffen können. Und diese zwölf Eigenschaften sind auch die Basis für ein umfassenderes Verständnis strategischer Planung in Organisationen und eine sichere Grundlage für die Erweiterung unserer alltäglichen Wahrnehmung der Basisphilosophie. Deshalb werde ich im nächsten Kapitel jede dieser Eigenschaften genauer untersuchen.

Komplexe adaptive Systeme	Spirituelle Intelligenz
Selbst-Organisation	Selbst-Bewusstheit
Gebundene Instabilität	Spontaneität
Emergierend	Von Visionen und Werten geleitet
Holistisch	Holistisch
Im Austausch mit der Umgebung (adaptiv)	Mitgefühl („Mit-Fühlen“)
Evolutionäre Mutationen	Würdigung der Vielfalt
Äußere Kontrolle wirkt zerstörerisch	Feldunabhängigkeit
Erforschend	Tendenz zu Warum-Fragen
Rekontextualisierung der Umgebung	Rekontextualisierung
Ordnung aus dem Chaos	Positiver Umgang mit Misserfolgen/Krisen
	Demut
	Berufung

Tabelle 6.1: Allgemeine Merkmale komplexer adaptiver Systeme und spiritueller Intelligenz

7

Die Anwendung der Transformationsprinzipien

Dieses Kapitel beschreibt ausführlich die bestimmenden Eigenschaften der zwölf transformativen Prozesse des SQ. Danach wird es dann leicht sein, sie mit der Motivationsskala und den Dynamiken kontinuierlicher kultureller Transformation zu verbinden.

Selbst-Bewusstheit

Chris Miller, der CEO von Anglian Water in Großbritannien, sagt: „Wenn du wirklich führen willst, musst du zuerst dich selbst kennen." Vor 2.000 Jahren, versprach Jesus seinen Jüngern: „Wenn ihr wisst, wer ihr seid, werdet ihr so werden, wie ich bin." Aber wer wir wirklich sind, ist vermutlich das Letzte, was wir je wissen.

Wir leben zwar in einer sehr selbstbezogenen Kultur, haben aber dennoch sehr wenig Selbst-Bewusstheit. Weder in unserem persönlichen Leben noch in unseren Organisationen haben wir ausreichende Reflexionsgewohnheiten oder -strukturen. Wir nehmen uns wenig oder gar keine Zeit, um uns selbst zu verstehen und nach innen zu schauen. Wir haben noch nicht mal eine heute wirksame Tradition, die uns zeigt, *wonach* wir in uns suchen könnten und warum wir das tun sollten. Unser Fokus ist im Außen, auf Ereignisse und Probleme in der Welt gerichtet mit der Konsequenz, dass wir uns selbst verlieren, und all das müssen wir durch Selbsterkenntnis zurückgewinnen.

In vielen Teilen des Ostens, wo der Hinduismus und der Buddhismus praktiziert werden, beginnen die Menschen ihren Tag mit dieser Meditation oder diesem Gebet:

Wer ist es, der handelt?

Wer ist es, der will?

Wer ist es, der denkt?

Wer bin ich?

Diese Fragen bringen uns direkt zu der tiefsten spirituellen Ebene der Selbst-Bewusstheit – der Bewusstheit, vor allem anderen ein „tiefes Selbst" zu haben, eine persönliche Wirklichkeit, die tief unter all unseren täglichen Handlungen und Gedanken liegt und handelt. Diese grundlegende Ebene der Selbst-Bewusstheit ermöglicht es uns, den engen Begrenzungen unseres Egos zu entkommen. Die oben genannten Fragen bringen uns ins Zentrum unserer Bewusstheit und unserer Freiheit und bestärken uns darin, aus unseren höchsten Motiven zu handeln.

Die Bewusstheit, dass ich oder die Organisation, deren Teil ich bin, ein tieferes Zentrum haben, mit dem ich verbunden sein und aus dem heraus ich handeln muss, gibt meinen Vorhaben und meinem Handeln Sinn und Authentizität. Es ist ungemein erhebend, zu wissen, dass ich einen inneren Kompass habe und von seiner Ausrichtung geleitet werde. Das ist auch die zentrale Bedeutung von Integrität – in Übereinstimmung mit meinem inneren Kompass zu handeln. Selbst-Bewusstheit auf dieser Ebene zu haben, bedeutet, genau zu wissen, was ich glaube und wertschätze und was mich im tiefsten Inneren motiviert. Es bedeutet, zu wissen, wofür ich lebe, und vielleicht sogar, wofür ich sterben würde. Und es bedeutet weiterhin, den Mut zu haben, zu wissen, wann ich diese Dinge betrüge.

Weil tiefe Selbst-Bewusstheit uns (und unsere Organisationen) mit unserem tiefsten Zentrum in Verbindung bringt, ermöglicht sie uns auch, uns ständig zu erschaffen oder neu zu erschaffen. Sie verbindet uns mit der Quelle unerschöpflichen Potenzials und lässt uns den Ruf des tiefen Selbst, die Stimme des Gewissens und der Verantwortung vernehmen. Sie gibt uns ein Gefühl des Fokussiertseins und vermittelt oft ein tiefes Gefühl von Frieden.

Daniel Goleman hat in seinem Buch erklärt, dass Selbst-Bewusstheit die Grundlage und Kernsubstanz für emotionale Intelligenz sei. Wenn ich nicht weiß, was oder wie ich mich fühle, werden es die Emotionen sein, die mich und meine Reaktionen im Griff haben. „Die Unfähigkeit, meine wahren Gefühle zu spüren", so warnt er, „liefert mich ihrer Kontrolle aus." Die Grundlage unserer spirituellen Intelligenz, nämlich unsere tiefsten Werte und Ziele zu kennen, ermöglicht es uns, unsere Motivationen anzuheben und zu kontrollieren.[37]

Gegensätze: Ohne tiefe Selbst-Bewusstheit sind wir oberflächlich und von unserem Ego bestimmt, unseren launischen, wilden Emotionen und niedrigsten Motivationen ausgeliefert. Blind und unsensibel für unser inneres Leben werden wir leicht von den Aktivitäten und Zielen des täglichen Lebens abgelenkt. Wir stolpern durch unser eigenes und das Leben anderer und hinterlassen eine Spur ungewollter Konsequenzen.

Häufige Verzerrungen: In unserer westlichen Kultur bedeutet „Selbst-Bewusstheit" oft nur Selbstbesessenheit, viel zu viel „ich, ich, ich". Wir haben die Tendenz, uns von Trends und Techniken ablenken zu lassen, die das Ego füttern – Diäten, Übungen, New-Age-Techniken – und uns darin zu verlieren oder von ihnen besessen zu sein. Und auf diese Weise ignorieren wir die wahre Bedeutung echter Selbsterkenntnis.

---

37 Daniel Goleman, *Emotionale Intelligenz*

Wird gefördert durch: ... die Praxis täglicher Meditation oder Reflexion; die Teilnahme an echtem Dialog; die Bereitschaft, meine Komfortzone zu verlassen, um mich auch unangenehmen Wahrheiten über mich selbst zu stellen; etwas Zeit während des Tages, um mich selbst zu „hören“ und mich in einen stillen, meditativen oder persönlichen Raum zurückzuziehen (Wie würde solch ein Raum für Sie z. B. aussehen?) sowie eine jeweilige Rückschau auf die Ereignisse des Tages und meine Reaktionen darauf: Wann war ich wirklich authentisch, wann nicht?

Checkliste Selbst-Bewusstheit

- Haben Sie ein wirkliches Gespür für Ihr inneres Leben?
- Reflektieren Sie am Ende des Tages die Ereignisse und Erfahrungen?
- Haben Sie das Empfinden einer tieferen inneren Präsenz?
- Ist Stille etwas Angenehmes für Sie?
- Können Sie sich mit unangenehmen Wahrheiten, die Sie selbst betreffen, konfrontieren?

Spontaneität

Vor zwei, drei Jahren gab es im Finale der Herren beim Tennisturnier von Wimbledon einige erstaunliche akrobatische Einlagen. Einer der Spieler – ich glaube, es war André Agassi – stolperte bei einem Volley und fiel platt auf den Bauch. Trotzdem behielt er seinen Kopf und seinen rechten Arm oben und schlug den Ball zurück übers Netz. Dann, beim Aufstehen, kam ein weiterer Flugball direkt auf ihn zu, sodass er erneut das Gleichgewicht verlor und nach hinten fiel. Dieses Mal erwiderte er den Volley mitten im Fall und gewann den Punkt.

Agassis Schläge zum Sieg waren damit eine Kombination aus äußerster innerer Disziplin bei gleichzeitig radikalster Spontaneität. Obwohl zweimal aus dem Gleichgewicht gekommen, war er dennoch in der Lage, die Position und den Flug des Balls angemessen zu retournieren. Er war also in jenem Prozess, den die Sportpsychologen den „Flow" nennen. Dieser Zustand des Flow ist im Westen die beste Entsprechung für die disziplinierte Spontaneität, die in den asiatischen Kampfkünsten geübt wird. Es ist die Handlung oder Reaktion, die jenseits des Egos im „tiefen Selbst" ihren Ursprung hat. Wenn wir uns im Prozess des Flow befinden, sind wir zutiefst mit unserem persönlichen Zentrum und damit auch mit unserer inneren Kraft verbunden.

Das Wort „Spontaneität" besitzt die gleichen lateinischen Wurzeln wie die Wörter Respons (Reaktion, Antwort) oder das englische *responsibility* (Verantwortung). Zutiefst spontan zu sein, bedeutet also, direkt auf den Augenblick zu reagieren und dann bereit und fähig zu sein, dafür Verantwortung zu übernehmen. Es bedeutet, jeden Augenblick, jeden Menschen und jede Situation mit der Frische und Unbefangenheit eines Kindes zu begrüßen, ohne die Last vergangener Konditionierungen, der Gewohnheiten, Vorurteile, der Angst und Kontrolle oder der übertriebenen Höflichkeit. Es bedeutet, den Mut zu haben, mich selbst ganz in den Augenblick zu geben. Tiefe Spontaneität ist deshalb die notwendige Voraussetzung für spielerische Improvisation, für das Lernen durch Versuch und Irrtum und Kreativität. Und das trifft besonders für mentale Spontaneität zu.

Mentale Spontaneität ist daher der Zustand des Flow in unserem Denken. Allzu oft ziehen wir uns nämlich auf bekanntes und gelerntes Wissen und in konditionierte Denkgewohnheiten zurück. Wir verfangen uns in den persönlichen Paradigmen unseres Verstandes – in Dogmen, Vorurteilen und Ideologien, denen wir anhängen; in Abstraktionen, Modellen und Vorstellungen, an denen wir festhalten, oder einfach in dem Denken, das sich angenehm und bekannt anfühlt. Mentale Spontaneität setzt jedoch häufig, wie so viele der Prozesse, die den SQ kennzeichnen, die Bereitschaft voraus, unsere Komfortzone zu verlassen, und das wiederum führt uns möglicherweise zu einer direkten Konfrontation mit unserer Angst.

Diese Angst ist nun in der Regel das größte Hindernis, das Spontaneität unmöglich macht – Angst vor Spott, vor einem Urteil oder einer Strafe und Angst davor, unsere Verwundbarkeit zu zeigen. Um spontan zu sein, muss ich den Mut haben, meine Verteidigungsmechanismen loszulassen und meine Verwundbarkeit und Authentizität anzunehmen. Dies bringt mich dann mit der spirituellen Dimension der Spontaneität in Verbindung – mit der radikalen Offenheit für die Möglichkeiten des Lebens und der existenziellen Bereitschaft, der Mensch zu werden, der ich wirklich bin. Beides ist oft mit einem Gefühl tiefer Freude oder sogar Ekstase verbunden und beides setzt voraus, dass ich zutiefst dem Leben, mir selbst und auch dem Wissen vertraue, eine tiefe innere Autorität oder einen inneren Kompass zu haben, der mich führt.

Gegensätze: Der Gegensatz von Spontaneität ist zu viel Kontrolle, ist Versteinerung und Strenge, mangelndes Selbstvertrauen (und Vertrauen ins Leben) und „verstopft“ zu sein. Eingefahrene Gewohnheiten und zu viel Rücksichtnahme auf Traditionen sind oft Feinde der Spontaneität, genauso wie Ehrfurcht vor Autorität – tiefe Spontaneität hinterfragt von Natur aus alles. Die Frische des Kindes ist auch hier untrennbar von seiner Tendenz, alles immer wieder neu zu hinterfragen.

Häufige Verzerrungen: Wahre Spontaneität ist nicht allein Impulsivität oder nur ein Handeln aus den Launen des Augenblicks heraus, sondern dies sind beides Verzerrungen einer zutiefst herausfordernden und höchst disziplinierten Wirklichkeit. Jemand, der nur impulsiv oder gedankenlos ist, ist üblicherweise gänzlich unsensibel für die tieferen Strömungen einer anderen Person oder Situation und kann deshalb auch nicht darauf reagieren. Wahre Spontaneität ist die Frische des Kindes, verfeinert durch die Weisheit, Stärke und Erfahrung des Erwachsenen.

Wird gefördert durch: Um Spontaneität im tiefsten Sinne zu entwickeln, ist wahrscheinlich eine regelmäßige Übung wie tägliche

Meditation unerlässlich. Um zutiefst spontan zu sein, müssen wir zutiefst bewusst sein – und Bewusstheit haben für uns selbst, andere Menschen und Situationen und für ihr jeweiliges Potenzial. Des Weiteren müssen wir uns auch unbekannten Situationen und Menschen öffnen und unsere Reaktionen beobachten und uns rückblickend am Ende eines jeden Tages fragen: Welche Möglichkeiten habe ich ausgelassen? Warum habe ich nicht gesagt, was ich denke? Warum habe ich nicht meine wahren Gefühle gezeigt? Warum habe ich mich nicht mit Enthusiasmus oder Leidenschaft gehen lassen? Was hat mich gestoppt? Glaube ich an mich selbst?

Checkliste Spontaneität

- Folgen Sie Ihrem Bauchgefühl, auch wenn es bedeutet, Risiken einzugehen?
- Gehen Sie offen mit anderen Menschen um und riskieren Sie damit eigene Verletzlichkeit?
- Macht es Ihnen Freude, mit kleinen Kindern zu reden und zu spielen?
- Haben Sie manchmal das ekstatische Gefühl, dass die ganze Wirklichkeit oder Existenz für Sie jetzt, „in diesem Moment“, gegenwärtig ist?
- Haben Sie ein grundlegendes Gefühl der Richtung oder eines inneren Kompasses, der Sie führt?

Von Visionen und Werten geleitet

Im August 1963 war ich einer von 100.000 Menschen, die sich vor dem Lincoln Memorial auf der „Mall“ in Washington, D. C. versammelt hatten. Wir hatten dieses Ereignis den ganzen Sommer über vorbereitet und eine große Spannung erfüllte die Menge. Aber niemand von uns hätte sich je die elektrisierende Welle inspirierender

Energie vorstellen oder sie vorhersehen können, die uns durchlief, als Martin Luther King Jr. so kraftvoll tönend die klangvollen Sätze seiner berühmten Rede „Ich habe einen Traum" vortrug. Seine Worte, ihre Leidenschaft und die Vision, die in ihnen zum Ausdruck kam, brannten sich uns ein, heizten unsere Motivation an und veränderten letztendlich die gesamte soziale und politische Landschaft unseres Landes. Und das ist es, was wirkliche Visionen tun.

Dr. Kings Worte reichten weit über die damals gegebene Realität der Rassenverhältnisse in Amerika hinaus und zeichneten das Bild einer gerechteren und liebevolleren Gesellschaft, die sich die Amerikaner jener Zeit kaum vorstellen konnten. Sein ganzes Wesen strahlte die fast schmerzhafte Sehnsucht nach dem Noch-nicht-Geborenen aus, und seine Stimme trug diesen Schmerz als inspirierende Sehnsucht zu uns allen. Und auch das ist ein wichtiges Merkmal großer Visionen: Sie schöpfen tief aus der Quelle des menschlichen Potenzials und zeigen uns das Noch-nicht-Geborene. Sie lassen uns träumen, sie entfachen unsere Sehnsucht und sie motivieren uns. Mit einer ähnlich kraftvollen Vision führte Mahatma Gandhi Indien zur Unabhängigkeit und beendete auch Nelson Mandela die Apartheid in Südafrika. Und der gleiche visionäre Geist stand hinter Mercks Geschenk der Heilung der Flussblindheit in der Dritten Welt, hinter Henry Fords Vision, dem „kleinen Mann" Mobilität zu ermöglichen, und hinter dem Projekt von Coca Cola, im ländlichen China und Südostasien Kliniken zu bauen.

Visionen ermöglichen neue Realitäten, weil und indem sie die Motivationen des Menschen anheben und selbst auch auf tiefen Werten basieren. Der Gründer von Merck wertschätzte zutiefst die Gesundheit und wollte sie deshalb den Menschen zugänglich machen. Martin Luther King Jr. folgte dem Wert der Gleichheit und Menschenwürde. Werte sind quantitative Energie. Durch sie geschieht etwas. Unsere tiefsten Werte definieren uns als die Menschen, die wir sind, und legen den Grundstein für die Art Organisationen und Gesellschaften, die das Beste des menschlichen Potenzials zutage fördern. Wenn wir die Motivationen der Menschen und Unternehmen über den gegenwärtigen, niedrigen Stand auf der Motivationsskala hinaus verändern wollen, können wir das nur durch eine gesunde Dosis Idealismus, der daher rührt, dass wir grundlegenden Werten dienen.

Fast alle Unternehmen sprechen heute von den Werten, an denen sie sich angeblich orientieren. Viele drucken sie sogar auf kleine Kärtchen, damit ihre Mitarbeiter sie immer bei sich haben. Wie aber unterscheiden sich diese oberflächlichen Versuche, so zu *erscheinen*, als sei man von Werten bewegt, von dem wirklichen Dienst an eben diesen? Sie unterscheiden sich sowohl im Geist als auch im Inhalt dessen, was es heißt, wirklich nach Werten zu leben. Wenn wir über grundlegende Werte sprechen, sind Platons große drei – das Gute, Wahre und Schöne – ein guter Anfang; andere sind Leben, Freiheit, Streben nach Glück, Treue, Respekt und Dienen.

In der Tabelle 7.1 habe ich eine kurze Liste einiger grundlegender Werte aufgestellt, denen natürlich noch viele andere hinzugefügt werden können. Sie alle fallen in eine oder mehrere von drei Kategorien: persönliche Werte (mein eigenes Leben betreffend – meine Freunde, Familie, meine Interessen), interpersonelle Werte (Dinge, die meine Gruppe und die Beziehungen zwischen ihren Mitgliedern kennzeichnen – wie Treue und Vertrauen) sowie transpersonale Werte (Werte, die über meine Person oder Gruppe hinausreichen und die ich als universelle Werte anerkenne – wie die Heiligkeit des Lebens, die Bewahrung der Welt für künftige Generationen oder Gerechtigkeit). Der Philosoph Immanuel Kant z. B. formulierte den moralischen Imperativ, der die Basis seines Wertesystems war, folgendermaßen: „Handle nur nach derjenigen Maxime, von der du zugleich wollen kannst, dass sie ein allgemeines Gesetz werde." Das könnte ein gutes Kriterium für all unsere Werte sein, aber trifft sicher vorwiegend auf die transpersonalen Werte zu. Es wäre sehr kreativ, wenn wir diesen Satz auch auf die Werte von Unternehmen anwenden würden.

Gegensätze: Um aus Visionen und Werten heraus zu führen, müssen wir idealistisch, selbstlos und voller Hingabe sein. Deshalb sind die Gegensätze dazu eine zynische oder zu pragmatische, eigensüchtige und opportunistische Haltung; weitere entstehen, wenn wir sehr materialistisch, faul oder undiszipliniert sind. Die „Realpolitik" ist dann die häufig angeführte Entschuldigung, wenn Werte zugunsten von selbstbezogenem oder kurzfristigen Erfolg über Bord geworfen wurden. Wenn ein von Werten motivierter Mensch oder eine solche Organisation den gegebenen Rahmen verlässt und das Spielniveau erhöht, nutzt der Zynismus das Gegebene als Entschuldigung („Jeder tut es") – und verringert in der Regel auf diese Weise das Spielniveau erst recht.

Häufige Verzerrungen: Ein Visionär kann sich so in (s)einer Vision verlieren, dass er den Kontakt zur Wirklichkeit oder zu den negativen Seiten der Vision verliert. Das kann zu Engstirnigkeit, Fanatismus und einem diktatorischen Führungsstil führen, darüber hinaus zu einer unklaren Sicht oder mangelnder Sensibilität für die pragmatische Wirklichkeit und die täglichen Notwendigkeiten („Traumtänzer"). Adolf Hitler beispielsweise war ein großer Visionär, aber er diente nicht menschlichen Grundwerten.

Wird gefördert durch: Wir geben unseren höchsten Motivationen Ausdruck und denken an eine Möglichkeit oder Situation mit der Frage: Wie könnte es sein? Vielleicht kann ich auch jede Woche die Entscheidung treffen, in meinem persönlichen oder meinem Arbeitsbereich „das Spielniveau zu erhöhen" – und eine kleine Belohnung oder Strafe vorbereiten. Und ich vergegenwärtige mir meine Werte und Ziele immer wieder neu. Sind sie wirklich das, wofür ich lebe? Lebe ich wirklich danach? In einer Organisation bedeutet das, zu fragen, ob sie wirklich einem wertvollen Zweck dient. Wenn nicht, welche Veränderungen wären dafür nötig? Welche Veränderungen würden Menschen inspirieren und ihre Motivationen anheben?

Checkliste Visionen und Werte

- Sind Sie von Idealen motiviert, wie z. B. anderen Menschen zu helfen oder einem höheren Zweck zu dienen?
- Leben Sie nach ihren Idealen?
- Fühlen Sie sich aufgerufen „einen Schritt weiter zu gehen", um Exzellenz in alles zu bringen, was Sie tun?
- Fühlen Sie sich von großen historischen oder gegenwärtigen Visionären und öffentlichen Personen inspiriert?
- Denken Sie über Fragen nach, die den Sinn des Lebens, das Ziel *Ihres* Lebens, die Bedeutung Ihrer Arbeit oder Beziehungen betreffen?

Herausragende Leistung	Ehrlichkeit	Barmherzigkeit	Freundschaft	Gesundheit
Demut	Ordnung	Mitgefühl	Enthaltsamkeit	Respekt für Besitz
Dienst	Freiheit	Respekt	Bewusstheit	Loyalität
Dankbarkeit	Harmonie	Leben	Würdigung zukünftiger Generationen	Respekt für die Ahnen
Wahrheit	Gleichheit	Treue	Altruismus	
Schönheit	Führung	Toleranz	Höflichkeit	
Gleichgewicht	Bescheidenheit	Vergebung	Schutz der Privatsphäre	
Allgemeinwohl	Glück	Liebe	Gehorsam	
Respekt für Ältere	Engagement	Schutz der Kinder	Bildung	
Selbstdisziplin	Gerechtigkeit	Erhaltung der Familie	Weisheit	

Tabelle 7.1: Eine Aufstellung von Werten

Holismus

Die Zement-Firma Blue Circle Cement hatte ein Problem mit seiner Gewinnspanne. Die Transportkosten waren so hoch, dass das Unternehmen entschieden hatte, die Anzahl der Fahrten und damit die Anzahl der Fahrer zu reduzieren. Das Unternehmen hatte schon vorher eine Politik des offenen Dialogs und der vollen Einbeziehung der Mitarbeiter praktiziert, und so wurde also ein Treffen anberaumt, um das Problem zu diskutieren und die Jobkürzungen bekanntzugeben. Ein Fahrer namens Bill meldete sich zu Wort.

„Das Problem sind nicht die Anzahl der Fahrten oder der Fahrer", sagte Bill nachdrücklich, „sondern die Größe der Tanks." Der verwirrte CEO bat Bill, seine Gedanken zu erklären. Bill führte aus, dass die Benzintanks von Blue Circle für lange Strecken von 300 bis 400 Meilen ausgelegt waren, wohingegen die durchschnittliche Strecke pro Transport nur 80 Meilen betrug. „All dies Gewicht könnte genutzt werden, um Zement zu transportieren", sagte er und fügte hinzu: „Und Sie sollten sich auch mal das Gewicht der Metallschläuche anschauen." Als technische Experten diese Beobachtungen prüften, erfuhren sie, dass General Motors LKWs mit kleineren Tanks zu geringeren Kosten ausstatten konnte und die schweren Metallschläuche gegen leichtere aus Plastik ausgetauscht werden könnten. Als diese Veränderungen abgeschlossen waren, stieg die Produktivität in den nächsten sechs Monaten um 500 Prozent, ohne dass Jobs gekürzt werden mussten.

Diese Strategie von Blue Circle war insofern von Beginn an holistisch, als das Unternehmen ein System der Einbeziehung praktizierte, das es einem einfachen Fahrer ermöglichte, seine Meinung zu sagen und damit von den leitenden Managern auch ernst genommen zu werden. Und das Denken des Fahrers war holistisch, weil er das Produktivitätsproblem als ein Problem des *ganzen Systems* erkannt hatte. Er betrachtete die Wechselseitigkeit und die Verbundenheit individueller Faktoren auf die Transportkosten und wendete damit eine neue Sichtweise auf das Problem an.

Holismus in der Wissenschaft ist eine bestimmende Eigenschaft sowohl des Quantums als auch komplexer adaptiver, sich selbst organisierender Systeme. Es ist ein innerer Holismus, in dem die Beziehung der verschiedenen Teile des Systems nicht nur dabei hilft, das System selbst zu definieren, sondern auch den Teilen selbst ihre endgültige Form zu geben. Im physikalischen Holismus z. B. *ist es die Beziehung der Dinge zueinander, die ihre Realität bestimmt.* Wir können ein holistisches System nicht in seine getrennten Teile zerlegen, ohne etwas Essenzielles – sowohl der Teile als auch des Systems, dem sie angehören – zu verlieren, d. h., wir können die einzelnen Faktoren im System nicht voneinander isolieren. Das ist eine der Eigenschaften, die die Wissenschaft des 20. Jahrhunderts so revolutionär machte und sie alte Paradigmen durchbrechen ließ.

Holismus ist auch eine bestimmende Qualität und ein wichtiger Prozess bei der Anwendung des SQ. Er ist die Fähigkeit, das größere Muster und das größere Zusammenspiel der Beziehungen zu sehen, die innerlich wirkenden Verbindungen zwischen den Dingen, die Überschneidungen und gegenseitigen Beeinflussungen. Holismus ist die Möglichkeit, ein Problem aus jedem Blickwinkel zu betrachten und zu erkennen, dass jedes Problem mindestens zwei Seiten hat – und meistens sogar mehr. Darüber hinaus ist er auch die Wahrnehmung, dass den meisten Unterschieden eine tiefere gemeinsame Wirklichkeit zugrunde liegt. Die holistische Natur eines Problems zu sehen, zapft auch das tiefer liegende Potenzial einer Situation an, aus der es entstand. (Die meisten Situationen enthalten ähnliche Möglichkeiten, wie im Beispiel die Verwendung von kleineren Benzintanks und leichteren Schläuchen statt der Entlassung von Arbeitern bei Blue Circle.) Auf der höchsten „spirituellen“ Ebene versetzt uns Holismus in die Lage, das Ewige im Vergänglichen zu sehen, und gibt uns Zugang zu den tieferen Strömungen und Mustern eines Problems oder einer Situation. Er hilft uns, das Meer der Möglichkeiten anzuzapfen.

Holistische Menschen verlassen sich bewusst auf ihre Intuition, die ihrerseits die allererste und vorlogische Wahrnehmung von Mustern, Beziehungen und Zusammenhängen ist. Ein holistischer Denker denkt bewusst nach und hat einen offenen Geist, denn er lebt das Leben auf einer größeren Bühne. Solche Menschen sind sensibel für die inneren Dynamiken von Gruppen und Situationen;

sie übernehmen Verantwortung für ihre Rolle im Ganzen und sind sich des Einflusses dieses Ganzen auf sie und andere immer bewusst. Menschen dieser Haltung und Denkweise sind notwendig, um z. B. die überwältigenden Probleme in Angriff zu nehmen, die sich aus der zerstörerischen Wirkung des menschlichen Handelns auf die Umwelt ergeben, und zu begreifen, dass die Umwelt, die wir schaffen, auf unser eigenes Wohlbefinden zurückwirkt. Und das Gleiche trifft für die Wahrnehmung der komplexen Beziehungen und Muster unserer globalisierten Wirtschaftswelt zu, auf die sozialen, politischen und spirituellen Probleme, die die wirtschaftliche Realität beeinflussen und aus ihr entstehen.

Traditionell wurden Organisationen bisher immer als Maschinen beschrieben oder als Ansammlung von Individuen (im besten Falle als Ansammlung von Teams), die unter bestimmten Regeln, Praktiken und einer „Kultur“ vereinigt sind. Aber das ist unvollständig und bruchstückhaft. Der holistische Aspekt des SQ ermöglicht es diesen Teilen oder Individuen, ein System zu werden, und erlaubt damit unseren Unternehmen buchstäblich, komplexe adaptive, sich selbst organisierende Systeme mit all der damit verbundenen Kreativität zu werden. Dieser Aspekt haucht einem System „von unten“ her Leben ein, aus der tiefen Quelle des Potenzials, die latent im System vorhanden ist.

Meiner Ansicht nach sind Visionen und tiefe Werte sowie das Wissen, etwas wirklich Sinnvolles zu tun, das wirkliche Bindemittel einer Gesellschaft oder eines Unternehmens (oder sogar eines Individuums). Sie sind die bestimmende Kraft, die ein komplexes menschliches System verbindet und motiviert und seine Funktion aufrechterhält. Ein Unternehmen funktioniert dann, wenn es dieser bestimmenden Kräfte und Werte zumindest unbewusst gewahr wird und danach handelt. Wenn das nicht der Fall ist, ist der Zerfall vorbestimmt. Die Fokussierung auf den Gewinn kann auf dieser Ebene nicht integrierend wirken und auch nicht motivieren.

Gegensätze: Das Gegenteil von Holismus ist Atomismus – die Tendenz, Leben, Arbeit und Probleme als eine Ansammlung getrennter Teile zu sehen. Atomistisch zu sein, heißt fragmentiert, zerstückelt zu sein, und bedeutet, Gedanken oder Handlungen isoliert voneinander geschehen zu lassen, ohne Blick oder Sensibilität auf das Ganze oder das größere Bild. Atomistische Menschen verlieren sich im Detail, sie „sehen den Wald vor lauter Bäumen nicht". Solche Menschen sind oft parteiisch und engstirnig, ihr Denken ist auf lokale oder unmittelbare Umstände begrenzt und durch das Unmittelbare getrübt. Die Vorherrschaft kurzfristigen Denkens in Wirtschaft und Politik ist symptomatisch für den Atomismus.

Häufige Verzerrungen: Wie alles kann auch der Holismus zu weit gehen. Im Extremfall riskieren wir, uns im großen Bild zu verlieren und werden dadurch blind für die Bedeutung des Details; dann können wir nicht mehr unterscheiden oder werden unverantwortlich. (Das ist alles zu viel für mich.)

Wird gefördert durch: Suchen Sie nach einem vereinenden oder neu auftauchenden Thema, das sich durch verschiedene Ereignisse zieht. Suchen Sie nach dem umfassenderen Kontext, in dem ein Problem sich gezeigt hat. Folgen Sie der Kette kausaler Verbindungen, die zu diesem Moment oder dieser konkreten Situation geführt haben, und der Kette von Konsequenzen, die wahrscheinlich auf Ihre Gegenreaktion folgt. Nehmen Sie sich ein aktuelles Ereignis oder eine einigermaßen bedeutsame Handlung und verfolgen Sie die Schritte, die dorthin und auch zu den Konsequenzen geführt haben. Wie weit zurück oder nach vorn können Sie die ausstrahlenden Linien der Kausalität verfolgen?

Checkliste Holismus

- Tendieren Sie dazu, nach Beziehungen zwischen scheinbar verschiedenen Dingen zu suchen?
- Suchen Sie nach einem umfassenderen Kontext, in dem Sie Probleme oder Ereignisse sehen können?
- Haben Sie das Gefühl, Ereignisse oder Probleme, die in Ihrem Umfeld auftauchen, seien miteinander verbunden?
- Haben Sie Erfahrungen damit, Dinge voraussehen oder die unausgesprochenen Gedanken eines Menschen lesen zu können, oder können Sie die Energieströme anderer Menschen wahrnehmen?
- Haben Sie manchmal das Gefühl, dass alles von unendlicher Liebe, Klarheit und Gegenwart erfüllt ist?

Mitgefühl

Ein holländischer Investmentbanker, den ich hier „Geert" nennen werde, schrieb mir eines Tages mit einem Anliegen ganz ähnlich dem von Mats Lederhausen von McDonald's. Wie Mats war auch Geert auf dem Höhepunkt seiner Karriere, Leiter der Investment-Abteilung bei einer großen Bank in Holland. Und wie Mats war auch er nicht glücklich. „Ich verbringe meine gesamte Zeit nur damit, für mich und meine Bank Geld zu verdienen", klagte er, als wir uns trafen. „Da draußen gibt es eine Welt voller Krisen und ich habe das Gefühl, ich *muss* einfach etwas tun." Was Geert von mir wollte, war ein wenig moralische Unterstützung für eine Entscheidung, die er schon getroffen hatte. Als junger Mann Mitte dreißig hatte er sich entschlossen, das Investmentbanking aufzugeben, um einen globalen ethischen Investmentfonds zu gründen. Neben dem Plan, das Geld des Fonds in ethische Geschäftsideen zu leiten, beabsichtigte er, 10 Prozent des Profits für die Entwicklung erneuerbarer Energien in der Dritten Welt zu verwenden.

Das Verb zum englischen Wort *compassion* bedeutet im Lateinischen „mit-fühlen". Als Qualität tiefer Empathie bedeutet Mitgefühl nicht einfach nur, die Gefühle anderer zu kennen, sondern ihre Gefühle sogar ebenfalls mit zu fühlen. Es bedeutet, zu wissen, was es heißt, in den Schuhen meines Nächsten zu gehen und vielleicht zu helfen, den Weg meines Nächsten etwas weniger schmerzvoll, etwas weniger bedürftig zu machen – zu seinem Wohl. Deshalb ist *compassion* aktives Mitfühlen und die Bereitschaft – nein, eher der dringende Wunsch –, sich zu engagieren. Mitgefühl erfordert, dass ich das Menschsein meines Nächsten fühle, auch wenn seine Ansichten mir fremd oder das Gegenteil meiner eigenen sind, dass ich „mit-ihm-fühle", selbst wenn ich ihn verletzen oder töten muss, weil er mein „Feind" ist und mich bedroht. Oft ist es uns sogar möglich, durch echtes Mitgefühl das Potenzial für das Gute selbst noch in den Verlorensten zu wecken – und das ist der nährende Aspekt dieser Qualität.

Die psychologische Forschung zeigt uns, dass wir dazu neigen, eher mit Mitgliedern unserer eigenen Familie oder Gruppe zu fühlen oder zu kooperieren als mit den Mitgliedern anderer Gruppen. Das aber reicht nicht, wenn wir uns die globalen Verbindungen anschauen, durch die wir selbst als Fremde voneinander abhängig sind. Ein Teil des Paradigmenwechsel hin zum spirituellen Kapital betrifft deshalb gerade den Paradigmenwechsels in Bezug auf das Anderssein der anderen. Kann ich wirklich irgendjemand anderen als Fremden bezeichnen? Albert Einstein sagte, dass wahres Mitgefühl ein Mitfühlen mit dem ganzen Dasein ist, selbst mit jedem Staubkorn. Und auch die Quantenphysik und die Eigenschaften des universellen Bedeutungsfeldes, an dem wir alle teilhaben, sagen uns, dass wir alle auch Teil des anderen sind, oder zumindest individuelle Ausdrucksformen der gleichen zugrunde liegenden Wirklichkeit. Ich bin der Hüter meines Bruders, weil ich mein Bruder *bin*.

Wahres Mitgefühl verlangt von uns, verletzlich zu sein und diese Verletzlichkeit auch anzunehmen. Das Mitgefühl für einen Mitmenschen wird in der Regel durch dessen Verletzlichkeit hervorgerufen, aber eine gesunde Erkenntnis des „Das hätte auch ich sein können“ verhindert, dass Mit*gefühl* zu bloßem Mit*leid* wird. Es anerkennt, dass wir vor allem in der heutigen Zeit alle eine gemeinsame Verletzlichkeit haben. Eine aufrichtige Bewusstheit dieser Erkenntnis kann zu einem wahrhaften Bedürfnis werden, die Bürde eines anderen mit-zu-fühlen und mit-zu-tragen.

In dem englischen Wort *compassion* ist gleichzeitig auch das Wort *passion*, also Leidenschaft, enthalten. Wenn ich mit etwas oder jemandem mit-fühle, kann mich das mit leidenschaftlicher Intensität erfüllen und sogar richtig aufrühren. Aufrühren dazu, mich zu engagieren und aktiv zu werden. Und deshalb ist *passion* verbunden mit einer unserer höchsten Motivationen, dem *Höheren Dienen*.

Gegensätze: Ein mitfühlender Mensch ist sensibel und reaktiv. Das Fehlen von Mitgefühl dagegen bedeutet Unempfindlichkeit, Grausamkeit, Gleichgültigkeit, Verschlossenheit oder Zynismus. Ein Mensch, dessen Hauptmotive Eigeninteresse und Selbstbehauptung sind, wird kaum Mitgefühl für andere empfinden.

Häufige Verzerrungen: Sentimentalität, Mitleid zeigen (was eine Form der Geringschätzung ist), dominant sein und sich einmischen. Anderen das aufzwingen, was ich als das Beste für sie empfinde. Von meinem eigenen Enthusiasmus davongetragen werden und die Perspektive aus den Augen verlieren.

Wird gefördert durch: Ehrlicher werden gegenüber meiner eigenen Verletzlichkeit und mir der Konsequenzen meiner Handlungen und Gefühle bewusster werden. Darüber nachdenken, wie es sich anfühlen würde, wenn diese auf mich zielen würden? Regelmäßig und frohen Herzens Gutes für andere tun; die Dinge erkennen, für die ich dankbar bin, und mir vorstellen, wie es wäre, wenn mir diese entzogen würden.

Checkliste Mitgefühl

- Fühlen Sie die Gefühle anderer? Ihren Schmerz? Ihre Freude?
- Haben Sie jemals ein universelles Gefühl der Freundlichkeit oder fürsorglichen Liebe empfunden?
- Würden Sie mit der Aussage übereinstimmen: „Ich bin der Hüter meines Bruders, denn mein Bruder bin ich selbst"?
- Haben Sie jemals ein Gefühl von Ehrfurcht und Staunen angesichts der Ganzheit der Existenz empfunden?
- Können Sie dem Schmerz, dem Leiden oder der Wut von Menschen, die vollkommen anderer Meinung und vielleicht sogar eine Bedrohung für Sie sind empathisch begegnen?

Würdigung der Vielfalt

Während einer Vortragsreise durch Finnland bemerkte und kommentierte ich die Homogenität der finnischen Kultur. „Genau sie ist unser größtes Problem", erwiderte ein leitender Manager von Nokia. „Wir sind uns alle zu ähnlich. Wir kommen alle aus den gleichen Schulen, wir sind auf die gleichen wenigen Universitäten gegangen, und wir denken alle in der gleichen Art und Weise. Uns fehlt der Reichtum der Vielfalt." In unseren diversifizierten westlichen Nationen und Wirtschaften mit ihren heute allgemein üblichen „Vielfaltsinitiativen" bedeutet Vielfalt dagegen allzu oft, im Bereich der Arbeiterschaft eine gewisse Anzahl Menschen mit anderem ethnischen Hintergrund und eine Quotenfrau im Vorstand vorzuweisen.

Vollständige Wertschätzung für wirkliche Vielfalt und ihre Vorteile ist jedoch für uns westliche Menschen nicht so leicht. Mehr als

2.000 Jahre lang, seit Moses mit den Gesetzestafeln vom Berg Sinai herabstieg, war unsere Kultur eine Kultur des *einen* Gottes, der *einen* Wahrheit, des *einen* Wegs. Dieses Denken zieht sich durch alle westlichen Religionen, zeigt sich erneut in der newtonschen Wissenschaft (absoluter Raum, absolute Zeit, universelle Naturgesetze) und ist sogar Teil unserer Logik: „Entweder-oder" anstatt „Sowohl-als-auch". Deshalb haben wir Menschen der westlichen Welt eine negative Sicht auf Konflikte und Unterschiede. Konflikte sind für uns etwas, das „gelöst" werden muss, und zwar in der Regel durch den Sieg über jeglichen Gegner. Allerhöchstens *tolerieren* wir Unterschiede und lassen sie koexistieren, obwohl wir anderer Meinung sind und uns mit ihnen nicht wohlfühlen.

Im Gegensatz dazu gedeihen komplexe adaptive Systeme geradezu prächtig in der Vielfalt: Ein Sandkorn in der Auster wird beispielsweise zu einer Perle.

Echte Vielfalt bedeutet, andere Menschen und Meinungen wegen (und nicht trotz) ihrer Unterschiedlichkeit zu lieben oder sie zumindest tief wertzuschätzen. Sie bedeutet, Unterschiede als Möglichkeiten zu sehen. Und das fordert von uns Menschen des Westens, einen Quantensprung zu machen und zu erkennen, dass die Wahrheit vielschichtig ist, wahrscheinlich unendlich, und dass es keinen „einzig richtigen Weg" gibt. (Die Physik Einsteins geht davon aus, dass es ebenso viele gültige Sichtweisen des Raums / der Zeit gibt wie Beobachter; und in der Quantenphysik ist der Grund aller Wirklichkeit ein Feld unendlicher Potenzialität – das Quantenvakuum.) Eine Würdigung der Vielfalt erkennt, dass die beste Annäherung an die Lösung eines Problems oder die Entwicklung einer Strategie darin liegt, so viele Sichtweisen einzubeziehen wie möglich. Voraussetzung dafür ist allerdings die Einsicht, dass unangenehme oder herausfordernde Situationen oft die besten Lehrer sind.

Vollständige Würdigung der Vielfalt bedeutet fast sogar, Gott für die Verschiedenheit des anderen zu danken, weil diese Verschiedenheit meine eigene Wirklichkeit und meine Möglichkeiten bereichert. Das erlaubt es mir, eine Sichtweise (eine Religion, einen Glauben, ein Argument) auch dann als gültig zu respektieren und zu bedenken, wenn sie sich von meiner unterscheidet. Und das wiederum bedeutet für mich, bezüglich der Bedeutung meiner eigenen Meinung bescheiden zu sein. All diese Eigenschaften setzen voraus, dass ich (oder mein Unternehmen) mich in mir so sicher fühle, dass ich alles hinterfragen kann, sogar das, was mir heilig ist. Dazu muss ich ein tiefes Vertrauen dahingehend entwickeln, dass aus einem Konflikt – oder dem sich selbst organisierenden Potenzial einer Situation – die Wahrheit entstehen wird und bereit sein, mein Kontrollbedürfnis aufzugeben.

Wir alle sind als Individuen (und Unternehmen) auch Ausdruck einer wirklich reichen, *inneren* Vielfalt. Wenn ich lerne, die Vielfalt in anderen Menschen wertzuschätzen, kann mir das auch dabei helfen, den vielstimmigen Chor meiner eigenen inneren Stimmen zu akzeptieren. Es schult Intuition und Vorahnungen, öffnet meinen Geist und lässt mich sensibler werden für das Leben und die Möglichkeiten der jeweiligen Situation. Es macht mich flexibler, selbstkritischer, nachdenklicher, lernfähiger und -williger, mich zu entwickeln.

Wir können viel über die Vielfalt lernen, wenn wir untersuchen, welche Rolle sie in natürlichen komplexen adaptiven Systemen spielt. In der Wissenschaft sind homogene Systeme sehr stabil und können sich deshalb nur schwer anpassen. Wenn die in einem Unternehmen praktizierte Kultur zu stark ist, ist der gleiche Mangel die Folge. Im Gegensatz dazu reißen allzu viel Vielfalt oder Konflikt ein System auseinander, und nur Systeme an der Grenze zum Chaos halten Homogenität und Vielfalt in einer ausgeglichenen Balance. Wir können hier die Metapher der „loyalen politischen Opposition" verwenden, um die Notwendigkeit aufzuzeigen, dass andere Meinungen, die aber trotzdem das Gesamtsystem anerkennen und unterstützen, in der Kultur eines Unternehmens dringend notwendig sind.

Gegensätze: Ein Mensch, der die Vielfalt nicht würdigen kann, sieht nur einen gangbaren Weg und sagt jedem: „Mein Weg oder keiner." Dies führt zu einem diktatorischen Führungsstil und engen, ausschließenden Einstellungen. Solche Menschen sind oft engstirnig, sogar arrogant, voreingenommen und isoliert.

Sie sind in der Regel sehr unsicher und können im Extremfall paranoid werden.

Oft auftretende Verzerrungen: Ein zu großes Augenmerk auf Vielfalt kann mich oberflächlich werden lassen, sodass ich nicht dazu in der Lage bin, eine Sichtweise als meine eigene anzunehmen und zu vertreten. Das lässt mich schwanken, ich bin dann nicht fähig, Unterscheidungen zu treffen und habe Angst, einen Standpunkt einzunehmen. Und dies wiederum macht echtes Engagement und Verbindlichkeit schwierig.

Wird gefördert durch: Die Teilnahme an dialogischer Auseinandersetzung mit anderen ist grundlegend wichtig. Der Versuch, die Sichtweise einer anderen Person einzunehmen und wirklich zu leben. Zu sehen, wie es ist, sich in das Denken eines anderen Menschen hineinzuversetzen. Reisen und sich mit anderen Kulturen auseinandersetzen – innerhalb oder außerhalb des eigenen Landes oder eigenen Unternehmens – und ganz darin aufgehen. Ironischerweise die Sichtweisen und Traditionen stärken und sich darin sicherer fühlen. Der in sich gefestigte Mensch, fühlt sich von der Vielfalt weniger bedroht. Die Unternehmenskultur von der *Angst*-Position auf eine höhere Stufe transformieren.

Checkliste Würdigung der Vielfalt

- Können Sie sich leicht mit Menschen verbinden, die anders sind als Sie?
- Versuchen Sie auf einer Party, neue Menschen kennenzulernen, oder sprechen Sie eher mit denen, die Sie schon kennen?
- Denken Sie, dass es mehr als einen Weg gibt, um ein Problem zu lösen oder ein Ziel zu erreichen?
- Können Sie, wenn Sie ein Gespräch mit Menschen führen, die anderer Meinung sind als Sie, auch deren Sichtweise anerkennen?

Feldunabhängigkeit

Einmal während des langen Kampfes um Indiens Unabhängigkeit organisierte Gandhi einen Marsch von der einen Seite Indiens zur anderen. Zehntausende Menschen gingen mit ihm durch Staub und Hitze. Auf halber Strecke hielt er plötzlich an und sagte: „Nein, nein, das ist ein Fehler! Kehrt um." Seine Anhänger waren schockiert und bezweifelten sein Urteil und seine Beständigkeit. Gandhi aber antwortete: „Ich fühle mich nicht zu Beständigkeit verpflichtet. Ich fühle mich dazu verpflichtet, in jedem Moment das zu tun, was ich für richtig halte, auch wenn es bedeutet, zu sagen, dass ich mich geirrt habe."

Feldunabhängigkeit ist ein psychologischer Begriff, der die Fähigkeit bezeichnet, allein gegen die Masse oder, wie im Falle Gandhis, sogar gegen die vorherigen Entschlüsse meines eigenen Verstandes zu stehen. Es bedeutet, eigene, feste Überzeugungen zu haben, nach denen ich lebe, selbst wenn diese mich isolieren oder unbeliebt machen. Es bedeutet weiter, meine eigenen Gedanken zu kennen und fähig zu sein, unabhängig vom Druck einer Gruppe zu meiner eigenen Meinung zu stehen. Auf noch subtilerer Ebene heißt es, die Strömungen in meinem Unternehmen, meiner Kultur, die mein unabhängiges Urteil beeinflussen können, zu durchschauen und gegebenenfalls auch dagegenzustehen. Ich muss aktuelle Gegebenheiten mit Abstand betrachten können und meinen eigenen Weg des Umgangs mit ihnen finden.

Eine noch schwierigere Ebene der Feldunabhängigkeit ist die Fähigkeit, selbst meine eigenen Paradigmen und eingefahrenen Denkmuster mit Abstand zu betrachten und zu sehen, wann ich falschliege oder in Schubladen denke. Und noch tiefer gehend ist die innerliche Unabhängigkeit von Verstrickungen, also den Tendenzen in mir selbst, die mich gefangen halten – Verlangen, Hass, Ressentiments, Eifersucht, das Bedürfnis nach Bestätigung und Beliebtheit, Schmeicheleien und Rechtfertigungen. All dies sind Dinge, die meine Reaktionen und Antworten beeinflussen und mich in die Fallen der unteren Bereiche der Motivationsskala locken.

Und im tiefsten spirituellen Sinn bedeutet feldunabhängig zu sein, hoch auf dem Gipfel eines Berges in kristallklarer Luft zu stehen und eine weite, uneingeschränkte Sicht zu haben. Die Stärke zu haben, einsam zu sein, sich isoliert zu fühlen, genau zu spüren, dass ich der einzige Mensch auf dem Planeten bin, der so denkt wie ich – und trotzdem unbeirrt weiterzugehen. Es heißt, beständig und zentriert zu sein, standhaft, unabhängig denkend, selbstkritisch, hingebungsvoll und verbindlich. Dies sind Eigenschaften, die der Kapitän eines (Wirtschafts-)Schiffes braucht, der übers wilde Meer fährt, oder ein Offizier, der in der Hitze des Gefechts Befehle geben muss. Es sind ebenso die Eigenschaften des Wissenschaftlers oder Künstlers (oder jedes Erfinders), der eine neue Sicht- oder Handlungsweise entdeckt. Feldunabhängige Menschen können starrköpfig erscheinen oder zutiefst subversiv, aber ohne sie würden sich Ideen und Kulturen niemals weiterentwickeln. Die Herde muss immer von jemandem geführt werden, der abseits von ihr steht.

Gegensätze: Das Gegenteil feldunabhängiger Menschen sind konventionelle oder leicht beeinflussbare Menschen. Sie brauchen unbedingt die Unterstützung der Gruppe, der Tradition und der Konvention. Ein Mensch, der von der Zustimmung und der positiven Meinung anderer oder von den Umständen abhängig ist, kann nicht feldunabhängig sein. Und ebenso ist jeder, der seinen eigenen Versuchungen und Motivationen gegenüber blind ist (also wenig Selbst-Bewusstheit hat), nicht selbstkritisch oder wirklich diszipliniert.

Häufige Verzerrungen: Der Philosoph Nietzsche sagte: „Überzeugungen sind gefährlichere Feinde für die Wahrheit als Lügen." Männer und Frauen mit unverrückbaren Überzeugungen sind einfach nur starrköpfig. Sie können fanatisch sein, unempfänglich für Kritik, festgefahren, unzugänglich für andere Sichtweisen oder für die Vielfalt. Im schlimmsten Fall glauben sie so sehr an sich selbst, dass sie unfähig zur Selbstkritik werden.

Wird gefördert durch: ... die tägliche Praxis der Meditation oder Reflexion, die die Selbst-Bewusstheit kultiviert. Reflexion über die eigenen tiefsten Werte und was es bedeutet, ihnen gemäß zu leben.

Rückblickend am Ende des Tages zu fragen: Habe ich mich verstellt, um Schmeicheleien und Zustimmung zu bekommen? War ich zu zögerlich bei der Durchsetzung meines eigenen Standpunkts? Habe ich die Kritik anderer einfach weggewischt und war ich wachsam gegenüber meinen eignen Motiven?

Checkliste Feldunabhängigkeit

- Sind Sie bereit, für Ihre Überzeugungen einzustehen, selbst wenn alle um Sie herum anderer Meinung sind?
- Sind Sie bereit, für eine gute Sache unbeliebt zu sein?
- Kleiden Sie sich beispielsweise besonders, um sich selbst oder anderen zu gefallen?
- Fühlen Sie sich in Ihrer eigenen Gesellschaft wohl?
- Denken Sie nach und hören Sie auf andere, bevor Sie eigene Entscheidungen treffen?

Tendenz zu Warum-Fragen

Vor einigen Jahren ereignete sich in einem japanischen Kernkraftwerk ein sehr schwerer Unfall. Es war zu wenig Kühlmittel im System und dadurch erhitzten sich die Kontrollstäbe. Der Reaktor erreichte die kritische Grenze und explodierte. In den Untersuchungen, die dem Unfall folgten, entdeckte man, dass Ingenieure eine „Abkürzung" im Kühlsystem eingebaut hatten, um die Effektivität des Reaktors zu erhöhen. Weil sie aber die grundlegenden Prinzipien eines nuklearen Reaktors nicht verstanden hatten, verursachten sie den Unfall. Die Ingenieure vergaßen einfach zu fragen: „Warum?"

Bei Kindern ist es die natürliche Neugier, die sie pausenlos fragen lässt: „Warum?" Leider werden aber in unseren Schulen und Unternehmen solche Fragen nicht unterstützt, sondern als lästig, ablenkend und illoyal empfunden. Kinder gehen in die Schule, um zu lernen; Mitarbeiter (und sogar Manager) werden beschäftigt, damit ihnen gesagt werden kann, was sie tun sollen. Das Ergebnis davon ist, dass auf diese Weise nicht nur das Kind in uns entmutigt wird (unsere Leidenschaft, Frische und Spontaneität), sondern auch die *Kreativität* der kindlichen Fragen, die alle großen Erfindungen und Durchbrüche Erwachsener begleitet haben. Isaac Newton ist z. B. berühmt dafür, dass er sich als kleinen Jungen beschrieben hat, der am Strand steht und voller Ehrfurcht den großen Ozean der unentdeckten Wahrheiten betrachtet, der vor ihm liegt. Und als Einstein einmal nach dem Geheimnis seiner großen Intelligenz befragt wurde, antwortete er: „Als ich ein kleiner Junge in der Schule war, bekam ich immer Schwierigkeiten, weil ich zu viele Fragen stellte. Und erst heute, wo ich ein berühmter Wissenschaftler bin, ist es mir erlaubt, alle Fragen zu stellen, die ich will, sogar ‚dumme' Fragen."

Eine lebendige Neugier und die Tendenz, fundamentale Warum-Fragen zu stellen sind für den wissenschaftlichen Geist unerlässlich. In der Quantenphysik begründete Heisenbergs Unschärferelation sogar faktisch, dass das Stellen von Fragen (oder das Experimentieren) Wirklichkeit erschafft. Fragen ziehen Möglichkeiten aus dem unendlichen Meer der Potenzialität (dem Quantenvakuum) und verwandeln sie in Realität und Fakten. In unserer Unternehmenskultur dagegen, die von einer Atmosphäre der Angst regelrecht durchdrungen ist, gibt es wenig Toleranz für Fragen. Die Folge davon ist die Unterdrückung der höheren Motivationen des Forscherdrangs und der Kreativität.

Das Bedürfnis aber, nach dem Warum zu fragen, entstammt unserer tieferen Motivation, die Dinge zu verstehen und ihnen auf den Grund zu gehen (*Forscherdrang*). Dies wird von der Tendenz begleitet, nichts und niemals etwas als gegeben hinzunehmen und die Gründe, Grundlagen und inneren Zusammenhänge aller Gegebenheiten immer weiter zu untersuchen und danach zu fragen, ob sie nicht vielleicht noch besser oder anders sein könnten. Warum-Fragen tragen uns auch über das Gegebene der gegenwärtigen Situation hinaus und bestärken uns darin, die Zukunft zu erforschen.

Warum stellen wir z. B. gerade dieses Produkt her und nicht jenes? Warum benutzen wir gerade dieses Transportsystem, diesen Rohstoff und nicht etwas anderes? Solche Fragen sind unabdingbar für Innovation und Wachstum. Und sie ermöglichen es uns auch, die Unsicherheit auszuhalten, weil wir dann nicht so viel Angst haben, weiterzugehen.

Die Kritiker dagegen haben durchaus Recht, das Beharren auf Warum-Fragen zu fürchten: Fragen sind subversiv und gefährlich, hinterfragen sie doch den Status quo. Sie enttarnen selbstgefällige Ideen und Vorurteile und bringen das Boot zum Schwanken. Und dieses Boot, das schwankt, kann schließlich mein eigenes sein! Deshalb ist der Preis guter Fragen die Bereitschaft, auch meine eigenen Ideen, Werte und Methoden – und die der anderen – zu hinterfragen. Dies erfordert natürlich Demut (die die *Selbstbehauptung* reduziert). Und es erfordert den gleichen Quantensprung bezüglich der unendlichen Natur der Wahrheit, den auch die Würdigung der Vielfalt verlangt. Ich muss erkennen, dass die Wahrheit unendlich ist, bevor ich eine Haltung kultivieren kann, die hinter jeder „Antwort" nach etwas noch Tieferem sucht und eine Vorliebe für gute Fragen statt für gute Antworten entwickelt. Dadurch können Sie ein Spieler im Spiel der Unendlichkeit werden, der *mit* anstatt innerhalb der Grenzen spielt. (Können Sie sich z. B. einen CEO vorstellen, der zu jungen Managern sagt: „Ich möchte, dass Sie morgen mit zehn guten Fragen hier wieder reinkommen, mit zehn Dingen, die Sie nicht verstehen."?)

Gegensätze: Menschen, die keine grundlegenden Fragen stellen, mangelt es entweder an Neugier oder sie sind ängstlich. Der Mangel an Fragen wiederum hat einen Mangel an tiefem Engagement zur Folge, Passivität und vielleicht eine leichtgläubige Naivität. Die Abneigung, Fragen zu stellen, kann auch aus Konformität oder zu wenig Initiativkraft resultieren.

Häufige Verzerrungen: Wie alles Gute kann auch die ständig fragende Haltung zu weit gehen. Sie kann eine Neigung erkennen lassen, andere zu entblößen oder als „schlau" zu gelten. Allzu viele Fragen können Menschen auch unschlüssig und unsicher machen, zu ängstlich zum Handeln, weil sie zu viele Möglichkeiten sehen. (*Hamlet*: „Der angebornen Farbe der Entschließung/Wird des Gedankens Blässe angekränkelt ...)

Wird gefördert durch: Eigene Fragen und die Fragen anderer ermutigen, offen sein für Herausforderungen und immer nach „der Wahrheit hinter der Wahrheit", der umfassenderen oder größeren Möglichkeit hinter jeder Antwort oder Erklärung suchen. Die Fragen anderer belohnen und sie darin bestärken, diesen Fragen nachzugehen. Auf überraschende oder außergewöhnliche Ereignisse oder Tatsachen achten – sie sind der Schlüssel für die Eröffnung neuer Perspektiven. (Wissenschaftliche Revolutionen kommen immer aus vorhandenen Anomalien, die die vorherige Wissenschaft nicht erklären konnte.)

Checkliste Warum-Fragen

- Versuchen Sie, den Sinn hinter Regeln, Umgangsformen und Ereignissen zu verstehen?
- Sind Sie mit oberflächlichen Erklärungen unzufrieden?
- Möchten Sie das Denken hinter den Äußerungen anderer Menschen erkennen, um zu verstehen „woher sie (die Äußerungen) kommen"?
- Reflektieren Sie manchmal über Trends in der Kultur oder im Verhalten und fragen sich, warum sie sind, wie sie sind?
- Möchten Sie immer darüber auf dem Laufenden sein, was in der Welt geschieht?

Kontextualisierung

Das Werk *The Art of the Long View* von Peter Schwartz und die Arbeit an der Planung von Zukunftsszenarien bei Royal Dutch Shell, die in diesem Buch beschrieben wird, haben das strategische Denken transformiert. Die Essenz dieser Transformation ist die Fähigkeit, die Vergangenheit zu überdenken und sich die Zukunft vorzustellen – und nicht nur eine, sondern in der Tat sogar viele mögliche – und zu sehen, was sie für die jeweils gegenwärtigen Entscheidungen bedeuten könnten. Dies beides – die Vergangenheit zu überdenken und sich die Zukunft vorzustellen – sind Handlungen der Kontextualisierung, bei der wir eine Situation oder ein Problem in einen anderen (größeren, weiteren) Rahmen oder Kontext stellen und sie aus einer größeren oder anderen Perspektive betrachten.

Kontextualisierung setzt voraus, dass wir einen gewissen Abstand zu einer Situation, einem Vorschlag, einer Strategie oder einem Problem einnehmen und nach dem größeren Bild und dem umfassenderen Kontext dafür suchen. Manchmal ist dieser ein räumlicher, indem wir rein geografisch eine weitere Perspektive oder auch eine größere Anzahl von Menschen und Situationen betrachten, die von einer anstehenden Entscheidung betroffen sind. Manchmal ist es aber auch ein zeitlicher, wenn wir erkennen, wie anders eine Strategie sich entwickelt, wenn wir sie über einen längeren Zeitraum anwenden. Manche Problemlösungen sehen z.B. über kürzere Zeit betrachtet brillant aus, aus einer längerfristigen Perspektive jedoch erscheinen sie ziemlich dumm. So hat Vandana Shiva beispielsweise gezeigt, dass die Regelung der Weltbank, Industrieabfälle in den Ländern der Dritten Welt zu entsorgen, solch eine dumme Lösung ist. Über längere Zeit gesehen ist die Verschmutzung der Erdatmosphäre überall die gleiche und wird irgendwann uns alle betreffen, egal, wo auf der Erde wir die Abfälle lagern. Ein weiteres Beispiel ist Präsident Bushs Ablehnung des Kyoto-Protokolls. Zu erklären, dass die Rettung der globalen Umwelt „nicht in Amerikas Interesse“ liegt, ist ein

Zeichen dafür, in welch engem Zeitrahmen er diese Interessen betrachtet hat.[38]

Das vielleicht größte Hindernis allerdings, um Probleme (und Möglichkeiten) in einem neuen Kontext zu betrachten, ist wahrscheinlich unser eigener Verstand und die Tatsache, dass die meisten von uns innerhalb eines bestimmten Ideensystems in immergleichen Schubladen denken. Dessen müssen wir uns zunächst bewusst werden, uns danach diese Ideen anschauen, um dann die Wände der Schublade wegzusprengen. Dafür müssen wir wahrscheinlich auch unsere Komfortzone verlassen. Peter Schwartz beschreibt das beim Prozess bei Shell so: „Wir haben eine Disziplin entwickelt, die es uns ermöglicht, unsere Denkweisen zu untersuchen, sodass wir unsere Vorurteile und Annahmen vorbringen können. ... Was uns aber geholfen hat, unsere Aufmerksamkeit auf wirklich nützliche Themen zu richten, war der Fokus auf Situationen, die uns Unbehagen bereitet oder die wir wirklich nicht verstanden haben."

Menschen (und Unternehmen), die neue Kontexte annehmen können, sind visionärer und fähiger als andere, sich eine potenzielle Zukunft vorzustellen (und sie vielleicht auch zu erschaffen). Somit sind sie offen für Möglichkeiten. Sie sind kreativ (sehen das, was noch niemand sah) und haben eine weite Perspektive. Notwendigerweise sind sie selbstkritisch und wagen in der Regel leichter das Abenteuer. Weil sie aber über ihr eigenes Paradigma und das anderer hinausschauen können, werden ihre Einsichten von denen, die sich im Gegebenen oder mit engerem Blickwinkel wohler fühlen, oft als bedrohlich oder „verrückt" empfunden; aber das war in der Wissenschaft, den Künsten und auch in der Wirtschaft schon immer der Fall.

Psychologen haben herausgefunden, dass sie voraussagen können, welche Jugendlichen und Erwachsenen besser im Kontextualisieren von Situationen sind, indem sie deren Verhalten als Kleinkinder untersucht haben. In einem Experiment gab man Vier-

38 Sein Nachfolger Barack Obama hingegen sprach sich nach ersten Widerständen im November 2009, wenige Wochen vor dem Klimagipfel in Kopenhagen, dafür aus, dass die USA eine Schlüsselrolle in den Klimaverhandlungen übernehmen müssten, damit der Gipfel sich nicht in politischen Absichtserklärungen erschöpfe, sondern unmittelbare Auswirkungen zeige. (Anm. d. Hrsg.)

jährigen zwei Marshmallows mit der Ankündigung, dass sie zwei weitere bekommen würden, wenn sie jetzt nur *einen* der Marshmallows essen. Als sie später im Alter von 14 Jahren wieder getestet wurden, zeigten die Kinder, die als Vierjährige ihre Befriedigung aufschieben konnten, weiterentwickelte und ausgereiftere kognitive Fähigkeiten, zu denen u.a. auch die Fähigkeit gehörte, zu kontextualisieren.[39] Ein in allen Bereichen starker Charakter enthält daher viele dieser Eigenschaften der spirituellen Intelligenz.

Auf der spirituellen Ebene kann das Kontextualisieren als Fähigkeit gesehen werden, etwas Neues in der Welt oder in sich selbst zu etablieren. In diesem Sinne kann das Kontextualisieren der eigenen angestammten Ideen und Denkmuster wie das Durchlaufen eines Initiationsprozesses sein.

Gegensätze: Menschen oder Unternehmen, die Probleme oder Möglichkeiten nicht kontextualisieren können, kämpfen immer gegen Buschfeuer, d.h., in ihrer engen Perspektive gefangen, verlieren sie sich im Hier und Jetzt. Sie sind zu fokussiert oder engstirnig und leiden unter „Paradigmenlähmung".

Häufige Verzerrungen: Zu viele Überschriften und nicht genug Substanz. Vor lauter „Vision" ungeduldig mit Details und unfähig, mit praktischen Dingen umzugehen. Sich verlieren in Möglichkeiten. Manchmal ein rebellisches Bedürfnis, bestehende Ideen herauszufordern und zu sprengen, selbst wenn sie im Moment angemessen sind.

Wird gefördert durch: das Bilden eines Systems konzeptioneller Modelle, die ein Problem oder eine Frage kontextualisieren und das Vergrößern jedes Modells um noch eine Perspektive umfassender als das vorhergehende. Ideen werden der Kritik ausgesetzt, indem sie anderen Sichtweisen gegenübergestellt werden. Das Abhalten von Brainstorming-Sitzungen mit unkonventionellen Menschen. Regelmäßige Teilnahme an Dialoggruppen. Das „Unmögliche" denken und schauen, wie es sich anfühlt.

---

39 Y. Shoda, M. Mischel, P. K. Peake, „Predicting Adolescent Cognitive and Self-Regulatory Competencies from Pre-School Delay of Gratification"

Das Finden der gegenwärtigen Position auf der Motivationsskala und die Überlegung, wo ich (oder mein Unternehmen) demnächst sein möchte – all dies kann den Prozess des Kontextualisierens in Gang bringen.

Checkliste Kontextualisierung

- Sind Sie gut darin, Fragen aus mehreren Winkeln zu betrachten?
- Verlassen Sie auf der Suche nach neuen Erfahrungen bereitwillig Ihre Komfortzone?
- Werfen Sie Ihr „Netz weit aus", um Informationen über Ihr aktuelles Problem zu erhalten? Das heißt, verlassen Sie Ihre Schublade?
- Hinterfragen Sie die Unveränderlichkeit der Dinge?
- Sind Sie gut darin, das große Bild zu sehen?

Positiver Umgang mit Misserfolgen/Krisen

Charles Handy hat einmal einen „Alchimisten" als jemanden beschrieben, der Dinge geschehen lassen kann und der etwas aus dem Nichts erschafft. Solche Menschen sind in der Wirtschaft, der Kunst und der Wissenschaft die entscheidenden Innovatoren. Ein häufiges Merkmal von Alchimisten ist ihre verbissene Hartnäckigkeit, ihre Fähigkeit, bei einem Projekt oder einer Idee zu bleiben und sie zu durchschauen, egal wie schwer es auch ist und wie viele Rückschläge sie dafür auch in Kauf nehmen müssen. „Alchimisten haben die außergewöhnliche Fähigkeit", sagt Handy, „Katastrophen in neues Leben zu verwandeln."[40]

Einer dieser Alchimisten im Sinne Handys ist Richard Branson von Virgin, ein Mann, der für einen seiner frühen geschäftlichen Fehler sogar eine kurze Gefängnisstrafe absitzen musste. Branson

40 Charles Handy, *The Alchemists*

sagt: „Meine Geschäfte entwickeln sich aus meinen Erfahrungen, und in der Regel aus meinen schlechten Erfahrungen. Ich sehe etwas, das schlecht läuft und weiß, dass wir es besser können – wie zum Beispiel die Fluggesellschaft.“ Wie alle englischen Schüler ist auch Branson sicher mit Rudyard Kiplings Lehrgedicht „Wenn“ aufgewachsen: „Wenn du Triumph und Niederlage ohn’ Unterschied begegnest,/beide Betrüger gleich willkommen heißt/... dann bist du ein Mann, mein Sohn.“

Der positive Umgang mit Krisen und Fehlern ist eine sehr wichtige Eigenschaft der spirituellen Intelligenz, denn sie ermöglicht es uns, aus unseren Fehlern zu lernen und sie zu nutzen. Durch sie lernen wir unsere Grenzen kennen, nicht nur, um innerhalb von ihnen zu leben, sondern oft auch, um sie zu überschreiten. Wir lernen und wachsen durch Leiden und Fehlschläge und gewinnen durch unsere Niederlagen. „Ich stehe wieder auf, klopfe den Staub ab und beginne von Neuem.“ Diese Weisheit steht allerdings gegen den landläufigen Trend einer Unternehmenskultur, die uns keine zweite Chance lässt: „Hier ist Ihr Budget“, sagen die leitenden Manager. „Es ist knapp bemessen, also machen Sie keine Fehler.“ Und in der Tat kenne ich kein Unternehmen, das den kreativsten Fehler der Woche auszeichnet, sondern es gilt eher: *Was danebengeht, das zahlst du selbst*. Das ist einer der wichtigsten Gründe dafür, warum die Unternehmenskultur von einer Atmosphäre der Angst durchdrungen ist.

Der positive Umgang mit Fehlschlägen erfordert große Charakterstärke, ist aber auch das Einzige, was den Charakter wirklich stärkt. „Was mich nicht umbringt, macht mich stärker“, sagte Friedrich Nietzsche. Fehlschläge zu nutzen, setzt meinen Mut voraus, die eigenen Schwächen, Irrtümer und Fehler der Vergangenheit anzuschauen und anzunehmen, aus ihnen zu lernen und mich über sie hinauszuentwickeln. Auch muss ich mutig genug sein, mich dem Schmerz zu stellen, der die Scham begleitet, um dadurch die Kraft zur Regeneration zu haben, die über die Ursachen dieser Scham hinaus meine Weiterentwicklung fördert. Wie der amerikanische Soziologe Richard Sennett zeigt, erfordert dies im Gegenzug, dass ich ein tragendes und bleibendes Selbstbewusstsein habe, ein

Selbst-Bewusstsein, dass über die kurzfristigen Arbeitserfahrungen, flexiblen Institutionen und die ständigen Risiken, die eine Unternehmenskultur ausmachen, hinausweist.[41] Dieses Selbstbewusstsein wiederum entsteht nur, wenn ich gemäß meinen tiefsten Werte lebe. Sennett nennt das die „Treue zu sich selbst".

Auf einer noch subtileren Ebene setzt der positive Umgang mit Fehlschlägen das Erkennen der tragischen Wahrheit voraus, dass de facto niemals alle Probleme gelöst und auch niemals alle Unterschiede ausgeglichen werden können – und trotzdem brauchen wir die Fähigkeit, auch angesichts dessen weiterzumachen. (Und um letztlich, wie Shakespeare es beschreibt, die tiefe Trauer auszuhalten, die im Zentrum des Kreativen liegt.) Diese Erkenntnis beinhaltet eine tiefe Weisheit und Reife, das Gefühl, mit dem Leben im Frieden zu sein oder zumindest versucht zu haben, das Beste daraus zu machen. Uns im Angesicht der Tragödie oder der Niederlage in die Lüfte zu erheben gibt uns ein grundlegendes Vertrauen ins Leben und dadurch eine größere Fähigkeit, mit Unsicherheit zu leben.

Gegensätze: Diejenigen, die mit Krisen nicht positiv umgehen können, fallen in der Regel in Selbstmitleid oder in eine Opferhaltung zurück oder geben anderen die Schuld. Die im Wirtschaftsleben allzu beliebte Suche nach Sündenböcken, die man beschuldigt oder denen gekündigt werden kann, ist symptomatisch dafür. Die Unfähigkeit, mit Fehlern oder Leiden umzugehen, führt zu Verzweiflung und einem Gefühl der Niederlage. Dies kann zu weiterer Destruktivität, einer bleibenden Verteidigungshaltung oder Zynismus anstatt zur Heilung führen – und auch dazu, den gleichen Fehler wieder und wieder zu machen.

Häufige Verzerrungen: Wenn es übertrieben wird, kann Durchhaltevermögen zu versteinertem Gleichmut, dem Verlust der Verletzlichkeit und damit dem Verlust von Offenheit führen. Mut zur Verletzlichkeit ist notwendig für Wachstum und Kreativität. Wenn ich denke, dass mir das Schicksal nichts anhaben kann, ist

41 Richard Sennett, *The Corrosion of Character*

Leichtsinn eine mögliche Folge: Dann lebe ich in dem Glauben, dass ich alles überwinden und mich nichts wirklich berühren kann.

Wird gefördert durch: Sennetts Empfehlung ist hier die beste. Um tiefe Regenerationskraft zu entwickeln, müssen wir ein starkes Selbstbewusstsein kultivieren, eine tiefe Bewusstheit für unsere grundlegenden Werte und das Empfinden eines inneren Zentrums oder Kompasses. Dies wiederum wird durch tägliche Meditation und Reflexion gefördert. Mit diesem inneren Ort, der das Flüchtige, das Vergängliche, überdauert, in Berührung zu kommen; mit Archimedes „den Hebel finden, von dem aus wir die Welt bewegen können".

Checkliste Positiver Umgang mit Misserfolgen/Krisen

- Lernen Sie aus Fehlern der Vergangenheit und wachsen Sie über sie hinaus?
- Wenn Sie Fehlschläge erleiden, finden Sie einen Weg, um trotzdem weiterzumachen?
- Überwinden Sie Perioden dunkler Stimmung oder Depression angemessen schnell?
- Führt Sie der Verlust von Sicherheiten zu einem tieferen Glauben oder einer tieferen Vision?
- Finden Sie Gründe, um trotz des Bösen und des Chaos in der Welt an Ihren Idealen festzuhalten?

Demut

Die Direktorin der Ausbildungsabteilung für Führungskräfte an einer großen internationalen Management-Schule kritisierte meine Liste der zwölf Prozesse des SQ, weil ich darin *Demut* mit aufgenommen habe. „Geschäftsleute sind heutzutage nicht besonders interessiert daran, demütig zu sein", erklärte sie. Und doch wird Demut im *Harvard Business Review* als eine der wichtigsten Eigenschaften eines „Level-5-Leader" beschrieben – „derjenige, der ein gutes Unternehmen in ein großartiges verwandeln kann ..., der Unternehmen von Mittelmäßigkeit zu nachhaltiger Exzellenz führen kann".[42] Die andere essenzielle Eigenschaft eines Level-5-Leader ist absolute Entschlossenheit.

Ein Gefühl für Demut oder Bescheidenheit hebt unsere Motivationen und Reaktionen in die positive Zone der Skala. Es durchbricht die Isolation und Geschäftigkeit unseres Egos und unserer scheinbaren Wichtigkeit und eröffnet uns erst die Möglichkeit, von anderen Menschen und von unseren Erfahrungen zu lernen. Menschen, die sich für Gottes Geschenk an die Welt halten, die glauben, schon alles zu wissen, haben kaum eine Veranlassung, zuzuhören oder zu lernen.

Eine angemessene Demut vermittelt mir, dass ich nur ein Mitspieler in einem großen Schauspiel bin und lässt mich die guten Eigenschaften und Erfolge anderer besser wertschätzen. Es macht mir bewusst, wie sehr meine eigenen Erfolge auf denjenigen vor mir und auf den Geschenken und den Glücksfällen beruhen, die das Leben mir zuteilwerden lässt. Das wiederum macht mich sensibler für die *Bedürfnisse* von anderen und macht mich so zu einer Führungskraft, die den Raum schafft, in dem andere ihre besten Qualitäten entfalten. Es lässt mich Fragen stellen und Rat suchen und gibt mir die Fähigkeit, zuzugeben, dass ich Unrecht und andere Recht haben könnten. So wird gesunde Selbstkritik gefördert und deutlich gemacht, wo meine Grenzen liegen. Und es schützt mich auch davor, mich selbst allzu ernst zu nehmen.

---

42 James C. Collins, „Level 5 Leadership"

Auf einer mehr spirituellen Ebene verbindet uns Demut mit dem Empfinden, dass unsere wahre Bedeutung von etwas jenseits und etwas Tieferem kommt, als unser Ego uns ständig einflüstert. Über ein rein weltliches Gefühl hinaus, in der natürlichen und sozialen Welt „meinen Platz gefunden zu haben", hilft Demut meiner Selbst-Bewusstheit, sich weiterzuentwickeln, sodass ich mich immer mehr als Teil der Menschheit, des Universums, als ein Kind Gottes oder einen Impuls im großen, gemeinsamen Energiefeld sehe. Sie stellt mein Leben in einen größeren Kontext und macht mir seinen tieferen Sinn deutlich. Dadurch wird Demut zum Gefährten der Dankbarkeit, einer tieferen Selbst-Bewusstheit und des Wunsches, zu dienen. Wirklich große Visionäre wie Abraham Lincoln, Mahatma Gandhi und Nelson Mandela zeichnen sich alle durch eine tiefe persönliche Demut aus, die mit ihrer großen politischen Vision und unerschütterlicher Entschlossenheit verbunden ist.

Gegensätze: Die Abwesenheit von Demut führt natürlich zu einem Übermaß an Stolz und aggressiver Arroganz. Sie bewirkt einen dominanten oder sogar selbstherrlichen Führungsstil, der andere und ihre Motivation entmutigt und herabsetzt. Solch eine Selbstliebe oder Selbstüberhöhung kann zu tiefer Einsamkeit führen und ist auch ein wesentlicher Faktor des Fanatismus. Fanatiker glauben fälschlicherweise, einen besonderen Zugang zur Wahrheit zu haben. Dies kann sowohl in der Wirtschaft als auch in Politik und Religion zu Dogma, „Scheuklappen-Visionen" und zu sonstigen Katastrophen führen. Ein Mangel an Demut kann auch ein gutes strategisches Denken verhindern. Arrogante Manager sind weniger offen für Informationen, die nicht ihre eigene Sichtweise oder Strategie unterstützen.

Häufige Verzerrungen: Wie alles Gute zuvor, kann auch hier übertrieben oder verzerrt werden. Die Unterwürfigkeit von Uriah Heep aus Charles Dickens' Roman *David Copperfield* lässt uns erschauern, aber auch weniger extrem kann verzerrte Demut zu Selbstzweifeln, geringem Selbstwertgefühl, Unentschlossenheit oder sogar Schuldgefühlen führen. Das führt dann dazu, dass wir nachgeben, wenn wir es nicht tun sollten. Gesunde

Demut wird immer begleitet von einer gesunden Selbstachtung und ebensolchem Selbstwertgefühl.

Wird gefördert durch: Reflexion darüber, wie viel ich anderen Menschen oder den Umständen meines Lebens verdanke. Wer oder was hat mir geholfen, *ich* zu werden? Tag für Tag, Situation für Situation, nachdenken darüber, was andere dazu beigetragen haben. Von wem oder durch was habe ich heute etwas gelernt? Wann gab es Momente, wo ich Anerkennung oder Schmeicheleien zu brauchen schien? Warum? Welche Bedenken oder schlechten Gefühle hatte ich in Bezug auf mich selbst, damit ich andere brauchte, um mein Ego zu stärken? Welche Stärken kann ich in mir selbst finden, die mich unverletzlicher und vom Urteil anderer unabhängiger machen?

Checkliste Demut

- Freuen Sie sich darüber, zu erkennen, dass Sie nur ein Spieler in einem großen Spiel sind?
- Können Sie einen Fehler leicht und offen zugeben?
- Glauben Sie, dass Ihre Bedeutung aus etwas Größerem als Ihnen selbst kommt und dass Sie Ihre Talente einer tieferen bzw. höheren Quelle verdanken?
- Bleiben Sie offen für die Vorschläge und Beiträge anderer, auch wenn sie überraschend kommen?
- Akzeptieren Sie, dass Sie Begrenzungen haben und dass Sie nicht alles tun können oder tun sollten?

Berufung

Eine englische Modedesignerin sagte mir einmal, dass es ihrer Meinung nach drei Gründe dafür gäbe, ein Geschäft aufzumachen. Der erste Grund, so sagte sie, sei eine lohnenswerte Marktnische. „Sie sehen, dass etwas gewünscht oder gebraucht wird, und entschließen sich, es anzubieten." Der zweite Grund ist eine persönliche Möglichkeit – ein Geschäft von der Familie zu erben oder eine besondere Fähigkeit oder ein Talent zu haben, etwas Bestimmtes, z. B. im Bereich Modedesign oder Soundsysteme, anbieten zu können. „Der dritte Grund allerdings kommt aus einer anderen Quelle", erklärte sie. „Der dritte Grund, um ein Geschäft zu beginnen, ist das Gefühl, es einfach tun zu *müssen* – es *muss einfach sein.*" Dieser dritte Grund ist visionärer als die anderen, er ist das gefühlte Bedürfnis, etwas in die Welt zu bringen.

Das Gefühl, einer Berufung zu folgen, ist das aktive, begleitende Element jeder Vision. Es ist der Wunsch und der Wille, diese Vision zu verwirklichen. Berufen zu sein, bezog sich ursprünglich auf den Ruf, die heiligen Sakramente zu nehmen, also „von Gott gerufen" zu sein. Als eine Eigenschaft des SQ meine ich es als jeden Ruf zu einem höheren Dienst, als Gefühl, dazu berufen zu sein, etwas Gutes oder Schönes in dieser Welt zum Ausdruck zu bringen. Es kann der Ruf sein, einem bestimmten Lebensweg zu folgen, ein Gefühl der tiefen persönlichen (transpersonalen!) Bestimmung, ein Bedürfnis, aus und nach unseren tiefsten Idealen und Werten zu leben. Traditionell wurden seit jeher die Pädagogik und Medizin als Berufungen verstanden; die Rechtsprechung in ihrer ideellen Form ist ein weiteres Beispiel. Das Ideal, das durch das Paradigma des spirituellen Kapitals entsteht, hat ebenso die Vision, dass es auch eine Berufung sein sollte, eine Führungsperson in der Wirtschaft zu sein.

Das Gefühl der Berufung ist viel tiefer, als nur eine Hoffnung oder ein Ziel auszudrücken. So ist z. B. in der Aussage, „Wenn ich dreißig bin, möchte ich Millionär sein", nichts von einer Berufung zu spüren. Vielmehr kommt das Gefühl der Berufung aus dem Impuls, ein nützliches Leben zu führen und durch mein Leben etwas zu verbessern. Das Gefühl der Berufung entsteht oft dadurch, dass wir einer Inspiration folgen, und braucht keinesfalls etwas so Großes zu sein wie die Rettung der Welt. Ein Mensch kann dazu berufen sein, ein ehrlicher Führer, ein aktiver Bürger, ein guter Vater oder eine gute Mutter zu werden. Die wichtige Qualität dabei ist, dass *„es sein muss"*.

Ein Gefühl der Berufung kommt in der Regel aus tiefer Dankbarkeit, dem Gefühl, dass mir sehr viel gegeben wurde und ich nun etwas zurückgeben will. Dieses Etwas, dass ich zurückgeben will, hat allerdings nicht zum Ziel, die, denen ich es gebe, zu manipulieren, sondern es ist ein Geschenk. Es ist sogar mehr als Dankbarkeit und entspringt einem Gefühl der Ehrfurcht oder Verehrung – Verehrung für eine Eigenschaft, ein Vorbild oder das Geschenk des Lebens. Der Zisterzienserorden hat folgende Grundregel: *Laborare est orare*, „Arbeiten ist Beten". Die Verehrung für das Werk Gottes veranlasst seine Mitglieder dazu, in der Welt draußen zu arbeiten.

Menschen, die sich berufen fühlen, sind in der Regel tiefsinnig und gut geerdet. Sie sind mit ihrem Leben im Frieden und haben ein tiefes Gefühl der Zugehörigkeit. Ihre oft vorhandene Strahlkraft oder Vitalität inspiriert auch andere. Sie sind überaus großzügig, nicht nur mit ihrer Arbeit, sondern auch mit sich selbst – mit ihrer Zeit und ihrem tiefen Engagement.

Gegensätze: Ich werde mich kaum berufen fühlen, wenn ich die Geschenke des Lebens und die anderer Menschen als gegeben hinnehme, denn dann habe ich kein Motiv und keinen Wunsch, etwas zurückzugeben, sondern möchte einfach ungestört leben. Dann kümmere ich mich nur um meine eigenen Angelegenheiten, kämpfe vielleicht sogar gegen das Leben oder werde bitter. Ich kann mich ferner auch nicht berufen fühlen, wenn ich an *Anomie* leide, dem Gefühl, dass ich in meinem Leben keine bedeutende Rolle spiele.

Häufige Verzerrungen: Wenn es übertrieben oder zu ernst genommen wird, kann ein Gefühl der Berufung Angst hervorrufen. Auch fühle ich mich vielleicht schuldig, nicht genug zu tun. Ich werde vielleicht fanatisch oder verliere mein Urteilsvermögen, weil ich meine Begrenzungen aus den Augen verliere.

Wird gefördert durch: Nachdenken darüber, wie viel ich habe (und wie wenig andere) und wie mein Leben ohne die grundlegenden Dinge aussehen würde (Gesundheit, Sonnenschein, Liebe und alles andere). Eine Übung daraus machen, anderen Menschen oder der Quelle aller inneren und äußeren Geschenke (Gott?) zu danken. Etwas, das mir gegeben wurde, weiterverschenken: Hilfe, einen neuen Beginn im Leben, eine Möglichkeit, ein Darlehen, sogar ein Lächeln. Darüber nachdenken, was mich wirklich bewegt und motiviert, und herausfinden, wie ich dadurch etwas in der Welt verbessern kann.

Checkliste Berufung

- Verspüren Sie den Wunsch, dass Ihr Leben etwas in der Welt zum Besseren verändert?
- Glauben Sie, dass, wenn Ihnen jemand einen Gefallen tut, Sie dieses Geschenk an den nächsten Menschen weitergeben sollten?
- Fühlen Sie sich dazu aufgerufen, all die guten Dinge, die Ihnen im Leben gegeben wurden, zurückzugeben?
- Haben Sie ein Gefühl der Verantwortung für andere, die Gemeinschaft oder die Welt, das über Ihre offiziellen Pflichten und Verantwortlichkeiten hinausgeht?
- Haben Sie das Gefühl, dass das Leben eine Richtung hat, der Sie folgen sollten?

Ein psychometrisches Instrument?

Es ist immer interessant, herauszufinden, ob so etwas wie spirituelle Intelligenz messbar ist. Und während die objektiven Punktzahlen, die für die IQ-Messung verwendet werden, gleichermaßen ungenügend und unangemessen erscheinen, könnte es möglich sein, die zwölf kennzeichnenden Eigenschaften des SQ als hilfreiches Messinstrument zu benutzen. Ian Marshall und ich haben deshalb einen solchen Fragebogen entworfen und haben ihn in drei Gruppen von Managern verwendet, die einen unserer Workshops besucht haben.

Der Fragebogen bestand aus 84 Fragen, sieben für jede der zwölf Eigenschaften. Die meisten dieser Fragen waren identisch mit denjenigen, die in den Checklisten jeder der soeben beschriebenen Eigenschaften enthalten sind, wurden jedoch etwas verschlüsselt, um das Herausfinden der richtigen Antworten schwerer zu machen. Die Fragebögen wurden von insgesamt 71 Personen ausgefüllt und dann einer statistischen Analyse unterzogen. Dieses kleine Experiment führte zu drei besonders interessanten Schlussfolgerungen:

- Die durchschnittlichen Punktzahlen der drei Gruppen von Managern waren sehr ähnlich und auffällig höher als die Punktzahlen einer Gruppe Verwaltungsangestellter, die nach dem Zufallsprinzip ausgewählt wurde. Das deutet darauf hin, dass dieser Pilottest wirklich ein nützliches Messinstrument sein könnte.
- Die Punktzahlen jeder der zwölf Eigenschaften wiesen mittelstarke Korrelationen miteinander auf. Die zwölf Untertests der Eigenschaften des SQ maßen nicht genau denselben Sachverhalt, aber auch nicht einen völlig anderen. Man versteht es am besten, wenn man sagt, dass zwölf Aspekte einer einzigen Eigenschaft gemessen wurden, die wir als SQ beschrieben haben. Mehr als die Hälfte (52 Prozent) der totalen Abweichung in den zwölf Eigenschaften war in einer Zahl enthalten: der Gesamtpunktzahl für den ganzen Test.

- Die Punktzahl bei der SQ-Messung war unabhängig vom Geschlecht, d. h., wir fanden keine bedeutenden Unterschiede zwischen den Punktzahlen von Männern und Frauen. Die SQ-Punktzahlen standen auch nicht mit den Persönlichkeitstypen von Myers-Briggs in Verbindung, was darauf hindeutet, dass der SQ ein unabhängiger Faktor ist.
- Dies waren zwar nur vorläufige Ergebnisse, aber sie deuten darauf hin, dass weitere Forschung unter Verwendung der zwölf Eigenschaften des SQ als Messkriterium zu positiven Resultaten führen kann.

8

Die Wirkungsweise der Transformation

Als Kind war ich eine gescheite und aufgeweckte Einser-Schülerin, aber mit dreizehn wurde ich apathisch und kam mir verloren vor. Ich hatte an nichts Interesse, war übergewichtig, hatte Flecken im Gesicht und bekam nur noch schlechte Noten. Die Schule schien eine Zeitverschwendung zu sein und das Leben nur eine Abfolge von dumpfen, grauen, sinnlosen Tagen. Ich dachte sogar an Selbstmord. Es war die erste große Krise meines Lebens. Meine Eltern waren nicht hilfreich. Schon vorher hatte ich den Glauben in meine Familie verloren, denn alles, was sie konnten, war nur, sich zu streiten. Auch die Religion konnte mir nicht helfen. Ich hatte meinen christlichen Glauben mit elf Jahren verloren und war sicher, nie wieder solche Leidenschaft empfinden zu können.

Zwei Ereignisse waren es dann, die mich aus meiner Krise holten. Das erste war ein elektrisierender Vortrag meines High-School-Lehrers über Atom- und Nuklearphysik. Der Lehrer brachte bunte Modelle mit, darunter auch das Modell eines Atomreaktors mit beweglichen Teilen. Er erklärte uns, wie Atombomben hergestellt werden. Vor diesem Vortrag fand ich Naturwissenschaft sehr langweilig. Aber jetzt eröffnete sich mir darin eine ganz neue Welt voller Geheimnisse, Staunen und Macht; eine winzige Mikrowelt mit ihren ganz eigenen Quantengesetzen und -beziehungen , die sich unserer Vorstellung letztlich doch entziehen. Ich rannte buchstäblich nach Hause und ließ mich zu einer Buchhandlung bringen.

Das andere Ereignis geschah zwei Wochen nach meiner Entdeckung des Atoms. Es war der Start der russischen Sputnik-Rakete, die die ersten Satelliten an Bord hatte, der erfolgreich die Erde umkreiste, und das ließ eine Woge der Angst durch die amerikanische Psyche gehen. Wir waren im „Weltraum-Wettrennen“ (space race) ins Hintertreffen geraten, die Russen machten einen Sprung vorwärts in der Wissenschaft und würden ihre Überlegenheit schließlich dazu benutzen, uns zu erobern. Mit dieser blitzartigen Erkenntnis veränderten sich mein Leben und die Motive, die es bestimmten, radikal. Amerika brauchte Wissenschaftler, ich hatte gerade die Atomphysik für mich entdeckt und ich würde Atomwissenschaftlerin werden, um meinem Land zu dienen. Diese regelrechte Umkehr-Transformation wurde seither zum zentralen roten Faden meines Lebens. Sie führte mich zum leidenschaftlichen Interesse für Quantenphysik, zu einer Universitätskarriere in Physik und Philosophie am MIT (Massachusetts Institute of Technology) und schließlich zu meinen Büchern über die Bedeutung der Vision der Quantenphysik für die Psychologie, das Management und die Spiritualität. Das ursprüngliche Motiv, Amerika zu dienen, hat sich in das größere Motiv transformiert, der Menschheit oder der Zukunft zu dienen, aber das zentrale Anliegen ist immer noch das gleiche. Mein „Ich“, wie ich es heute kenne, wurde jedenfalls in diesem Zeitraum von zwei Wochen zwischen den beiden Ereignissen geboren, die mich mit dreizehn aus meiner Gleichgültigkeit und Angst herausholten.

Ich erzähle hier meine persönliche Geschichte, weil sie eindringlich zeigt, wie jemand, der in niederen Motivationen feststeckt (-4, *Angst*, und -6, *Gleichgültigkeit*), eine plötzliche Transformation zu höherer Motivation erfährt (+4, *Meisterschaft* – in der Wissenschaft und ihrer Philosophie – und +6, *Höheres Dienen*). Die Transformation in diesem persönlichen Beispiel wurde durch zwei transformative Prinzipien der spirituellen Intelligenz möglich, die in meinem Leben und meinen ursprünglichen Motiven zur Wirkung kamen. Es war, als erfüllten sie mein Leben plötzlich mit neuer Energie. Es waren die Prinzipien des *Positiven Umgangs mit Krisen* (meine patriotische Angst verwandelte sich zur Meisterschaft in der Physik) und der *Berufung* (meine Gleichgültigkeit verwandelte sich in den aufrichtigen Wunsch, meinem Land zu dienen). Dieses persönliche Beispiel einer Transformation durch den SQ ist Teil eines größeren Systems oder Musters, das in Abbildung 8.1 dargestellt ist.

Diese Grafik, in der zwölf der sechzehn Motive, die das menschliche Verhalten bestimmen, den zwölf Wandlungsprozessen, die dem SQ seine aktiven Eigenschaften geben, gegenübergestellt werden, zeigt die besondere Dynamik, die den Verlauf meines eigenen Lebens veränderte. Die Grafik gibt auch Hinweise darauf, wie andere solcher Wandlungen in Individuen oder in ganzen Kulturen geschehen können. Sie ist das zentrale Bild dieses Buches und fasst zusammen, wie das Buch verwendet werden kann, um das menschliche Verhalten zu verändern; ferner summiert sie auch die verschiedenen Merkmale und Aufgaben der Motive und SQ-Prozesse und zeigt, wie die Dynamik zwischen ihnen zu einer langfristigen Transformation der Kultur und des Verhaltens führen kann.

Wie schon weiter oben beschrieben, sind Motive Attraktoren im gemeinsamen Feld des Bewusstseins oder der Bedeutung. Es sind Energiezustände, für die wir uns nicht bewusst entscheiden. Zwischen ihnen wird Energie ausgetauscht – und diese Energie erreicht ein Gleichgewicht, das sich auf die verschiedenen Zustände verteilt. Im Gegensatz dazu erfordern die Eigenschaften des SQ jedoch bewusste Handlungen und bewussten Willen. Auch können wir uns frei für sie entscheiden. Sie haben die Kraft, die verschiedenen Motivationszustände mit neuer Energie zu füllen und menschliche Energien in höhere energetische Motivationszustände (neue Attraktoren) umzuverteilen. Um ein konkretes Bild dieser Vorgänge zu bekommen, erinnern Sie sich an das schon erwähnte Beispiel der Stahlkugeln und Bahnen eines Flipperautomaten, das hier in Abbildung 8.2 dargestellt ist. Die Bahnen im Flipper sind die

Motiv	Stufe	SQ-Prozess
Erleuchtung	+ 8	Gnade
Weltseele	+ 7	Gnade
Höheres Dienen	+ 6	Mitgefühl
Schöpferkraft	+ 5	Warum-Fragen
Meisterschaft	+ 4	Kontextualisierung
Innere Kraft	+ 3	Feldunabhängigkeit
Verbundenheit und Kooperation	+ 2	Selbst-Bewusstheit
Forscherdrang	+ 1	Spontanität
	0	
Selbstbehauptung	- 1	Demut
Wut	- 2	Holismus
Verlangen	- 3	von Werten und Visionen geleitet
Angst	- 4	Positiver Umgang mit Fehlschlägen und Krisen
Verzweiflung	- 5	Würdigung der Vielfalt
Gleichgültigkeit	- 6	Berufung
Schuld und Scham	- 7	Gnade
Entpersonalisierung	- 8	Gnade

Abbildung 8.1: Wie SQ-Prozesse sich auf Motive auswirken

Motivationsattraktoren, Energiezustände, in denen wir (die Stahlkugeln) entlanglaufen. Die Transformationsprozesse des SQ treten genau dann in das stabile System des Automaten ein, wenn wir den Hebel zurückziehen und eine neue Kugel (neue Energie) ins System schießen. Und diese neue Energie können die im Spiel befindlichen Kugeln aus ihren bisherigen in neue, höherwertige Bahnen lenken.

In meinem persönlichen Beispiel war es also das Gefühl, berufen zu sein (SQ-Prozess), das meine grundlegende Motivation von -6, *Gleichgültigkeit*, in +6, *Höheres Dienen*, verwandelte. Andere und diesen Wandlungen ähnliche sind aus der Grafik leicht abzuleiten. So kann z.B. der SQ-Prozess *Demut* ein Motiv von -1, *Selbstbehauptung*, in +1, *Forscherdrang*, wandeln und das Gefühl des *Holismus* (das Erkennen tieferer Muster und aller Verbindungen) das Motiv eines Menschen von -2, *Wut*, in +2, *Kooperation*. Die Grafik ermöglicht darüber hinaus auch noch weitere Einsichten in die umfassende Dynamik möglicher Transformation, aber zuerst ist es notwendig, dass wir noch genauer die Voraussetzungen verstehen, die Transformation überhaupt möglich machen.

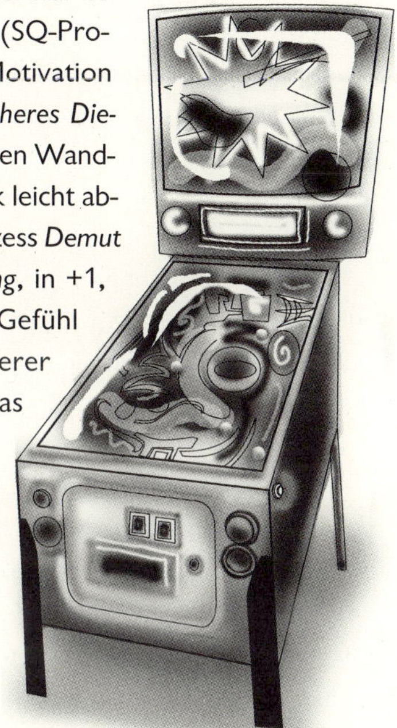

Abb. 8.2:
Der Flipperautomat des Lebens

Die Rolle der Krise

Fossilienfunde haben gezeigt, dass die ersten 99 Prozent der Lebenszeit einer ausgelöschten Spezies stabil verliefen. Das letzte Prozent der Lebenszeit aber, in dem sie wahrscheinlich mit einer Umweltveränderung konfrontiert war, war eine instabile Periode. Plötzlich produziert die Spezies Mutationen in alle Richtungen, von denen einige die Veränderung der Umwelt wahrscheinlich als neue Art überlebten. Bei Menschen und Unternehmen wiederum passiert genau das Gleiche. Die meiste Zeit verbringen wir in einem Zustand der Stabilität und Gewohnheit und handeln so, wie wir es immer schon getan haben. Und egal, welche *Motive* uns auch immer antreiben, auch sie sind in 99 Prozent der Zeit stabil. Die Welt könnte nicht wirklich funktionieren, wenn dem nicht so wäre. Kreativität ist zwar auf jeden Fall erstrebenswert, hat aber einen hohen Preis. Um einen kreativen Gedanken zu denken, brauchen wir pro Zeiteinheit genauso viel Energie, als würden wir Rugby spielen. Und auch einen SQ-Transformationsprozess anzuwenden, um Motive zu verändern, bedeutet, dem System neue Energie zuzuführen. Diese Energie muss natürlich aus irgendeiner Quelle kommen.

Um die Eigenschaften oder die Position eines stabilen Systems zu verändern, ist enorm viel Energie notwendig, aber während des einen Prozents der Zeit, in dem sich das System evolutionär entwickelt, liegen die Dinge anders. Wenn ein stabiles System mit einer Krise konfrontiert wird, kann es sich an die Grenze zum Chaos bewegen (d.h. radikal instabil werden). An dieser Stelle sind die Elemente des Systems aber nicht so festgefahren. Es ist, als wären die Bahnen auf dem Flipper, in denen sich die Stahlkugeln bewegen, plötzlich flacher geworden. Wenn jetzt neue Energie (eine neue Kugel) ins System geschossen wird, fliegen die schon vorhandenen Kugeln viel leichter in verschiedenen Richtungen aus ihren Bahnen. Die Kugeln suchen nach neuen Attraktoren (neuen Bahnen), in die sie rollen können. Und genau das geschieht auch, wenn sich ein Mensch oder ein Unternehmen in einer Krise befinden – es braucht weniger Energie, die grundlegenden Motivationen zu verändern, die das bisherige Verhalten bestimmt haben. Deshalb ist die Anwendung des SQ bei einem System in der Krise auch viel eher effektiv als der Versuch, eine stabile Situation verändern zu wollen.

Hier sind nun einige Beispiele, wie Krisen Menschen dazu veranlassen können, ihr Verhalten zu verändern. Ein Mann, der seiner Frau durch seine schlechte Laune das Leben unerträglich macht, wird sich wahrscheinlich erst ändern, wenn seine Frau ihn verlässt. Ein Alkoholiker wird kaum mit dem Trinken aufhören, bevor nicht sein gesamtes Leben von einer Krise erschüttert wird – dass er z. B. seine Frau oder Arbeit verliert und er erfährt, dass seine Leber nur noch kurze Zeit durchhält. Menschen verändern ihr Verhalten oft erst dann, wenn sie es müssen. Und die Transformation des Verhaltens setzt zuvor die Transformation der darunter liegenden Motive voraus, d. h., das ganze Paradigma muss verändert werden. Und die Energie, um Paradigmen zu verändern, sammeln wir erst dann, wenn unsere alten Paradigmen nicht mehr funktionieren.

Eine Stahlfabrik im Norden Englands, für die ich als Beraterin arbeitete, stand aufgrund einer Krise kurz vor der Schließung und der Entlassung der 12.000 Mitarbeiter. Wie sich diese Krise und mit ihr die Paradigmen, die sich verändern mussten, entwickelte, ist ein gutes Beispiel des SQ-Transformationsprozesses bei der Wandlung von Motiven.

Diese Fabrik hatte eine lange Geschichte der Auseinandersetzungen zwischen Mitarbeitern und Management hinter sich. Und gemäß dem englischen Klassensystem gehörten die Mitarbeiter und die Gewerkschaftsführer der Arbeiterklasse an und die Manager der Mittelschicht. Schon das allein war immer eine Grundlage für Streit und Misstrauen gewesen, und nun kam noch hinzu, dass die Fabrik nicht rentabel war.

Konkurrenz aus Osteuropa hatte die Profite verringert und in der Tat arbeitete die Fabrik momentan mit Verlusten. Trotz alledem kamen für die Gewerkschafter Lohnkürzungen oder Veränderungen in den Arbeitsabläufen nicht in Frage. Beide Seiten der Beteiligten gaben sich gegenseitig die Schuld und die direkte Kommunikation zwischen ihnen war zum Stillstand gekommen. Und um dies alles noch auf die Spitze zu treiben, hatte der Mutterkonzern einen neuen weiblichen CEO aus den USA eingestellt, die die Situation retten sollte. Neben den Teedamen und der üblichen Sekretärin war sie die einzige Frau in der Fabrik. Englische Arbeiter lassen sich nun aber nicht gerade gern von einer Frau sagen, was sie tun sollen, noch dazu, wenn sie aus Amerika kommt.

Wenn wir uns jetzt die möglichen Motivationen auf der Grafik ansehen, können wir leicht erkennen, dass sowohl das Management als auch die Arbeiter der Stahlfabrik im negativen Bereich der

Skala feststeckten. Beide Seiten beharrten auf dem, was sie als ihr Recht empfanden (-1, *Selbstbehauptung*), und auf beiden Seiten war unglaublich viel *Wut* (-2) vorhanden. Die Manager wollten mehr Macht und höhere Profite, die Gewerkschaften bessere Arbeitsbedingungen und höhere Löhne (-3, *Verlangen*). Zudem wollten beide Seiten Sicherheit. Des Weiteren hatten beide Seiten große *Angst* (-4), dass die Fabrik geschlossen werden könnte. Für einige der Arbeiter, die seit ihrem 16. Lebensjahr keine andere Arbeit kannten, führte die Angst vor der Schließung sogar zu *Verzweiflung*, -5. Als schließlich die Berater hinzugezogen wurden, steckte die Fabrik in einer wirklich tiefen Krise.

Nach der üblichen Analyse erkannte unsere Beraterfirma den Mangel an Kommunikation, Misstrauen und engstirniges Denken als die wichtigsten Feinde der Zusammenarbeit in dieser Fabrik. Ohne Kooperation hatte die Fabrik jedoch keine Zukunft und die 12.000 Mitarbeiter würden arbeitslos werden. Nachdem wir mit den betroffenen Gruppen getrennt gesprochen hatten, entschieden wir uns, als erste Strategie eine Dialoggruppe zu leiten. Es sollte ein Dialog sein, wie er von dem Physiker David Bohm vorgeschlagen und von Bill Isaacs Dialoggruppe am MIT weiterentwickelt worden war. Repräsentative Vertreter der verschiedenen Gruppen der Fabrik – von den Arbeitern an den Hochöfen und den Vorarbeitern bis zu den Bereichsleitern und dem CEO – wurden gebeten, regelmäßig an dieser Dialoggruppe teilzunehmen. Dabei wurden alle gebeten, direkt, ehrlich und ohne Angst zu sprechen und persönliche Angriffe zu vermeiden, und es wurde ihnen versichert, dass ihnen keine ungewollten Konsequenzen aus dem Verhalten in der Gruppe entstehen würden.

In dieser Dialoggruppe kamen nun Männer über die Grenzen ihrer Arbeitsposition oder ihres Status hinweg miteinander ins Gespräch. Sie sprachen über Themen, die vorher nie offen besprochen worden waren, und sie sprachen auch über die Gefühle, die dadurch ausgelöst wurden. Es zeigte sich, dass *jeder* Angst hatte und niemand wollte, das die Fabrik geschlossen wird. Diese Gespräche, in denen widerstreitende Fraktionen erstmals den Standpunkt der anderen sehen konnten (*Holismus*) wandelte die Motivation der

Gruppe schon allein von -2, *Wut*, in +2, *Kooperation*, und durch die dabei erforderliche *Demut* verwandelte sich -1, *Selbstbehauptung*, noch einmal in den nützlicheren und positiveren *Forscherdrang*, +1. Aber die größte Transformation war erst durch die Eigenschaften möglich, die den weiblichen CEO motivierten.

Anstatt Konfrontationen zu vermeiden oder vorzugeben, alle Antworten bereits zu kennen, sprach diese zierliche blonde Amerikanerin ehrlich aus, was sie dachte. Sie sagte zuallererst, dass es nicht leicht wäre, die einzige Frau in der Fabrik und die einzige Amerikanerin in dieser Gegend Englands zu sein, und dass dies auch für sie die Situation erschwerte. Aber am Berührendsten und Bewegendsten war, dass sie als CEO zugab, ebenso viel Angst zu haben wie alle anderen, denn sie konnte sich ja nicht völlig sicher sein, dass die Pläne zur Sanierung der Fabrik auch Erfolg haben würden (*Demut*). Alles, was sie gemeinsam tun könnten, wäre, das Beste aus einer sehr verfahrenen Situation zu machen (*Positiver Umgang mit Krisen*). Wahrscheinlich müssten sie zunächst gemeinsam darüber nachdenken, wie die Fabrik in Zukunft arbeiten sollte (*Kontextualisierung*). Und obwohl sie ebenfalls ihre Unsicherheit über die Zukunft zum Ausdruck brachte, sprach sie als CEO doch mit Autorität und Überzeugungskraft (+4, *Meisterschaft*).

In diesem besonderen Fall brachte die Dynamik der Dialoggruppe fast die gesamten zwölf Transformationsprozesse des SQ ins Spiel. Das war zum einen Teil deshalb möglich, weil die Dialogleiter das Gespräch so begleiteten, dass diese Prozesse in den einzelnen Teilnehmern selbst angestoßen wurden, und zum anderen Teil auch deshalb, weil gute Dialoge einfach per se diese Wirkung haben. Die Transformation der Motive, die die Kultur der Fabrik bestimmten, geschah darüber hinaus auch durch die hohe Motivation (der *Meisterschaft)* des neuen CEO. Wenn ein Unternehmen von jemandem geleitet wird, der bereits mindestens auf der Ebene *Meisterschaft* ist, wird die ganze Kultur des Unternehmens auf eine höhere Ebene gehoben. Für die Stahlfabrik z. B. hat das hervorragend funktioniert. Innerhalb von sechs Monaten waren die Probleme des Mangels an Kommunikation, des Misstrauens und engstirnigen Denkens gelöst, und alle Mitarbeiter der Fabrik boten ihre Kräfte auf, dass das Programm zur Sanierung Erfolg hatte. Das Gefühl des Zusammenhalts in der Fabrik stieg um das Zehnfache – und über die Grenzen von Klassen-, Status- und Geschlechtsunterschieden hinweg. Innerhalb eines Jahres war die Fabrik wieder profitabel.

Die Krise in diesem Unternehmen führte zum Teil deshalb zu so einer positiven Veränderung, weil sich die Fabrik zuvor bereits in einer Krise befunden hatte. Die langjährigen, tiefen und zur Gewohnheit gewordenen negativen Motivationen, die die Kultur bestimmten, hatten schließlich zu einem kritischen Höhepunkt geführt (die bevorstehende Schließung der Fabrik), und die festgefahrene Stabilität sorgte für die Stagnation der Situation. Erst als sie ausweglos geworden schien, riefen die Mitarbeiter der Fabrik nach Hilfe. Das Unternehmen war zu diesem Zeitpunkt in einem Zustand radikaler Instabilität und befand sich an der Grenze zum Chaos. Nun hatte es das Potenzial eines komplexen adaptiven Systems. Die Transformation, wenn sie gut geleitet wurde, war möglich.

Weitere Dynamiken der Transformation

In Abbildung 8.1 sind die individuellen SQ-Prozesse den individuellen Motiven angeschlossen. Das kann zu einer sehr voreingenommenen, fast newtonschen Interpretation dessen führen, wie der SQ die Motivationen beeinflusst. Wahr ist auf jeden Fall, dass solche 1:1-Transformationen oft passieren, und wenn dem so ist, sind zwei Arten der Motivationsänderung möglich. Durch den Einfluss des *Holismus* z. B. kann ein Mensch oder eine Gruppe, die von *Wut* (-2) motiviert ist, einen „Quantensprung" zur gegensätzlichen positiven Eigenschaft +2, *Kooperation*, machen. Die Stahlarbeiter in der Fabrik haben beispielsweise solch eine Bewegung vollzogen. Aber der Einfluss des *Holismus* kann ebenso auch nur zu der kleineren Wandlung von -2, *Wut*, in -1, *Selbstbehauptung*, führen.

Dieser 1:1-Einfluss ist aber nur eine Möglichkeit der Motivationstransformation durch den SQ-Prozess. Diese Art der Wandlung ist, wenn man so will, der „partikuläre" Aspekt der transformativen Energie des SQ. Sie verhält sich eher wie eine Billardkugel, die auf eine andere prallt und ihr so Energie zuführt. Aber SQ-Energie hat auch einen ähnlich „wellenartigen Aspekt“ wie die Kräuselwellen auf einem Teich (dem Bedeutungsfeld). Bei dieser eher wellenartigen Beeinflussung können mehrere oder alle SQ-Prozesse ihre Wirkung auf eine einzelne Motivation oder einen Motivationskomplex entfalten. In diesem Fall scheint der Einzelne oder die Gruppe dem gesamten Phänomen des SQ gegenüber von vornherein aufgeschlossen. Und wenn das geschieht, dann zeigt sich die holistische Natur der SQ-Prozesse, die Tatsache nämlich, dass jeder Prozess eher wie ein Fraktal ist, das alle anderen Prozesse beinhaltet. Die Dialoggruppe in der Stahlfabrik brachte z. B. die miteinander verbundenen SQ-Prozesse *Demut*, *Positiven Umgang mit Krisen*, *Spontaneität*, *Selbst-Bewusstheit* und *Kontextualisierung* in den Prozess ein. Und es war diese Gestalt oder dieses Muster der zugeführten Energie, die oder das die Motivationsebene der Gruppe anhob.

Nun gibt es sicher Dutzende Möglichkeiten, die Transformationsprinzipien des SQ so anzuwenden, dass die erwünschten Wandlungen der Motivationen – individuelle wie kulturelle – auch erreicht werden. Das ist ein neues Forschungsgebiet der Psychologie und Motivationstheorie, in dem es noch viel zu entdecken gibt. Jedoch ist es aufschlussreich, die zwei klassischen Möglichkeiten der Veränderung der Motivation durch den SQ noch einmal im Detail zu betrachten – die 1:1-Transformation, die partikuläre und die allgemeinere, wellenartige Transformation. Die hervorstechenden Merkmale jeder dieser Transformationsarten wiederum sehen wir im Gegensatz zur Dynamik von Dialoggruppen in der Einzelberatung oder der Arbeit mit einem Mentor.

Die Einzelberatung

Dieses Fallbeispiel ist ein gekürzter Bericht über eine Beratungssitzung aus der Praxis von Ian Marshall. Alle wiedergegebenen Gespräche fanden in einer nur 40-minütigen Sitzung statt. Es war die erste Sitzung des Klienten mit Marshall. Sie wurde aufgenommen und wird mit der Einwilligung des Klienten veröffentlicht.

Der Klient war ein hochintelligenter Witwer Mitte fünfzig. Er war jüdischer, mitteleuropäischer Abstammung, arbeitete in einem

Büro und verbrachte seine Freizeit mit dem Schreiben von literarischen Texten. Als er in Marshalls Praxis erschien, war er schon fast demonstrativ schlampig gekleidet, trug einen langen, ausgebeulten Mantel und hatte ungekämmtes Haar. Zum Gespräch hatte er mehrere Pakete in braunen Papiertaschen mitgebracht, die er während des Gesprächs ständig zu seinen Füßen neu ordnete.

Dieser Mann kam zur Beratung, weil er den Eindruck hatte, sein Leben wäre von dem Gefühl bestimmt, dass alle gegen ihn wären. Und weil er sich darüber so sehr ärgerte, hatte er das Gefühl, damit den anderen Menschen die Kontrolle über sein Leben zu überlassen. Marshall hatte ihm in der Woche zuvor Cattells Persönlichkeits-Faktoren-Test („16PF“) gegeben und wusste daher, dass der Klient sehr hohe Werte in den Punkten Intelligenz, Besorgnis, Neigung zu Schuldgefühlen und Frustration erreicht hatte. Marshall sah ihn auf der Motivationsskala bei -2, *Wut*.

Er begann dann, indem er den Klienten fragte, wie seine Woche gewesen wäre und ob irgendetwas geschehen wäre, dass ihm besonders das Gefühl gab, andere wären gegen ihn. Diese Frage ließ Marshall nun Ohrenzeuge einer Reihe von Ereignissen und Nöten werden, die den Klienten erbost hatten – sein Chef; Menschen, die ihn in der Vergangenheit ungerecht behandelt hatten; seine Mutter; seine Vermieter. Seine Stimme war voller Wut und er erklärte, dass nichts ihm ein besseres Gefühl verschaffen würde als Rache. „Ich denke oft darüber nach, wie ich mich rächen könnte.“ Der Berater bat ihn daraufhin, er sollte eine bestimmte Situation oder Person auswählen, die ihn in dieser Woche am meisten geärgert hatte.

„Meine Vermieter“, sagte er schließlich. „Sie fangen ständig Streit mit mir an, betrügen mich und in dieser Woche hörten sie mir nicht einmal zu.“ Er berichtete von mehreren angeblichen Fälschungen am Strom- und Gaszähler, eine Unstimmigkeit bezüglich der Miete und beklagte sich ausführlich darüber, dass er „als Mensch“ übersehen würde. „Ich existiere für sie gar nicht.“

An diesem Punkt versuchte der Berater, einige Faktoren tiefer zu verstehen, die der Wut seines Klienten zugrunde lagen, indem er ihm ein größeres Bild der Situation zeigte (*Holismus*). Der Klient konzentrierte sich darauf, dass er sich durch das Verhalten der

Vermieter klein und wertlos vorkommt („Sie hören mir nicht zu, sie vertrauen mir nicht") und seine Stimme veränderte sich dabei von krächzender Feindseligkeit und leichtem Jammern hin zu einem aggressiveren Tonfall. Unter dem Einfluss des *Holismus*, wandelte er sich von -2, *Wut*, in -1, *Selbstbehauptung*. Dann verbrachte er einige Minuten damit, Marshall (und indirekt auch seine Vermieter) von seinem Selbstwert zu überzeugen: „Ich bin ein Mensch mit Rechten wie jeder andere. Ich bin der Herr in meinem Haus. Es ist mir egal, was sie denken."

Als Nächstes versuchte der Berater, seinen Klienten mit *Demut* herauszufordern. Könnte er als Mensch die Größe haben, sich über diese enge Sichtweise zu erheben? Könnte er einen größeren Kontext für seine täglichen Streitereien mit seinen Vermietern erkennen? Schnell erkannte der Klient, dass er sich zu sehr über kleine Dinge aufregt und begann zu untersuchen, warum das so war. Das zeigte eine Transformation von -1, *Selbstbehauptung*, zu +1, *Forscherdrang*. Das Gespräch setzte sich für einige Minuten in dieser Weise fort, dann fragte ihn der Berater, wie er sich in Bezug auf seine Vermieter jetzt fühlte. Spürte er irgendeine neue Reaktion auf sie (*Spontaneität*)? Der Klient versank in ein langes Schweigen, als würde er inneren Bildern folgen. Schließlich sagte er mit leiser, fast sanfter Stimme: „Armer Kerl. Der Mann der Familie. Er ist behindert und an einen Rollstuhl gefesselt. Kein Wunder, dass er den ganzen Tag herumsitzt und sich über Kleinigkeiten den Kopf zerbricht. Ich sollte eher Mitleid für *ihn* empfinden." An diesem Punkt, hatte sich der Klient ein weiteres Mal gewandelt, und zwar diesmal von +1, *Forscherdrang*, in +2, *Kooperation*, einem Gefühl von Empathie und Mitgefühl für seinen Vermieter. Er erklärte, dass er nicht mehr wütend auf ihn wäre und sich allgemein besser fühlen würde.

Für eine Sitzung war das eine dramatische Serie von Wandlungen und musste durch weitere Sitzungen über andere verärgernde Themen bestärkt und stabilisiert werden. Aber nach 18 Monaten der Beratung war der Klient entspannter und zuversichtlicher, hatte sein Aussehen verändert und heiratete sogar bald danach wieder.

Die Dialoggruppe

Der Dialogprozess ist die effektivste Methode, die ich kenne, um tiefe Motivationstransformationen und die daraus resultierenden Veränderungen im Verhalten einer Gruppe oder Unternehmenskultur zu erreichen. Die Dialogrunde selbst wird zu einem Gefäß für das gemeinsame Bedeutungsfeld, das die Gruppe hat, und unterzieht die individuellen und kollektiven Motivationen und Einstellungen der Mitglieder den zwölf Transformationsprozessen des SQ. In diesem Fall fungieren die SQ-Prozesse mehr als ein breites, wellenartiges, verbundenes Ganzes, das viele Bewusstseinsebenen der Teilnehmer energetisiert. Deshalb ist dies ein zweites erfolgreiches Modell für die Dynamiken der Transformation.

Was ich hier unter Dialog verstehe ist nicht jede beliebige Art und Weise, ein Gespräch oder eine Diskussion zu führen, sondern dieser hat seine eigenen, bestimmten Regeln, eine besondere Struktur und Dynamik. Wie bei jeder effektiven Anwendung des SQ kommen im Dialog die Annahmen, die unseren Motiven zugrunde liegen, an die Oberfläche und werden herausgefordert. Das führt zu einer Veränderung unserer bestehenden Paradigmen oder mentalen Modelle. Er ist eine Struktur, die vorherige Strukturen auflöst.

Die Idee des Dialogs wurde bereits vor 2.500 Jahren auf der *Agora* in Athen geboren und erreichte seine Blüte mit Sokrates, geriet danach aber für Jahrhunderte in der westlichen Kultur in Vergessenheit. In den 1940ern wurde diese Methode von der Gruppenpsychologie als neuer Ansatz der Gruppendiskussion und Konfliktlösung wiederentdeckt. In den 1970ern beschäftigte sich der Quantenphysiker David Bohm mit dem Dialog. Er glaubte, dieser Prozess könne die Gesellschaft verändern. Durch Bohms Arbeit wurde der Dialog bekannt. Er wurde vom Lernzentrum des MIT übernommen und ausführlich in Peter Senges Bestseller *Die fünfte Disziplin* behandelt. Bill Isaacs, ein junger, von ihm geförderter Mitarbeiter, rief das Dialogprojekt des MIT ins Leben und brachte diese Methode in große Unternehmen. Heute wird sie zwar oft angewandt, aber ihre Bedeutung für das Gelingen der SQ-Transformation und die Motivationsveränderung wurden bisher noch nicht vollständig dargestellt.

In der Gruppenpsychologie und der Wirtschaft wird Dialog in sogenannten *Dialoggruppen* praktiziert. Auch in Schulen, Gefängnissen und der Verwaltung finden Dialoggruppen statt. Sogar für die Konfliktlösung im Mittleren Osten und im westlichen Asien fand sie Anwendung und ich selbst habe sie schon mit Unternehmen, Schulen und Lokalpolitikern durchgeführt.

In der Dialoggruppe sitzen alle in einem Kreis, um so zu zeigen, dass es keine Hierarchie gibt. Die Stimme eines einfachen Arbeiters zählt genauso viel wie die des CEO. Die ideale Gruppengröße liegt zwischen sieben und zwanzig – groß genug für verschiedene Sichtweisen, klein genug, damit sich jeder voll einbringen kann. Es gibt keine Beobachter, keine Zaungäste, aber einer oder besser zwei Teilnehmer sind auch Moderatoren. Sie sind volle Teilnehmer der Gruppe, haben aber auch die Aufgabe, die Energie der Gruppe zu halten und das Gespräch geschickt zu führen, um die zwölf Eigenschaften des SQ zu aktivieren. Viele dieser Eigenschaften werden schon durch den Dialogprozess selbst aktiviert – er fördert in der Tat die *Spontaneität*, entwickelt *Selbst-Bewusstheit*, lässt die Mitglieder ihre Paradigmen in einem *neuen Kontext* sehen und weckt *Mitgefühl*. Der Dialog ist per se eine Würdigung und Feier der Vielfalt sowie weiterer positiver Eigenschaften.

Die einzige Regel beim Dialog ist, dass jedes Mitglied der Gruppe seine persönlichen Gefühle und Gedanken offen und ehrlich zum Ausdruck bringen und niemanden beleidigen sollte. Die Mitglieder müssen sich dazu verpflichten, regelmäßig an der Gruppe teilzunehmen und die Inhalte des Gesprächs nicht nach außen zu tragen. Wenn der Dialog zu „klug" (kopflastig) werden sollte, wenn er missbraucht wird oder das Gespräch auf Konfrontation hinausläuft, führt der Moderator das Gespräch sanft zurück auf die Sache.

Der Dialog wirkt deshalb als kraftvolles Gefäß für die SQ-Transformation und die tiefgreifende Veränderung des Verhaltens, weil ihn seine spezifischen Eigenschaften deutlich von einer herkömmlichen Diskussion unterscheiden. In den letzten 2.000 Jahren der westlichen Kultur haben wir uns angewöhnt, als eine besonders machtorientierte, konfrontative Art des Gesprächs „Debatten" zu führen. Wie in Abbildung 8.3 dargestellt, beruht die Debatte auf dem Bewusstsein und der Verteidigung eines persönlichen Standpunkts; beim Dialog geht es vielmehr darum, die Zukunft zu erforschen und die Unterschiede in verschiedenen möglichen Standpunkten zu würdigen.

Ein guter Dialog unterscheidet sich von einer Debatte durch folgende Merkmale:

Debatte	**Dialog**
Wissen	Im Gespräch herausfinden
Antworten	Fragen
Gewinnen und Verlieren	Miteinander teilen
Ungleich	Gleich
Macht	Respekt und Ehrfurcht
Eine Position verteidigen oder ein Argument beweisen	Neue Möglichkeiten erforschen und Zuhören

Tabelle 8.3: Debatte versus Dialog

Beachte: Beim Dialog geht es nicht darum, einen Konsens zu finden.

- ***Herausfinden statt wissen.*** Wenn ich an einer Debatte teilnehme, weiß ich, was ich befürworte oder verteidige. Ich weiß, dass mein Standpunkt richtig ist. An einer Debatte nehme ich mit meinem Kopf teil, mit meinem IQ. Beim Dialog dagegen geht es darum, etwas (Neues) herauszufinden (*Warum-Fragen*), darum, etwas bis zum Durchbruch, zu neuem Wissen oder einer neuen Einsicht offen zu diskutieren. Wenn ich in einen Dialog trete, *glaube* ich vielleicht, dass das, was ich denke, richtig ist, aber ich bin bereit, diese Sicherheit aufzugeben und dem Gespräch mit offenem Geist zuzuhören. Und mit einem offenen Herzen, denn der Dialog bezieht neben meinen intellektuellen Fähigkeiten auch meine Emotionen und tieferen Empfindungen mit ein.
- ***Fragen statt antworten.*** In einer Debatte kenne ich alle Antworten, denn ich weiß sie schon. Ich will belehren, überzeugen oder besiegen. Ich rede *auf* jemanden ein. Beim Dialog geht es

um Fragen (*Warum-Fragen*), um das, was ich noch nicht weiß (*Demut*), oder das, was ich gern herausfinden möchte. Es geht ums Erforschen – meiner selbst, der anderen und des jeweiligen Themas. Warum machen mich diese Worte wütend oder ängstlich? Warum hast du das gesagt? Welchen Standpunkt nimmst du ein? Was ist deine Sicht der Dinge, und warum bist du davon überzeugt? Ist das vielleicht nur eine andere Möglichkeit, die Dinge zu betrachten? (*Kontextualisierung*) Von welchen Annahmen bin ich ausgegangen? Woher kam meine Sichtweise? Welches ist mein Denkmuster? (*Selbst-Bewusstheit*)

- ***Miteinander teilen statt gewinnen oder verlieren.*** In einer Debatte hat jemand Wissen und weiß die Antworten und der andere liegt falsch. Einer ist zum Gewinnen und der andere zum Verlieren bestimmt. Eine Sichtweise wird für besser befunden als die andere, und ein Argument wird letztlich das beste sein. Beim Dialog geht es dagegen um das Miteinander-Teilen (*Mitgefühl*). Wir teilen unsere Sichtweisen miteinander, unsere Annahmen, unsere Zweifel und Unsicherheiten, unsere Fragen, Ängste und wilden Ideen, kurz, unser *Sein*. Wir folgen so vielen Wegen von A nach B, wie wir uns gemeinsam vorstellen können, und wir denken zusammen darüber nach. Wir *fühlen* sie buchstäblich gemeinsam.
- ***Gleich statt ungleich.*** Debatten sind eher ungleich, denn eine Seite hat Recht, die andere Unrecht. Einer hat die Antworten, der andere liegt falsch; eine Sichtweise wird als besser beurteilt als die andere. Eine Person entscheidet, wer intelligenter war, eloquenter oder unterhaltsamer. Im Dialog sind alle gleich, weil alle etwas Wertvolles beizutragen haben (*Würdigung der Vielfalt*). Die meisten Menschen haben einen guten Grund, einer bestimmten Sichtweise oder einem bestimmten Gefühl zu folgen. Hier gibt es keine falschen Sichtweisen und keine wertlosen Gefühle (*Demut*), sondern Dialogteilnehmer sind hier, um etwas über die Gedanken und Gefühle anderer zu erfahren und ihre Herkunft zu verstehen (*Mitgefühl*). Und auch, um ihre eigene Reaktion darauf zu verstehen (*Selbst-Bewusstheit*).

- ***Respekt oder Ehrfurcht statt Macht.*** Bei Debatten geht es um Macht – um meine Macht, andere zu besiegen, zu überreden oder zum Kompromiss zu zwingen; um meine Macht, den anderen auf die eigene Seite zu ziehen oder ihn wie einen Dummkopf aussehen zu lassen. Beim Dialog aber geht es um Respekt (*Demut*). Um meinen Respekt für die andere Sichtweise und die Frage, wie ihr Vertreter dazu gekommen ist, um meinen Respekt für seine Gefühle, seine Talente. Es mag dabei vielleicht sogar um Liebe gehen. Um meine Dankbarkeit dem anderen gegenüber dafür, dass er die Dinge anders sieht als ich (*Kontextualisierung*), um meine Liebe für die andere Persönlichkeit, die andere Geschichte und Erfahrung, für die Fähigkeit des anderen, mich damit zu bereichern (*Würdigung der Vielfalt*). Jeder von uns kann letztlich nur eine der Möglichkeiten des Lebens leben, und im Dialog lieben wir diejenigen, die uns zeigen, dass es auch andere Möglichkeiten gibt. Wir lieben sie dafür, dass sie diese anderen Möglichkeiten überhaupt erfahrbar machen.
- ***Zuhören statt beweisen.*** In einer Debatte geht es darum, ein Argument zu beweisen oder einen Standpunkt zu verteidigen. Ich greife den anderen an und verteidige mich gegen ihn, gegen seinen Standpunkt. Ich verschließe mich ihm, seinen Worten und Gefühlen und möchte nichts darüber wissen. Die meisten von uns sind nicht sehr gut im Zuhören. Unsere Bildung und unsere Erfahrung haben uns gelehrt, immer einen Gedanken, eine Reaktion oder ein gutes Argument parat zu haben. Auf diese Weise wird das Gespräch zum Pingpong-Spiel. Dieses Auf-alles-vorbereitet-Sein blockiert deshalb, was wir vielleicht lernen, hören oder werden könnten. Es macht uns unsensibel – anderen und uns selbst gegenüber. Im Gegensatz dazu geht es beim Dialog darum, neue Möglichkeiten zu erforschen, und es geht ums Zuhören. Ich schaffe einen Raum in mir, wo ich den anderen hören kann und wo ich fühlen kann, was er sagt. Und ich schaffe einen Raum, wo ich mich selbst hören kann (*Selbst-Bewusstheit*) und wo ich meine eigenen Reaktionen auf die Worte des anderen hören und fühlen kann (*Spontaneität*).

Dialoggruppen sind somit kraftvolle Möglichkeiten für die tiefgreifende Transformation von Motivationen und Verhalten. Sie enthalten die wichtigsten Prinzipien des SQ und bestärken uns darin, in Relation zu uns selbst, untereinander und zu unserer Arbeit von einem Ort der höheren Motivation zu kommen. Sie geben uns eine Vision und Werte und im besten Falle entstehen aus ihnen Führungskräfte, die aus +5, *Kreativität*, handeln oder sogar aus +6, *Höheres Dienen* (dienende Führungskräfte oder Ritter). Eine gute Dialoggruppe ist immer eine bereichernde und kreative Erfahrung; eine *besonders* gute aber ist wie ein heiliger Ritus.

Für mich ist der Dialog vor allem eine *Haltung*. Er bedeutet eine radikal andere Haltung gegenüber sich selbst und anderen Menschen, gegenüber dem Wissen, gegenüber Problemen und Beziehungen. Er ist ein ganz neues Paradigma, ist der SQ in der Praxis und ein wichtiges Instrument, um die Art von Kultur zu schaffen, die für die Schaffung und das Florieren von spirituellem Kapital unbedingt nötig ist. Wenn wir tief in uns selbst und in unserer Beziehung zu anderen Wissen durch Herausfinden ersetzen könnten, Antworten durch Fragen, Gewinnen oder Verlieren durch Teilen, Macht durch Respekt und Ehrfurcht und den Beweis von Argumenten durch das Erforschen von Möglichkeiten und das Zuhören, dann, so glaube ich, könnten wir wirklich uns selbst und unsere Welt verändern. Dann würden wir mit Sicherheit eine andere Herangehensweise an die Arbeit, an Innovation, Herausforderungen und Beziehungen erfahren. Der tiefere Sinn unserer Unternehmen und unseres Geschäftslebens würde sich verändern und erweitern und so die Schaffung von spirituellem Kapital möglich machen.

Die richtigen Voraussetzungen für die Transformation

Ich habe bereits beschrieben, dass eine Transformation von Motivationen und damit von Kultur am ehesten in Zeiten der Krise geschieht, wenn sich unsere bisherige Lebensweise als nicht mehr tragbar erwiesen hat und wir oder unser Unternehmen in eine

Periode der Instabilität geraten sind. Aber die Möglichkeit und auch die Richtung der Transformation wird ebenfalls von der Einstellung bestimmt, mit der wir uns ihr nähern. Eine Haltung der Kontrolle oder Manipulation kann die SQ-Energien, die auf die der Krise zugrunde liegenden Motivationen einwirken sollen, blockieren oder verzerren, denn jene, die aus den falschen Beweggründen wachsen oder sich verändern wollen, werden deshalb vielleicht noch weiter verkümmern.

So kannte ich z. B. einen Business-Coach in Südafrika, der befürchtete (-4, *Angst*), dass er nicht genug Macht über die Menschen hätte. Seine Frau stimmte ihm zu und nörgelte, dass sich sicher auch ihre Ehe verbessern würde, wenn er sich zumindest ihr gegenüber insgesamt kraftvoller zeigen würde. Außerdem dachte sie, er würde auch mehr verdienen, könnte er seinen Klienten gegenüber mit mehr Macht auftreten. Um also seiner Frau einen Gefallen zu tun und seinen Klienten zu imponieren, entschloss sich der Berater, Aikido-Kurse zu besuchen. Das ist eine Kampfsportkunst, bei der es darum geht, den eigenen körperlichen Schwerpunkt (im unteren Bauchbereich) zu finden und von diesem aus zu handeln. Dadurch sollen die Teilnehmer die Ebene +3, *Innere Kraft*, erreichen. Das Motiv dieses Beraters für die Teilnahme am Aikido-Kurs jedoch war -3, *Verlangen*, das Verlangen nämlich, seiner Frau einen Gefallen zu tun und seine Klienten zu beeindrucken. Und er dachte, er könnte seinen Mangel an Kraft durch reine *Selbstbehauptung* überwinden, indem er diese bestimmte Methode erlernte. Nach einem Jahr Aikido zeigte sich, dass ihm die Kurse nicht gut getan hatten; in der Tat spürte er jetzt sogar *Verzweiflung* (-5), weil seine Anstrengungen fehlgeschlagen waren.

Es ist also unmöglich, eine niedrige Motivation ohne Hilfe in eine höhere zu verwandeln, d.h. entweder, wie im dritten Kapitel beschrieben, sich dem positiven Einfluss oder Beispiel einer Respektsperson oder Kultur anzuvertrauen oder sich selbst den Energien der SQ-Transformation zu öffnen. In beiden Fällen ist das entscheidende Wort *Offenheit*. Es ist unmöglich, sich von der Kreativität eines komplexen adaptiven Systems tragen zu lassen, wenn man dabei versucht, es zu kontrollieren. Und es ist weiterhin unmöglich, eine bedeutsame Veränderung der Einstellung, des Verhaltens und der Sichtweise ohne ein bestimmtes Maß an Hingabe an eine Kraft (etwas oder jemanden) zu erreichen, die größer ist als man selbst. Im Christentum ist das als Hingabe an die *Gnade* bekannt; im Buddhismus als Loslassen jeglichen Verlangens und im Taoismus als die Hingabe an die Kräfte des Universums, des *Tao*, Des Weges. Jesus, der sein Leben dem Dienst an den Menschen widmete, sagte: „Nicht mein Wille, Herr, sondern dein Wille geschehe." Bei den Anonymen Alkoholikern wird gesagt: „Lass los. (Über)lass (es) Gott." Große Transformationen der Motivation sind ein zutiefst spiritueller Prozess. Durch sie verschieben sich unsere tiefsten Überzeugungen und Werte und unsere tiefsten Ziele verändern sich. Wir gelangen in den Besitz einer neuen Lebens- (oder Unternehmens-)Strategie. Eine Transformation solchen Ausmaßes liegt jenseits der hilflosen Macht des menschlichen Egos.

Fünf Schritte zur Transformation

- Sich bewusst sein, dass Transformation immer möglich ist. Niemand muss auf Dauer in der gegenwärtigen Lage bleiben.
- Erkennen, wo man jetzt ist, und die Ursachen und Konsequenzen gründlich und sorgfältig analysieren.
- Die Veränderung bewusst wollen und darauf vorbereitet sein, loszulassen.
- Wissen, wohin man gehen will.
- Die relevanten Eigenschaften des SQ, oder auch alle, fördern.

9

Die Transformation der Unternehmenskultur

Für die große Mehrheit der Menschen ist die sie umgebende Kultur, in der sie leben und arbeiten, wie das Meer, in dem z.B. ein Fisch schwimmt. Durch seine Kiemen nimmt der Fisch das Wasser auf und so durchdringt es all seine Zellen. Es ist unmöglich, eine klare Grenze zwischen dem Meer und dem Fisch zu ziehen. Wie Arthur Miller einmal beobachtete: „Der Fisch ist das Meer, und das Meer ist der Fisch." Für uns ist das Meer sozusagen das Bedeutungsfeld, das wir miteinander teilen und in dem unser Bewusstsein eingebettet ist, und dieses gemeinsame Feld ist unsere Kultur. Sie enthält all unsere gemeinsamen Motive, unser allgemein akzeptiertes Verhalten und unsere kollektiven Einstellungen und sie enthält darüber hinaus Bedeutungsmuster und gemeinsame Werte. Und wenn wir nicht einen Schritt zurücktreten und tiefer darüber nachdenken, ist der Einfluss der Kultur auf jeden Einzelnen von uns zum großen Teil unbewusst.

Nun sind wir aber Menschen und unsere Beziehung zur Kultur ist viel komplexer als die zwischen Fisch und Meer. Für uns gibt es viele Kulturen, die auf uns einwirken (und uns durchdringen), und viele Ebenen unseres Verhaltens werden davon beeinflusst. Jeder von uns ist in eine wirkungsstarke Familienkultur eingebettet, die ihre eigenen prägenden und sich wiederholenden Verhaltensmuster hat, und viele entwachsen dieser Kultur niemals ganz, sondern tragen sie in unseren persönlichen und sozialen Beziehungen ihr ganzes Leben mit sich. Zudem sind wir eingebettet in die größere Kultur der verschiedenen Gruppen, denen wir angehören, einschließlich unserer nationalen, ethnischen und der Kultur unseres Arbeitsplatzes. Wenn diese Kulturen aber in niedrigen Motivationen und selbstzerstörerischem Verhalten stecken geblieben sind, haben sie eine negative Wirkung auch auf uns. Im Gegensatz dazu kann eine Kultur, die von positiveren Motivationen und den dazugehörigen Idealen und Werten erfüllt ist, uns als Einzelne inspirieren und unsere Verhaltens- und Einstellungsebene auf ein höheres Niveau heben. Deshalb ist besonders dort, wo diese Kultur negativ auf uns wirkt, ihre Transformation für unser Wohlergehen von entscheidender Wichtigkeit. In diesem Buch beschäftigen wir uns vor allem damit, wie ein tiefgreifender Wandel der Unternehmenskultur möglich werden kann, aber die Arbeit an dieser Transformation hat natürlich auch einen weitreichenden Einfluss auf Verhaltensänderungen in anderen Bereichen unseres Lebens. Bildung, Politik und Medien sind nur einige offensichtliche Beispiele.

Obwohl die Kultur also für die meisten Menschen einen dominanten Einfluss darstellt und somit deren Veränderung das erstrebenswerte Ziel ist, weil durch sie zweifellos die größte Anzahl von Menschen erreicht wird, müssen wir auch bei dieser umfassenden Transformation mit einer bestimmten Anzahl einzelner Menschen beginnen. Manche von uns müssen nämlich die Kultur *gestalten,* anstatt von ihr gestaltet *zu werden*. Für die Wirtschaft heißt das, dass diese Aufgabe einer „kritischen Masse“ intellektuell und spirituell hochentwickelter Führungskräfte und den Infrastrukturen zufällt, die die Weiterentwicklung auf eine neue Ebene wirtschaftlichen Handelns ermöglichen und unterstützen. Diese neuen Infrastrukturen beinhalten die Methoden, den Stil und den faktischen Gehalt der Human-Ressource-Programme und vielleicht auch die Hinzuziehung von Beratern. Das Ziel dabei ist dann, ein ganz neues Bedeutungsfeld zu schaffen, von dem die Mehrheit der Menschen profitieren kann, um auch ihr eigenes Verhalten zu transformieren.

Und natürlich ist es nichts Neues, zu sagen, dass sich die Wirtschaftskultur grundlegend verändern muss, wenn wir einen wirklichen Wandel des Verhaltens erreichen wollen, und deshalb haben sich viele Unternehmensberater genau darauf spezialisiert. Allerdings beginnen die meisten Transformationsprogramme am falschen Ausgangspunkt und handeln aus einer zu engen Perspektive. Ihre Ziele sind nicht umfassend genug und sie arbeiten am untersten Ende der Motivationstheorie. Wenn aber die zugrunde liegende Motivation eines Transformationsprogramms nur die *Erhaltung* des alten Paradigmas, der bekannten Einstellungen und des Ethos der bisher üblichen, nur auf Profit bedachten Geschäftsentscheidungen ist, wird die so erreichte „Transformation" natürlich keine nachhaltige oder sinnvolle Veränderung hervorbringen. Wie ich in meinem früheren Buch *Am Rande des Chaos* beschrieben habe, ist das so, als würde man einfach die gleichen alten Möbel im gleichen bekannten Raum umherschieben. Das sieht dann für eine Weile etwas anders aus, aber am Ende haben wir eben immer noch den gleichen Raum und die gleichen Möbel. Und selbst Transformationsprogramme, die ein paar neue Möbel hereinbringen, das heißt z. B. wirklich neue Arbeitsmuster oder Ähnliches anstreben würden, haben ihren Fokus damit noch nicht auf der Ebene, wo wirkliche Transformation entsteht. Wenn wir das also wollen, müssen wir den ganzen Raum in die Luft jagen, d.h., wir müssen die zugrunde liegenden Handlungs*motive* transformieren, indem wir die Werte verändern, die hinter ihnen stehen. Wir *beginnen* auf keinen Fall damit, die Kultur zu verändern.

Die Dynamik nachhaltiger Transformation, wenn sie aus der richtigen Richtung angegangen wird, beginnt dann damit, dass wir die Handlungsmotive durch die Anwendung der Kräfte des SQ weiterentwickeln. Und da nun mal die *Motive* die Beweggründe unseres Verhaltens sind, wird ihre Weiterentwicklung in der Tat zu einem Wandel des Verhaltens führen. Andererseits ist es jedoch unser Verhalten, in dem unsere Kultur zum Ausdruck kommt, und nur, wenn wir einen echten Wandel des *Verhaltens* erreicht haben, können wir auch eine *kulturelle* Transformation erwarten und ermöglichen. Die Dynamik nachhaltiger Transformation vollzieht sich, wie in Abbildung 9.1 zusammengefasst, von der motivationalen zur Verhaltens- und dann zur kulturellen Weiterentwicklung. In der Folge wird sich auch die Infrastruktur von Unternehmen entwickeln und diese Entwicklung zu einer höheren Ebene der Komplexität weiter unterstützen und festigen. All jene also, die die Unternehmenskultur transformieren möchten, müssen am richtigen Ausgangspunkt, d. h. am Anfang, beginnen.

Im Fall der englischen Stahlfabrik, den ich im achten Kapitel beschrieben habe und bei dem schließlich eine ziemlich tiefgreifende kulturelle Transformation verwirklicht werden konnte, konzentrierten sich die ersten Stufen der Transformation allein darauf, die Motivationen der maßgeblichen Führungskräfte und der Führer der Arbeitnehmerschaft anzuheben. Und erst, als sich deren Motivationen von *Selbstbehauptung* (-1), *Wut* (-2), *Verlangen* (-3), und *Angst* (-4) in *Forscherdrang* (+1), *Kooperation* (+2), *Innere Kraft* (+3) und *Meisterschaft* (+4) gewandelt hatten, zeigte sich diese spürbare Verhaltenstransformation auch in einer Veränderung der gesamten Unternehmenskultur.

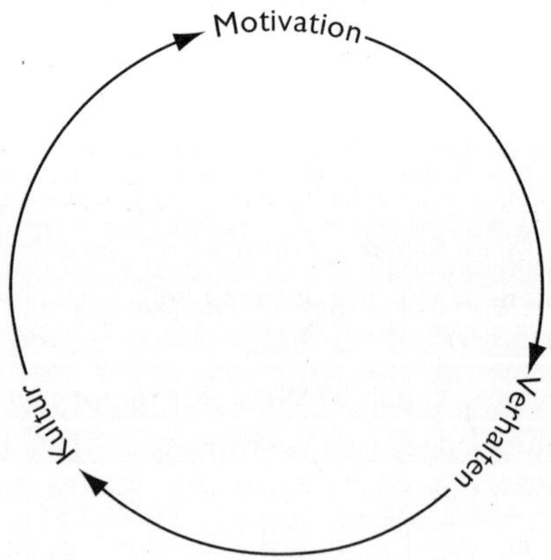

Abbildung 9.1: Die Dynamiken der Transformation von Unternehmen: Eine Feedback-Schleife

Indikatoren für die Transformation des Verhaltens

In den vorhergehenden Kapiteln habe ich sehr ausführlich die individuelle Transformation der Motivation und ihre Dynamiken dargestellt. Aber es ist schwierig, diese Veränderung zu erkennen oder zu messen, bevor sie sich in einer Einstellungs- oder Verhaltensänderung ausdrückt. Das heißt, wir können zwar die Motive eines Menschen nicht sehen (obwohl wir sie intuitiv erspüren können), aber wir können ihr Verhalten *beschreiben* und einordnen. Durch die Verhaltensmuster, die mit den zwölf Prozessen des SQ korrelieren, ist es möglich, die Art von Verhalten zu beschreiben, die einen hohen SQ und damit auch höhere Motivation indiziert. Dies ist auf jeden Fall die Art Verhalten, die wir uns allgemein verbreitet wünschen und die zu einer hohen SQ-Kultur führen könnte.

In den folgenden Abschnitten beschreibe ich die Verhaltensweise, die ein Indikator für die Wirksamkeit der Prozesse des SQ wäre, und beziehe mich dabei auf jene Indikatoren für einen hohen SQ, die von Peter Saul erarbeitet wurden. Es geht hier um ganz praktisches Verhalten im täglichen Leben und besonders jenes Verhalten, das wir kontinuierlich am Arbeitsplatz zum Ausdruck bringen müssten, wenn wir der Möglichkeit einer kulturelle Transformation zu höheren Motivationen eine echte Chance geben wollten.

Selbst-Bewusstheit

- Bestärkt Menschen darin, von anderen Feedback für ihre Entscheidungen und Leistungen zu erbitten
- Hat ein Gefühl / einen Blick für langfristige Ziele und Strategien
- Kann die Wirkung von persönlichem Handeln auf andere antizipieren
- Schätzt persönliche Stärken und Schwächen in Übereinstimmung damit ein, wie auch andere sie sehen
- Hat ein tief empfundenes Gefühl dafür, worum es in diesem Unternehmen geht – für seine Ideale, Werte, tieferen Ziele und Ausrichtung

Von Visionen und Werten geleitet

- Möchte erforschen, wie die Arbeit wirklich anders gestaltet werden kann – für Kunden und Klienten, die Gemeinschaft, den Benachteiligten, denen es nicht so gut geht, usw.
- Äußert Besorgnis, wenn das Unternehmen nicht gemäß der gegebenen Werte handelt
- Trifft Karriere-Entscheidungen von dem Wunsch geleitet, etwas Sinnvolles in der Welt zu tun
- Ist bereit, für Prinzipien auch zu kämpfen
- Spricht sich für Unternehmensmaßstäbe aus, die über finanzielle und absatzfähige Zahlen hinausgehen, dafür jedoch die Auswirkungen auf die Umwelt und das Sozialgefüge berücksichtigen

Positiver Umgang mit Misserfolgen/Krisen

- Möchte aus gemachten Fehlern lernen, statt anderen die Schuld dafür geben
- Ist bereit, herausfordernde Aufgaben zu übernehmen, auch wenn das Risiko des Scheiterns besteht
- Setzt die Arbeit an einem Projekt fort, auch wenn es schwierig wird
- Schöpft aus verborgenen Energie- und Motivationsquellen, wenn etwas schiefläuft
- Kann in der Regel auch schwierigen Situationen etwas Gutes abgewinnen

Holismus

- Bestärkt Menschen darin, die Arbeitsweise des ganzen Unternehmens zu verstehen
- Antizipiert auch die langfristigen Konsequenzen der gegenwärtigen Handlungen und Entscheidungen
- Möchte Arbeits- und privates Leben ins Gleichgewicht bringen
- Bezieht andere Menschen, die von seinen/ihren Planungen oder Entscheidungen betroffen sein werden, mit in sie ein

- Ist kreativ darin, auch Ideen aus Bereichen anzuwenden, die außerhalb von gegenwärtiger Arbeit oder Beruf liegen, um Arbeitsprobleme zu lösen und bessere Leistungen zu erzielen

Mitgefühl

- Drückt Anteilnahme am Wohlergehen anderer aus
- Beachtet auch die Gefühle der Interessengruppen außerhalb des Unternehmens zu den von ihm ausgeführten Handlungen oder Entscheidungen
- Ist sensibel für die Gefühle und Bedürfnisse der Kollegen
- Versucht den positiven Einfluss des Unternehmens auf die natürliche und soziale Umgebung zu gewährleisten
- Ist bereit, den anderen die Zeit zu lassen, die sie brauchen

Würdigung der Vielfalt

- Tut alles, was möglich ist, um eine breite und heterogene Mischung von Mitarbeitern zu beschäftigen
- Sucht den Rat und die Meinung einer Reihe von verschiedenen Menschen, wenn etwas geplant oder eine Entscheidung getroffen wird
- Respektiert Ideen, die den Mainstream herausfordern und zieht sie ernsthaft in Betracht
- Bestärkt Menschen darin, ihre Individualität am Arbeitsplatz zum Ausdruck zu bringen
- Untersucht eine ganze Reihe von Möglichkeiten, bevor er eine Entscheidung trifft

Feldunabhängigkeit

- Ist bereit, für einen persönlichen Standpunkt zu kämpfen, wenn er/sie von dessen Richtigkeit überzeugt ist
- Ist auch bereit, unliebsame Entscheidungen zu treffen, wenn es für das Wohl des Teams oder Unternehmens notwendig ist
- Bedenkt die Sichtweisen anderer, ist aber immer bereit, Verantwortung für die eigenen Entscheidungen und Handlungen zu übernehmen

- Lässt sich nicht so leicht von der vorherrschenden Meinung (der Mehrheit) beeinflussen
- Lässt sich nicht leicht ablenken, wenn er/sie mit einer wichtigen Aufgabe befasst ist

Das Stellen fundamentaler Warum-Fragen

- Versichert sich vor dem korrigierenden Eingreifen, die Ursachen von Problemen verstanden zu haben
- Sucht nach Mustern hinter Problemen oder Fehlschlägen und möchte ihre Entstehung und Bedeutung verstehen
- Möchte die Faktoren verstehen, die zu hoher oder niedriger Leistung in einem bestimmten Bereich führen
- Gibt anderen vor evtl. negativem Feedback die Möglichkeit, ihr Handeln zu erklären
- Bestärkt Menschen darin, die Unternehmenspolitik zu hinterfragen, wenn sie denken, dass sie die mögliche Leistung einschränkt oder ihre Verbesserung verhindert

Kontextualisierung

- Wendet bei der Problemlösung eine breite Palette von Ansätzen an
- Ist bereit, bisherige Ideen und frühere Entscheidungen loszulassen, wenn klar zu erkennen ist, dass diese nicht funktioniert haben
- Ist gut darin, das große Bild zu sehen – den weiteren Kontext, die längerfristige Sicht
- Hat oft ungewöhnliche Ideen und auch Vorschläge, die aus anderen Bereichen kommen, um die Arbeitssituation zu verbessern
- Möchte die eigene Erfahrung durch Aufgaben und Aufträge erweitern, die außerhalb der Komfortzone liegen

Spontaneität

- Ist bereit, zu experimentieren und Risiken einzugehen, um die Leistung zu verbessern

- Ist bereit, einer Ahnung oder einem Bauchgefühl darüber zu folgen, was den Wert der Arbeit erhöhen könnte
- Ist bereit, einen Plan oder eine Tagesordnung zu ändern, wenn die Umstände sich verändert haben oder sich eine spannende Möglichkeit aufgetan hat
- Sucht aktiv nach Möglichkeiten, um Spaß an der Arbeit zu haben
- Ist bestrebt, Kreativität unterstützen, indem andere darin bestärkt werden, auch verrückt erscheinenden Ideen nachzu gehen

Berufung
- Geht den einen Schritt mehr, um ein hervorragendes Ergebnis zu erzielen
- Zeigt tiefes Interesse an der Arbeit und findet tiefe Erfüllung in ihr
- Sieht die Arbeit als wichtigen Teil des Lebens
- Bringt Wertschätzung für die Möglichkeiten und Geschenke des Lebens zum Ausdruck, die er im Arbeits- und im Privatleben erhält
- Bestärkt das Unternehmen darin, sich sozial verantwortlich zu verhalten

Demut
- Würdigt andere für ihr Wissen und ihre Errungenschaften
- Hört auf das größere Wissen oder die tiefere Erfahrung von anderen
- Erkennt, Teil eines Teams zu sein, in dem auch die Sichtweisen der anderen Teammitglieder wichtig sind
- Ist bereit, zu untersuchen, was aus eigenen Fehlern gelernt werden kann
- Möchte andere durch Offenheit gegenüber ihren Vorschlägen oder Bedenken mit einbeziehen

Diese Indikatoren für das Verhalten gemäß einem hohen SQ machen besonders die Art von Verhalten und die damit einhergehenden Einstellungen der *Offenheit* und des *gegenseitigen Respekts* deutlich, die wir alle gern an unserem Arbeitsplatz erfahren würden. In der Tat würde dies in jeder Gruppensituation eine gute Atmosphäre für Kooperation und gemeinsames Lernen erzeugen – von der Familie über die konstruktive Arbeit einer demokratischen Regierung bis hin zu einem Bildungssystem, das die besten Eigenschaften und Potenziale in Kindern weckt und unterstützt. Ein großer Teil des Arbeitsstresses würde wegfallen, wenn Offenheit und gegenseitiger Respekt weiter verbreitet wären, und die Menschen wären positiver mit ihrer Arbeit verbunden. Welche begleitende kulturelle Transformation aber würde diese Eigenschaften in der Einstellung von Gruppen (gruppenweite höhere Motivation) einbetten, die dann rückwirkend wiederum die Mehrheit der Managementstrukturen und Arbeitskräfte eines Unternehmens oder einer Institution (die Feedback-Schleife in Bild 9.1) mit einbezieht? Wo sind die aktiven „Druckpunkte“ in einer Unternehmenskultur, auf die wir solch eine Transformation anwenden sollten?

Die acht bestimmenden Aspekte der Unternehmenskultur

In meiner eigenen Arbeit mit Unternehmenskulturen und den damit verbundenen Beobachtungen scheinen acht Aspekte immer wieder aufzutauchen und die Menschen zu beschäftigen. Diese acht Aspekte betreffen die Energie und die Interaktionen der Menschen innerhalb des Unternehmens und sind deshalb der Bereich, auf den sich die Transformation konzentrieren muss. Alle haben eine direkte Auswirkung darauf, wie gut und funktional Menschen in Unternehmen als wirtschaftliches Ganzes zusammenarbeiten, und somit auch eine Folgewirkung auf die Produktivität inklusive ihrem niedrigen Stressfaktor. Wenn diese acht Aspekte maßgeblich vom Verhalten durch einen hohen SQ bestimmt werden, dann würde das, so glaube ich, das Entstehen einer Kultur mit hohem SQ (höherer Motivation) ermöglichen. Solch eine Kultur ist der Eckpfeiler jedes Paradigmenwechsels von der herkömmlichen Wirtschaft-wie-wie-ist zu der brückenschlagenden Vision, die ich spirituelles Kapital (bzw. auf Werten basierenden Kapitalismus) genannt habe. Und wie in Tabelle 9.2 dargestellt, sind diese acht Aspekte Kommunikation, Fairness, Beziehungen, Vertrauen, Macht, Wahrheit, Flexibilität und individuelle Verstärkung.

Kommunikation	Fairness
Beziehungen	Vertrauen
Macht	Wahrheit
Flexibilität	Verstärkung

Tabelle 9.2: Die acht Kernaspekte der Unternehmenskultur

In den meisten Unternehmen ist die Kommunikation nicht so, wie sie sein könnte. Einerseits beschweren sich die Mitarbeiter darüber, dass sie mit einer riesigen Menge nutzloser Information überschwemmt werden (in der Regel per E-Mail), andererseits haben sie das Gefühl, doch nicht genau zu wissen, was die Chefetage denkt oder plant, vor allem dann, wenn es auch sie betrifft. Die Kommunikation zwischen den verschiedenen Bereichen, Abteilungen und Arbeitsfeldern ist oft gering und steht damit der Schaffung einer holistischen Kultur entgegen, in der die Mitarbeiter die Muster und Verbindungen in ihrem Unternehmen als Ganzes erkennen können.

Auch der Grad der Fairness (oder ihr Mangel), der in einem Unternehmen wahrgenommen wird, hat einen direkten Einfluss auf die Arbeitsmoral und die Wahrscheinlichkeit, ob die Mitarbeiter ihr Bestes geben oder widerwillig nur das tun, was nötig ist. Und das hat wiederum einen Effekt auf die Teamarbeit und die Beziehungen im Allgemeinen. Beziehungen, Vertrauen und Wahrheit können nicht getrennt werden – jede dieser Größen hat einen Einfluss auf die anderen. Wir müssen darauf vertrauen können, dass andere uns die Wahrheit sagen, egal wie bitter sie auch ist, und wir müssen darauf vertrauen können, dass sie in Krisenzeiten zu uns stehen oder dann, wenn wir Fehler gemacht haben, weil wir zum Wohl des Unternehmens ein Risiko eingegangen sind. Des Weiteren ist jedes Unternehmen durchdrungen von *Macht*. Macht ist in jeder Organisationen notwendig, aber wie wird sie ausgeübt? Wird sie als fair wahrgenommen? Ist sie auf möglichst viele Personen verteilt? Wird sie zur Verstärkung des Einzelnen genutzt? Sind die Vorgaben der Macht selbst flexibel und führt die Machtstruktur des Unternehmens zu leichter Flexibilität in den Methoden und der Entscheidungsfindung?

Die negative Kultur, die diese acht Aspekte in herkömmlichen Unternehmen in der Regel umgibt, ist die Ursache dafür, dass mindestens 85 Prozent der Arbeitnehmer dort aus den negativen Motivationen der Ebenen -1, -2, -3 und -4 handeln. Und das wiederum zeigt, warum die Wirtschaft selbst von einer Kultur bestimmt wird, die aus *Selbstbehauptung*, *Wut*, *Verlangen* und *Angst* besteht. Und wieder taucht hier die Feedback-Schleife auf! Die Wirtschaft-wie-wir-sie-kennen ist in einem unheilvollen Kreislauf negativer Motivationen gefangen, der Nachhaltigkeit unmöglich macht.

Um aus diesem Teufelskreis auszubrechen, müssen sich die maßgeblichen leitenden Manager jedes Unternehmens unter Berücksichtigung der acht Aspekte, die die Geschäftskultur bestimmen, im Sinne des positiveren Verhaltens bei einem höheren SQ verändern. Danach ist der Fokus darauf zu richten, welche Form dieses positive Verhalten haben sollte, damit es die Kraft hat, kulturelle Einstellungen und Infrastrukturen zu transformieren.

Indikatoren für eine Transformation zu einer Kultur des höheren SQ

In diesem Abschnitt kehre ich nun zum alltäglichen Verhalten und zu positiven Ausdrucksformen jeder der acht kulturellen Aspekte zurück, wie sie von jedem Mitarbeiter eines Unternehmens erlebt werden könnten – vom „Ich“, das in jeder Aussage spricht. In diesem Fall ist jeder der acht Aspekte so mit den zwölf Prozessen des SQ verbunden, dass die besonderen Merkmale einer Kultur hervorgehoben werden, die einen hohen SQ zeigt und damit eine Kultur ist, die das Handeln aus höheren Motivationen fördert.

Kommunikation

- Das leitende Management sorgt dafür, dass alle Mitarbeiter die Ziele, Visionen und Strategien des Unternehmens kennen und verstehen.
- Die Manager sorgen dafür, dass der Einzelne weiß, wie seine Arbeit zum Erreichen dieser Ziele beiträgt.
- In diesem Unternehmen wird die frühzeitige Mitteilung schlechter Neuigkeiten und möglicher Gefahren für die Produktivität gefördert.
- Die Mitarbeiter erhalten zeitnahes und genaues Feedback über ihre Leistungen.
- Sie werden ebenso dazu aufgefordert, von ihren internen und externen Kunden und Klienten regelmäßig Feedback darüber einzuholen, wie sie ihren Bedürfnissen besser gerecht werden können.
- Alle Mitarbeiter erhalten die Möglichkeit, in einer sinnvollen Art und Weise zu Entscheidungen, die sie betreffen, beizutragen.

Fairness

- Die Arbeitsmenge wird fair auf die Teammitglieder aufgeteilt.
- Für mein Wissen, meine Fähigkeiten und Beiträge zu diesem Unternehmen werde ich angemessen entlohnt.
- Aufträge und Beförderungen erhält in diesem Unternehmen derjenige, der am besten für den Job geeignet ist.
- Die Mitarbeiter werden dabei unterstützt, aus wirklichen Fehlern zu lernen, anstatt dafür bestraft zu werden.
- Das Unternehmen unterstützt die Mitarbeiter auch dann, wenn familiäre oder persönliche Lebenskrisen deren Leistung absinken lassen.
- Die Manager respektieren alle Ideen und Vorschläge, die von einem Mitglied einer Abteilung oder eines Teams vorgebracht werden.

Beziehungen

- Den leitenden Führungskräfte liegt das Wohlergehen der Menschen, die im Unternehmen arbeiten, am Herzen.
- Einige meiner Kollegen sind mir auch gute Freunde geworden.
- Das Unternehmen ist bestrebt, gegenseitig wohltuende, langfristige Beziehungen zu seinen verschiedenen Interessengruppen (Kunden, Aktionären, Geschäftspartnern, der Öffentlichkeit und Umweltverbänden) außerhalb zu entwickeln.
- Wenn in diesem Unternehmen Pläne und Budgets entworfen werden, werden auch die menschlichen Aspekte sorgfältig bedacht, die zum Erreichen der Ziele führen können.
- Mein Vorgesetzter hilft mir dabei, meine Arbeitszeiten und Arbeitsbedingungen so zu gestalten, dass sie meine Beziehungen außerhalb des Jobs möglichst wenig belasten.
- Die Mitarbeiter der verschiedenen Bereiche oder Abteilungen dieses Unternehmens kooperieren, um gemeinsame Ziele zu erreichen.

Vertrauen

- Es gibt einen hohen Grad des Vertrauens zwischen Managern und Mitarbeitern.
- Wichtige Informationen über die geschäftliche Situation werden allen Mitarbeitern offen mitgeteilt.
- Ich kann mich darauf verlassen, dass auch meine Kollegen ihre Arbeit gut machen.
- Mein Vorgesetzter unterstützt mich, wenn ich eine Entscheidung bezüglich meiner Arbeit treffe.
- Andere Teammitglieder unterstützen mich, wenn ich zu viel Arbeit oder Probleme mit meinem Job habe.
- Ich fühle mich sicher genug, auch zu experimentieren und angemessene Risiken einzugehen, wenn das meine Leistung steigert.

Macht

- Die leitenden Manager haben nicht viel mehr Privilegien als andere Mitarbeiter.
- Sie brechen auch nicht die Regeln, wenn es für sie von Vorteil ist.
- Die Führungskräfte geben mir angemessene Möglichkeiten, mit ihnen auch meine Sichtweise des Zustands und der Arbeit des Unternehmens zu besprechen.
- Ich habe keine Angst vor ihrer Macht über mich.
- Die Firmenleitung hört auf meine Ideen und Vorschläge für Verbesserungen, anstatt mir nur zu sagen, was ich zu tun habe.
- Ich habe den Eindruck, dass dieses Unternehmen seinen Einfluss dazu benutzt, das gemeinsame Wohl aller Interessengruppen zu fördern.

Wahrheit

- Ich kann den Informationen glauben, die ich vom leitenden Management erhalte.
- Ich werde darin bestärkt, den Managern ehrliches und zeitnahes Feedback zu geben, wenn irgendetwas die gegenwärtige Leistung oder den zukünftigen Erfolg des Unternehmens beeinflusst.
- Wenn im Unternehmen Veränderungen anstehen, werden die erwarteten Auswirkungen mit allen Menschen diskutiert, die davon betroffen werden.
- In diesem Unternehmen gibt es nur wenige geheime Abläufe.
- Die Dokumente, die das Unternehmen veröffentlicht, geben den verschiedenen Interessengruppen einen zutreffenden und vollständigen Eindruck von seiner Leistung und seinen Absichten.
- In meiner Arbeit werde ich darin bestärkt, die Wahrheit auszusprechen.

Flexibilität

- Ich habe ausreichend Spielraum, um meine Termine mit meiner Arbeitsweise in Einklang zu bringen.
- Wenn Veränderungen in der äußeren Umgebung die Erreichung festgelegter Leistungsziele unmöglich machen, kann ich das mit meinem Manager diskutieren und Veränderungen im ursprünglichen Plan vorschlagen.
- Wir antizipieren wahrscheinliche Trends und Ereignisse, die unsere Leistung beeinflussen und entwickeln einen „Plan B", um darauf zu reagieren.
- Die Mitarbeiter werden darin bestärkt, sich verschiedene Fähigkeiten anzueignen, damit sie in vielerlei Hinsicht zum Erfolg des Unternehmens beitragen können.
- Unsere Managementprozesse und Technologien erlauben uns hinsichtlich der Arbeit große Flexibilität.
- Wir versuchen unseren Kunden zu ermöglichen, so mit uns zusammenzuarbeiten, wie es auch ihnen am meisten nützt.

Verstärkung

- Ich bin in der Lage, die Pläne und Regelungen des Unternehmens, die mich und meine Arbeit betreffen, zu beeinflussen.
- Ich habe einen großen Spielraum für Eigeninitiative.
- Ich bin mit genügend Autorität ausgestattet, um meine Arbeit gut zu machen.
- Wenn ich bei meiner Arbeit einen Fehler mache, treffe ich auch die Entscheidung über erste korrigierende Maßnahmen.
- Dieses Unternehmen investiert auch in die kontinuierliche Entwicklung meines Wissens und meiner Fähigkeiten.
- Wir bedenken das Feedback unserer Kunden (intern und extern) und verschiedener Interessengruppen und handeln dementsprechend, um unsere Leistung zu steigern.

Das Ziel der soeben beschriebenen Eigenschaften ist eine Unternehmenskultur, die all diese Eigenschaften aufweist bzw. berücksichtigt. Wenn uns eine solch umfassende, kulturelle Transformation in

Unternehmen (oder in jeder anderen Organisation) gelänge, wären wir auf dem besten Weg, eine Kultur des hohen SQ zu schaffen, die sich in der Folge voll auf die Schaffung spirituellen Kapitals konzentrieren könnte. Aber dieses Ziel braucht immer noch Mittel und Wege, bis es erreicht ist. Im Verlauf des Buches und vor allem in den letzten Kapiteln habe ich die Notwendigkeit betont, eine bestimmte Gruppe der Elite der Führungskräfte zu erreichen, die selbst von solchen höheren Motivationen bestimmt ist. Diese Gruppe kann dann die Atmosphäre der höheren Motivation im gesamten Unternehmen und seiner Kultur implementieren. Im nächsten Kapitel werde ich daher die Entdeckung und Schaffung dieser Elite von Führungskräften eingehender beschreiben.

10

Neue Tempelritter?

Dieser neue Ritterorden ist der Welt bisher unbekannt. Er führt zwei Kriege, einen gegen Feinde aus Fleisch und Blut und einen weiteren im Himmel gegen die geistige Armee des Bösen. ... Wahrhaftig, dies sind furchtlose Ritter und sie stehen unter vollkommenem Schutz. Ihre Körper sind für den Kampf gerüstet, und auch ihre Seelen sind mit der Rüstung des Glaubens bekleidet. So sind sie auf allen Seiten sicher gut bewaffnet; sie fürchten weder Dämonen noch Menschen.

St. Bernard of Clairvaux,
Lobrede auf die Tempelritter

Die Tempelritter des frühen Mittelalters waren Kriegermönche der christlichen Kirche, die in den Kampf zogen, um ihrem Gott zu dienen.[43] Sie waren hervorragende Krieger, die alle Kampfkünste des Rittertums beherrschten, sich aber auch mit Meditation (Gebet), Selbsthingabe, mit Gottesdiensten und heiligen Gelübden auf den Kampf vorbereiteten. Alle Ritter des Mittelalters folgten einem Kode der Ritterlichkeit, aber die Templer erfüllten eine noch weiter gehende, heilige Widmung. Anders als die „weltlichen Ritter", die für Reichtum, Ehre und Ruhm kämpften und sich in den schönsten Roben kleideten, gelobten die Templer persönliche Armut, Bescheidenheit und Keuschheit. Ihre Kleidung für den Kampf war ein einfacher weißer Mantel mit einem roten Kreuz.

Die Templer wurden gegründet, um Christen zu schützen, die ins Heilige Land pilgerten. Aber ihre größere Vision war die der „Rückeroberung Jerusalems" – was eine kraftvolle Metapher für die Wiederherstellung oder -schaffung einer bestmöglichen Welt war. Diese Metapher wurde auch von Moslems und Juden verwendet, für die Jerusalem ebenfalls spirituelles Zentrum ist. Jede Handlung der Tempelritter und jeder ihrer Kämpfe war von ihrer heiligen Verpflichtung inspiriert, den tieferen Dimensionen des Lebens zu dienen. Trotz der genannten Gelübde sammelte ihr Orden im Laufe der Zeit große Reichtümer an. Und wenn wir an den heutigen allgegenwärtigen Fokus auf den Gewinn denken, ist es doch interessant zu wissen, dass die Tempelritter im materiellen Sinne der reichste Mönchsorden des Christentums waren. Irgendwann waren ihr Idealismus, ihr guter Ruf und auch ihr Reichtum zu viel für die Gier des französischen Königs und die machthungrigen Führer der römisch-katholischen Kirche, sodass sie die Templer zu Tausenden ermordeten und den Orden durch eine gemeinsame Intrige zerstörten. Ihre Ritterlichkeit und ihre Legenden lebten jedoch weiter in ihrem Einfluss auf die späteren Gralslegenden, die Handwerksgilden des späten Mittelalters und insbesondere durch die frühen Gelübde und esoterischen Lehren des Freimaurerordens. Die

43 James Wasserman, *The Templars and the Assassins*

gegenwärtige Freimaurerei hat lediglich noch als eine Art sozialer Club überlebt, aber Kenner des Freimaurertums bestehen darauf, dass der Geist, die Lehren und Rituale der Templer auch heute noch in der Literatur und den weniger bekannten Praktiken der Freimaurer gefunden werden können.[44] Im Laufe der Jahrhunderte haben sich aber leider auch sehr destruktive Bewegungen als Nachfolger der Tempelritter gesehen. Die letzte mir bekannte Bewegung in dieser Hinsicht war Heinrich Himmlers Heraufbeschwörung der Templer, um die Mythologie der Nazis zu bereichern. Ich verurteile diesen Missbrauch der Templerlegende aufs Tiefste und vertraue darauf, dass er nicht auf die Rezeption der hier gemachten Ausführungen abfärbt.

Dabei sind es weder ihr christlicher Glaube noch die besonderen esoterischen Lehren der Tempelritter, weshalb ich hier ihre Geschichte erzähle. Auch in anderen Kulturen gab es ähnliche heilige Krieger – die Assassinen des Islam, die japanischen Samurai und die chinesischen Shaolin-Kung-Fu-Meister sind Beispiele dafür. Ich hebe die Templer hier deshalb hervor, weil sie in der westlichen Tradition das kraftvollste Beispiel für die Verbindung von weltlicher Effizienz mit spiritueller Hingabe sind. Und ihre Hingabe an das christliche Kreuz ist dabei weniger wichtig als die umfassendere Tatsache, dass sie ihr weltliches Leben dem Dienst an dem widmeten, was ihnen heilig war. Und deshalb glaube ich, dass ihre Geschichte auch heute noch ein inspirierendes Vorbild für jene Führungskräfte in der Wirtschaft (und anderswo) sein kann, die sich der Transformation der Kultur des Kapitalismus und der Wirtschaft von innen verschrieben haben. Das englische Wort für Ritter, *knight*, kommt vom altenglischen Wort *cniht*, was so viel heißt wie „Diener". Die modernen Templer sind die „dienenden Führungskräfte" von heute, jene Männer und Frauen, die ihren grundlegendsten Werten und Zielen dadurch dienen, dass sie mit hoher Motivation in der Welt wirken. Dies sind die Männer und Frauen, die gebraucht werden, um spirituelles Kapital für unsere Unternehmen zu schaffen, und sie sind es, die den Weg zu einem nachhaltigen Kapitalismus weisen.

---

44 James Wasserman, *The Templars and the Assassins*

Die großen amerikanischen Philanthropen des 19. Jahrhunderts, unter ihnen die Quäker-Geschäftsmänner und einige andere Kapitalisten des viktorianischen Englands, waren ebenfalls vom Geist der Tempelritter erfüllt. Die wenigen Orte, an denen wir diesen Geist auch heute noch finden, sind in der Regel der soziale Bereich oder die globalen Hilfsorganisationen. Aber ich hatte tatsächlich das Glück, einige leitende Manager kennenzulernen, die danach streben, im Geist der Templer zu dienen. Es sind Männer und Frauen, die wollen, dass ihr Arbeitsleben etwas in der Welt verbessert und zum Positiven verändert, und die sowohl in ihrem beruflichen als auch in ihrem persönlichen Leben von hohen Idealen und tiefer Fürsorge motiviert sind. Sie und die anderen, die ähnlich wirken, zeigen, dass eine bedeutsame Transformation der Wirtschaftskultur zum Ideal des spirituellen Kapitals nicht unrealistisch ist. Ich habe bereits an früherer Stelle über Mats Lederhausen von McDonald's berichtet. Hier möchte ich nun die inspirierende Geschichte von Michael Rennie erzählen, einem Partner von McKinsey & Co. mit Sitz in Sydney.

Wie man ein „Ritter“ wird

Michael Rennie war, wie er von sich selbst sagt, „ein Sonntagskind“. Er hat immer noch blondes, lockiges Haar und ein offenes, jugendliches Gesicht, das keine Zeichen des Alters erkennen lässt. Als sehr intelligenter junger Mann kam er mit einem Rhodes-Stipendium seiner Heimatstadt Perth an die Universität Oxford, wo er Philosophie, Sprachen und Wirtschaft studierte. Nach einem weiteren Abschluss in Rechtswissenschaft kehrte er nach Australien zurück und stieg bei McKinsey ein. „Ich hatte alles“, sagt Michael. „Ich liebte das Spiel und ich liebte die materiellen Vorzüge meines Lebens. Ich war gut in dem, was ich tat.“ Plötzlich, im Alter von 31 Jahren, wurde ihm gesagt, dass er nur noch sechs Monate zu Leben hätte. Bei ihm war ein Hodgkin-Lymphom diagnostiziert worden, ein Krebs, der zunehmend die weißen Blutkörperchen zerstört. Wie durch ein Wunder ist er heute, im Alter von 43 Jahren, immer noch am Leben, um diese Geschichte zu erzählen.

„Ich habe sämtliche herkömmlichen Chemotherapien gemacht, zu denen mir im Krankenhaus geraten wurde", sagte er, „aber ich habe mich auch anderswo umgeschaut." In der Tat vertraute sich Michael auch einem alternativen Therapeuten an, der ihn Meditation und Techniken des positiven Denkens lehrte. Nach einer Weile war er überzeugt, dass der Geist die Kraft hat, die weißen Blutkörperchen zu regenerieren. „Ich bin nicht sicher, was es wirklich war", sagt er heute, „aber der Krebs ging zurück und verschwand – und hier bin ich." Aber der Michael, der „heute hier ist", ist nicht mehr der gleiche Mann, bei dem vor elf Jahren Krebs diagnostiziert wurde.

„Eine lange Zeit", sagt er, „waren da zwei Menschen in mir. Der eine war derjenige, der die Aufregungen und Stimulation der materiellen Welt liebte. Und dann war da ein anderer Teil, der immer nachdenklicher wurde. Meine Freunde sagten im Scherz, dass ich entweder Präsident werden oder nach Nimbin [dem Zentrum der Subkultur Australiens] gehen würde. ... In mir gab es einen Kampf zwischen diesen zwei Ichs; sie standen sich gegenüber, waren nicht integriert und für lange Zeit dachte ich, ich müsste mich zwischen beiden entscheiden. ... Aber nach dem Krebs erkannte ich, dass es nicht um eine *Wahl* ging: Es ging um *Integration,* und ich verstand, dass ich wieder krank werden würde, wenn ich diese beiden Teile nicht integrieren könnte."

Wieder zurück bei McKinsey, nun als Partner, nutzt Michael den größten Teil seiner Zeit und seiner kreativen Energie für die Umsetzung seines neuen Führungskräfte-Programms zu „kulturellem Kapital", das Werte, Geist und Sinn als genauso wichtig ansieht wie Kostendeckung, Geschäftsstrategien und Gewinn. Als ich ihn vor sechs Monaten zum letzten Mal sah, leitete er ein dreitägiges Seminar für die 2.000 Spitzenmanager einer australischen Bank, um, so sagt er, ihre spirituelle Intelligenz zu steigern. Er nennt den Kern seiner Arbeit „kulturelles Kapital", aber ich glaube, er meint damit genau das, was ich als „spirituelles Kapital" bezeichne. Er möchte die Geschäftskultur und dadurch die Gesellschaft verändern, sodass diese sich mehr an grundlegenden menschlichen Werten orientiert und den tiefen Anliegen der Menschen besser dienen kann.

„Die Wirtschaft“, sagt er, „ist heute die mächtigste Institution der Erde. Sie hat mehr Macht als die Politik, und sie dient uns auch in einigen Bereichen recht gut, aber noch nicht so vollkommen, wie sie es könnte; sie dient nicht unserem ganzen Menschsein.“ Um dieses größere Ziel zu erreichen, widmet Michael sein Leben und seine Arbeit der Bildung einer neuen Schicht von Führungskräften. Er tut das, indem er aus seinen eigenen tieferen Visionen, Werten und einer Leidenschaft für das Leben schöpft, die aus der Konfrontation mit dem Tod hervorgeht. Und in der Tat durchlaufen die 5 Prozent der Menschen im Westen, die einmal eine Nahtoderfahrung gemacht, d.h. die extremste Situation „an der Grenze zum Chaos“ erfahren haben, die wir kennen, dadurch oft eine tiefgreifende Wandlung.[45]

Michael Rennie ist somit ein Beispiel par excellence für die Art von Führungskraft, die für mich der Prototyp des neuen, von den Tempelrittern inspirierten Ritter(orden)s ist. Wie die ursprünglichen Templer beherrscht er die weltliche, praktische Weisheit der Wirtschaft. Er kennt das Spiel und weiß, wie man es spielt. Gleichzeitig aber fühlt er sich seit seiner Krebserkrankung einem höheren Dienst verpflichtet und kann diese Verpflichtung – *plus* seiner praktischen Weisheit – höchst effektiv anwenden, um andere zu inspirieren und zu trainieren. Diese Verbindung von Kopf und Herz, die in der Regel erst durch eine große Krise oder ein lebensveränderndes Ereignis gewonnen wird, ist eine der hervorstechendsten Eigenschaften eines „Ritters“. Sie verleiht am wirksamsten die Fähigkeit und die Berechtigung, andere zu der höheren Motivation zu führen, die für die Transformation einer Kultur nötig ist. Ritter sind *die* Elite der Führungskräfte, die wir brauchen, um in unserer Wirtschaftskultur spirituelles Kapital zu vermehren.

45 B. Greyson, „Near-Death Experiences“

Die Qualitäten eines Ritters

Weltliches Wissen über Wirtschaftsabläufe plus eine übergeordnete, brückenschlagende Vision und das Streben, höheren Werten zu dienen, sind die wichtigsten Eigenschaften eines Ritters. Wenn Ritter andere zu höherer Motivation führen und sie dazu inspirieren sollen, müssen sie selbst in etwas Tieferem verwurzelt sein, etwas Transpersonalem, das über die sie umgebende Kultur hinausgeht. Sie müssen in der Position sein, wie ich schon früher gesagt habe, maßgeblich ihre Kultur zu bestimmen und zu dirigieren, anstatt selbst von der Kultur bestimmt und dirigiert zu werden. Sie sind die wahren „Gesandten" aus Arthur O'Shaughnessys berühmter „Ode": „Wir sind die Musikanten,/Wir leben in unseren Träumen,/ ... Doch wir sind die Gesandten,/Unter denen sich Welten aufbäumen." Angesiedelt auf der Ebene +6, *Höheres Dienen*, der Motivationsskala, werden Ritter von ihren Werten bestimmt. Diese Werte sind ihr Zugang zum Transpersonalen.

Zum Ritter wird man nicht geboren, zum Ritter entwickelt man sich. Ritter wird man durch Erfahrung und durch die Art und Weise, wie jemand auf diese Erfahrungen reagiert. Als man Michael Rennie sagte, er hätte nur noch sechs Monate zu leben, hätte ihn das verzweifeln lassen können. Dann wäre er für niemanden ein Beispiel geworden und wahrscheinlich schon tot. Stattdessen reagierte er mit der SQ-Eigenschaft *Positiver Umgang mit Krisen* und fand eine Berufung, die ihn zur Ebene +6, *Höheres Dienen*, führte. Aber durch meine Gespräche mit ihm weiß ich, was für ein langer und schwerer Weg das war. Er sagt selbst, dass er sich innerlich ganz zerlegen musste, um auf seine grundlegendsten Werte zu treffen. Er musste nachdenken über die „wirklichen Fragen" nach dem Sinn des Lebens, dem Sinn *seines* Lebens und seine wichtigsten Ziele. Und das wiederum bedeutete, sich noch einmal mehr von den weniger tiefen Werten zu lösen, von Selbsttäuschung und unbewussten Ideen. Es ist fast wie eine neue Geburt. Heute wendet er diesen Prozess des „Zerlegens" bei den Führungskräften an, die an seinem Programm teilnehmen, indem sie als ersten Schritt zur Transformation alles loslassen müssen, um bei sich selbst anzukommen. Der nächste und entscheidende Schritt besteht dann darin, die fundamentalen Werte auch zu *leben*, die sie im Kern unseres Seins finden. Das ist es schließlich, was zur *Berufung* des Ritters führt.

Glücklicherweise werden die meisten von uns nie mit der hier beschriebenen Möglichkeit eines frühen und plötzlich drohenden Todes konfrontiert; allerdings durchleben wir meistens andere Krisen, die uns die Chance zum Wandel eröffnen. Viele von uns verlieren geliebte Menschen, z. B. ihre Familie durch Scheidung, gehen bankrott, verlieren ihre Arbeit, erleiden einen schweren Unfall oder eine Krankheit oder wachen eines Morgens auf und mögen sich selbst und ihr Leben nicht mehr. Andere wiederum fühlen nur ein vages Unbehagen oder eine Lebensmüdigkeit. All diese Krisen können einerseits zu Verzweiflung und Apathie führen, haben aber andererseits auch das Potenzial, zu einer „zweiten Geburt" und Selbsterneuerung zu führen. Der entscheidende Faktor ist, den spirituellen Mut zu haben, Zugang zu erringen zu dem „tiefen Selbst" und den fundamentalen Werten, die latent darin schlummern. Die meisten von uns brauchen dabei Hilfe – die spirituelle Begleitung eines weisen Freundes, einen spirituellen Mentor, ausgedehnte Lektüre oder ein gut strukturiertes Transformationsprogramm. Michael Rennie z.B. suchte die Hilfe eines Meditationslehrers.

An früherer Stelle habe ich bereits ausführlich über die Bedeutung sich selbst organisierender Systeme an der Grenze zum Chaos gesprochen. Und genau daraus – an einem Punkt zwischen Ordnung und Chaos, zwischen Bekanntem und Unbekanntem angesiedelt zu sein – schöpfen diese Systeme ihre unbändige Kreativität. Ritter sind, so könnte man sagen, „Seelen an der Grenze", Visionäre an der Grenze zwischen der Welt, wie sie ist, und der Welt, wie sie sein könnte. Sie haben gelernt, mit Angst und Schrecken, mit Unsicherheit und Uneindeutigkeit zu leben, und bleiben doch immer in ihren Grundwerten verwurzelt. Und während sich die Ritter früherer Zeiten durch Mut und Tapferkeit auf dem Schlachtfeld hervortaten und ihr Leben für ihren Glauben riskierten, riskieren die heutigen Ritter meiner Vision *sich selbst*. Sie leben ihr Leben wie ein sich entfaltendes Experiment und vertrauen darauf, dass dieses Experiment seine eigene Richtung und seinen inneren Sinn hat, dem sie dienen. Der Philosoph Friedrich Nietzsche beispielsweise sagte über den Unterschied zwischen Führung (Befehlen) und Gehorchen Folgendes: „Dies aber ist das Dritte, was ich hörte: dass Befehlen schwerer ist als Gehorchen. Und nicht nur, dass der Befehlende die Last aller Gehorchenden trägt und dass leicht ihn diese Last zerdrückt: Ein Versuch und Wagnis erschien mir in allem Befehlen; und stets, wenn es befiehlt, wagt das Lebendige sich selber dran."[46]

Das Credo eines Ritters

Ritter sind Führungskräfte, die sich auf einen spirituellen Weg begeben haben. Sie sind durch persönliche Erfahrung zu einem Gefühl für etwas grundlegend Heiliges im menschlichen Leben erwacht. Dieses Bewusstsein des Heiligen hat vielleicht keinen angemessenen menschlichen Namen, kein Symbol oder keine Beschreibung, aber es ist unweigerlich im Kern jeder lebendigen Religion und spirituellen Erfahrung enthalten, wenngleich es auch von keinem vollkommen umfasst wird. Es wird Gott, Herr, der Schöpfer, die Quelle, das tiefe Selbst, das Sein, die Leere oder Quantenvakuum genannt, aber welchen Namen wir auch verwenden, es ist die Quelle der eigentlichen Identität, Sinnorientierung und der Ziele des Ritters. Es ist dies, was er in seinem Handeln und Leben zum Ausdruck bringen will.

Sowohl im Leben als auch in ihrer Arbeit folgen die Ritter fünf Prinzipien:

- Es gibt etwas Heiliges, ein tieferes, von allen geteiltes Bewusstsein, das sich in diesem Universum entfaltet und jedem Aspekt menschlichen Lebens eine grundlegende Ausrichtung gibt.
- Alle Unternehmungen des Lebens sind miteinander verbunden.
- Jede menschliche Anstrengung, wirtschaftliches Handeln eingeschlossen, ist Teil des größeren und umfassenderen Gefüges des ganzen Universums.

46 Friedrich Nietzsche, *Also sprach Zarathustra*

- Die Beziehung des natürlichen und heilen Menschen zur Welt findet Ausdruck in Engagement und Verantwortlichkeit.
- Dienendes Handeln vermittelt ein tiefes Gefühl von Demut und Dankbarkeit.

Diese fünf Prinzipien sind, so glaube ich, in dem enthalten, was wir das Credo eines Ritters nennen können. Das Credo eines „Wirtschaftsritters“ habe ich in dem nachfolgenden Kasten formuliert. Auch Ritter anderer Bereiche können es als Modell benutzen, um ihr eigenes, spezifisches Credo zu schreiben.

Ritter, wie ich sie beschrieben habe, handeln aus einer hohen spirituellen Intelligenz und besitzen und schaffen gleichermaßen eine große Menge spirituelles Kapital – die Summe spiritueller Bewusstheit und spirituellen Wissens nämlich, die ihnen oder ihren Unternehmen zur Verfügung steht. Daher besitzen sie auch in hohem Maße die SQ-Eigenschaft *Würdigung der Vielfalt*, das heißt, dass ihr Credo tiefer verwurzelt ist als das Glaubenssystem einer jeden Religion oder Kultur, dass es jeden Unterschied von Geschlecht oder Rasse transzendiert und dass es auf dieser Grundlage niemandem den Zugang zu ihm verwehrt.

Was also ist dann die Aufgabe eines Ritters (oder einer dienenden Führungskraft) und welchem Weg folgt er? Gemäß den Worten des großen Hindu-Mystikers Ramana Maharshi lautet die Antwort folgendermaßen: „Es bedeutet, die Wahrheit zu begreifen, dass alle Handlungen, die mit selbstloser Hingabe und mit gereinigtem Geist, Körper und reiner Rede in der Haltung eines Dieners Gottes getan werden, zu Handlungen Gottes selbst werden. Das Handeln wird vollkommen frei von der Zuordnung ‚Ich‘ und ‚mein‘. Das ist auch die Essenz dessen, was vollkommene Hingabe oder ein Leben im Dienste Gottes genannt wird.“[47]

In der christlichen Tradition lautet der Leitspruch des Ordens der Trappistenmönche: *Laborare est orare*, „Arbeiten ist Beten“, und ebenso muss auch für den Ritter seine Arbeit sein Gebet sein und sein Leben eingebettet in sein Tun.

---

47 *The Spiritual Teachings of Ramana Maharshi*

Das Credo eines Wirtschaftsritters

Ich glaube, dass die globale Wirtschaft das Geld und die Macht hat, um in unserer heutigen krisengeschüttelten Welt eine spürbare Verbesserung herbeizuführen und dadurch sowohl sich selbst als auch anderen wirklich zu helfen. Ich habe die Vision einer Wirtschaft, die mehr sieht als nur Gewinne. Ich habe die Vision, dass die Wirtschaft ähnlich wie andere angesehene geistige Berufe eine ***Berufung*** wird. Damit das möglich ist, muss meiner Ansicht nach die Wirtschaft eine moralische Dimension umfassen, sich mehr am Dienen und an Werten orientieren und tatsächlich den als natürlich angenommenen Unterschied zwischen privaten Interessen und öffentlichen Institutionen fast völlig überwinden. Ich habe die Vision, dass die Wirtschaft eines Tages ernsthaft Verantwortung für die Welt übernimmt, in der sie operiert und von der sie ihren Wohlstand bezieht. Und ich sehe mich selbst in einer Position, in der ich zu einer „dienenden Führungskraft" werden kann – zu einem Führer, der nicht nur Aktionären, Kollegen, Mitarbeitern, Produkten und Kunden dient, sondern auch der Gemeinschaft, dem Planeten, der Menschheit, der Zukunft und dem Leben selbst.

Ritter und Meister

Ritter sind von +6, *Höheres Dienen*, motiviert; Meister von +4, *Meisterschaft*. Ritter arbeiten daran, das Paradigma zu *verändern* und das neue durch ihren Dienst in der Kultur zum Ausdruck zu bringen. Meister arbeiten innerhalb eines Paradigmas und sind die Meister des gerade Bestehenden. Aber Meister sind ebenso offen für kreative Ideen der Ritter, und sie sind es auch, die die neue Vision der Ritter innerhalb der konkreten Infrastrukturen und Beziehungen eines Unternehmens anwenden. Die Ritter bringen spirituelles Kapital ein und die Meister nutzen diese neue Größe, um das soziale Kapital ihres Unternehmens zu schaffen.

In der Geschäftswelt (oder der Politik) finden wir *Meister* auf der Ebene wirklich guter CEOs oder Regierungsmitglieder; in Schulen sind Meister oft Schulleiter. Sie kennen ihre Tradition und wissen, wie sie diese bewahren und weitertragen und ihr bestes Potenzial verwirklichen können. Die Ritter rekrutieren sich meist aus den Reihen der Meister. Ihre ritterliche Aufgabe ist es dann, sich hin zu +5, *Kreativität*, und +6, *Höheres Dienen*, zu entwickeln. Dafür brauchen die zukünftigen Ritter vielleicht Gurus oder Meister, die ihnen dabei helfen, oder Menschen, bei denen der Ritter lernen und sich entfalten kann. Das ist die höchste Stufe der Mentorenschaft im Umfeld eines Unternehmens, die möglich ist. Im Gegenzug kann ein Ritter auch einem Meister helfen, die besten Qualitäten seiner Meisterschaft zu entwickeln.

Wie viele Ritter brauchen wir?

Es ist ein bekanntes soziologisches Gesetz, dass eine Minderheit von 10 Prozent jeder Kultur beginnt, irgendwann unruhig zu werden und diese Kultur zu verändern. Aber das Ziel, 10 Prozent Ritter zu haben, scheint zu optimistisch. Ich behaupte, dass eine Anzahl von 2-5 Prozent Rittern (paradigmenverändernde, dienende Führungskräfte) und weiteren 10 Prozent Meistern in der Führung eines Unternehmens ihm ein Führungskräfte-Profil verleiht, das ausreicht, die Motivationsebene des ganzen Unternehmens von den Ebenen *Angst* (-4), *Verlangen* (-3), *Wut* (-2) und *Selbstbehauptung* (-1) auf die positiven Motivationsbereiche *Forscherdrang* (+1), *Kooperation* (+2) und *Innere Kraft* (+3) anzuheben. Eine Transformation dieses Ausmaßes würde damit ausreichen, die Kultur des Unternehmens insgesamt so zu verändern, dass sie ein bedeutsames Maß spirituellen Kapitals besitzt.

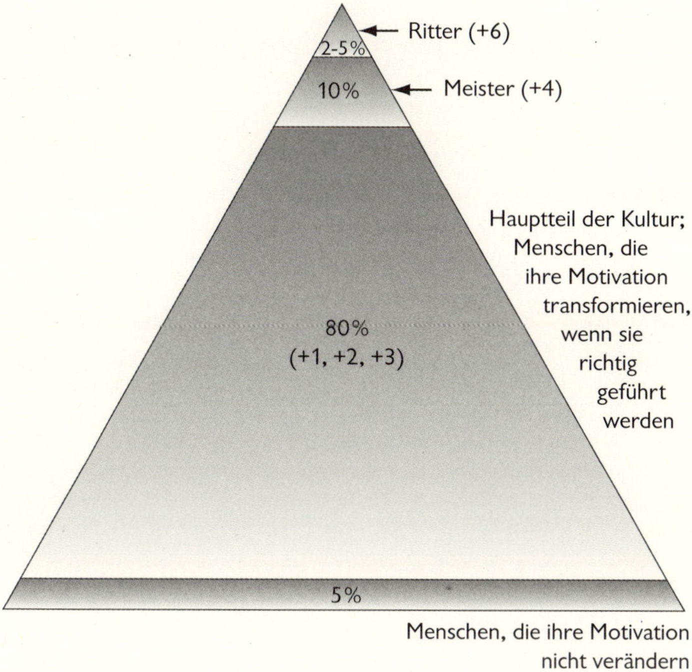

Abbildung 10.1: Die Motivationspyramide nach einer kulturellen Transformation

Um ein Unternehmen zu beschreiben, das spirituelles Kapital produziert und manifestiert, gebe ich in Abbildung 10.1 eine Skizze wieder, die ein Transformationsmodell zeigt, das zuerst von R. M. Moorthy von der Motorola Universität vorgestellt wurde. Ich habe es hier für meine Zwecke angepasst. Die Logik dieses Modells liegt darin, dass, wenn die oberen 5 Prozent eines Unternehmens Ritter und die nächsten 10 Prozent Meister sind, dadurch die restlichen 80 Prozent des Unternehmens so geführt werden, dass sich auch deren jeweilige Motivationen weiterentwickeln. Des Weiteren gibt es in Moorthys Modell auf der untersten Ebene auch immer 5 Prozent Menschen, deren Motivationen sich nie verändern lassen.

11

Ist das noch Kapitalismus?

Ich habe in diesem Buch versucht zu zeigen, dass spirituelles Kapital ein unerlässliches Element eines nachhaltigen Kapitalismus und der Nachhaltigkeit von Individuen und Unternehmen ist, die in einer offenen kapitalistischen Gesellschaft leben und arbeiten. Der Grund für dieses Buch ist das Anliegen, jedem begreiflich zu machen, wie wir uns unseren tiefsten Lebenssinn und unsere tiefsten Werte zugänglich machen, daraus schöpfen und sie in unser Leben, unsere Familien, Gemeinschaften und Unternehmen einbetten können, um echte Nachhaltigkeit zu gewährleisten. Aber da der Kapitalismus bisher traditionell wertneutral war und keine moralische Dimension besaß, fragen sich Skeptiker vielleicht, ob es überhaupt noch Kapitalismus ist, wenn wir diese Dimensionen hinzufügen. Würde denn die Anwendung tiefer Werte und der Ausdruck moralischer Überlegungen in einem großen gesellschaftlichen Rahmen nicht die Freiheit und Flexibilität drastisch einschränken, die so grundlegend die Essenz des Kapitalismus und seiner freien Gesellschaft sind?

Frühere Versuche, den Kapitalismus zu kontrollieren, einzuschränken oder zu ersetzen, waren alle von dem Wunsch motiviert, seine extremen Exzesse zu begrenzen und ihn sozial verantwortlicher und verträglicher zu machen; jedoch haben diese Versuche keine ermutigenden Ergebnisse gezeigt. Marxismus, Sozialismus, Keynesianismus und Europas neuer Dritter Weg sind alle daran gescheitert, den Dynamismus und die Wohlstand schaffenden Fähigkeiten des Kapitalismus des freien Marktes geschickt zu vereinen. Allzu oft haben die diese Alternativen begleitenden sozialen Ideale die Freiheit des Einzelnen und der Institutionen eingeschränkt, die für eine freie Gesellschaft notwendig sind. Allerdings gibt es dafür einen einfachen Grund, der auf alle Fälle zutrifft: Sie verstanden nicht, was für ein System die freie kapitalistische Gesellschaft und Wirtschaft ist (d.h., sie verstanden nicht ihre wichtigsten Dynamiken), und die versuchten Lösungen hatten den unvermeidlichen Effekt, die Lage noch weiter zu verschlimmern. Und sie konnten auch nur das bewirken.

Wie bereits gesagt, ist eine offene, kapitalistische Gesellschaft, die wirklich nachhaltig ist, sich selbst erhalten und sich auch in die Zukunft entwickeln kann, eine sehr spezifische Entität, die die Wissenschaft als *komplexes adaptives System* oder sich selbst organisierendes komplexes System bezeichnet. Alle lebenden Systeme sind, wie gesagt, solche Systeme, wir selbst und unsere nachhaltigen Unternehmen eingeschlossen. Es ist essenziell für die Definition solcher Systeme, dass Materie, Energie und Information frei in ihnen fließen, dass sie von innen her organisiert werden und sich zusätzlich noch an der Grenze zum Chaos befinden – an jenem kritischen Punkt, der vom Gleichgewicht weit entfernt ist.

Auch viele uns bekannte Systeme in der Natur sind solche Systeme – das Wetter, das Ökosystem unseres Planeten, Ameisenhaufen, Bienenstöcke, unser eigener Körper und unser Gehirn. Komplexitätswissenschaftler haben mittlerweile den Aktienmarkt, freie Marktwirtschaften und offene Gesellschaften darin einbezogen.[48] All diese Systeme werden durch Versuche, sie von außen zu

48 Siehe M. Mitchell Waldrop, *Inseln im Chaos;* John Briggs und F. David Peat, *Die Entdeckung des Chaos*

kontrollieren oder zu stabilisieren, behindert oder zerstört. Sie verlieren ihre Dynamik und ihre Kreativität. Das ist so, als würde man jemanden in eine Zwangsjacke stecken oder einer Gehirnwäsche unterziehen und ihn dann zum freien Ausdruck seiner Überzeugungen auffordern. Alle bisherigen Versuche jedenfalls, den Kapitalismus sozial verantwortlicher zu machen, können wir mit solchen Zwangsjacken vergleichen, *die Kontrolle von außen ausüben*.

Im Gegensatz dazu basiert die Betonung der Wichtigkeit spirituellen Kapitals für den nachhaltigen Kapitalismus auf der Erkenntnis, dass ein Input von Werten und Bewusstsein notwendiger Bestandteil der *sich selbstorganisierenden* Fähigkeiten eines nachhaltigen menschlichen Systems sind. Und dies sind nicht Werte oder Bewusstsein, die von außen diktiert werden, sondern es sind die zutiefst transpersonalen Werte und moralischen Prinzipien der Menschen, die in diesen Systemen leben und arbeiten. Ich behaupte sogar, dass sich solche Systeme ohne dieses Element weder selbst erhalten noch in Zukunft weiterentwickeln können. Dieser Impuls des spirituellen Kapitals, der die Fähigkeit zur Selbstorganisation des Systems verstärkt, ist allerdings *grundlegend* verschieden von jeder Art äußerer Kontrolle. Es ist ein ganz anderes Paradigma, das andere Einstellungen, Ideen und Handlungsstrategien zum Ausdruck bringt.

Indem ich beschreibe, warum das so ist, kann ich jetzt das Hauptthema und die untergeordneten Themen, die sich durch das ganze Buch gezogen haben, zusammenfassen und miteinander verbinden. Dadurch wird noch einmal klar werden, welches die Dynamiken der menschlichen sich selbst organisierenden komplexen Systeme sind, warum sie spirituelle Intelligenz brauchen, um spirituelles Kapital zu schaffen, warum Ritter und Meister so eine wichtige Rolle dabei spielen und warum spirituelles Kapital überhaupt so wichtig ist für die Nachhaltigkeit von Individuen, Unternehmen und einer offenen kapitalistischen Gesellschaft.

Die Dynamiken eines menschlichen komplexen adaptiven Systems

Natürliche und lebendige Systeme können in vier Zuständen existieren: in geschlossenen, stabilen und komplexen adaptiven Systemen sowie in Turbulenz (Chaos). In ihrer menschlichen Entsprechung erfordern die ersten drei dieser Zustände alle materielles Kapital (Rohstoffe), soziales Kapital (Beziehungen, Traditionen der Gemeinschaft und Institutionen) und spirituelles Kapital (Sinn, Werte, Ziele). Kein menschliches System kann ohne diese drei Formen des Kapitals nachhaltig sein.

Ein geschlossenes System ist im Grunde wie eine dieser großen Glasvasen, die mit Pflanzen bestückt und mit einem Korken verschlossen sind. Die Erde, ihre ursprüngliche Feuchtigkeit und ihre Nährstoffe, der Sauerstoff und das Kohlendioxid der Luft und das Licht, das durch die Vase fällt, machen eine selbsterhaltende Photosynthese für mindestens eine Jahreszeit möglich. Ein Teich ist ein weiteres Beispiel für solch ein System, obwohl etwas komplexer, weil es eine symbiotische Balance zwischen Pflanzen und ein paar Fischen sowie zwischen Regen und Verdunstung aufrechterhält. Geschlossene Systeme recyceln nur, was sie aufnehmen und abgeben, und nichts verändert sich spürbar.

Die menschliche Entsprechung für ein geschlossenes System ist eine kleine Gemeinschaft in einer agrarischen Gesellschaft, wie es sie vor allem in präindustrieller Zeit gab und wie sie auch heute noch in einigen Gemeinschaften wie den Amish oder anderen Religionsgemeinschaften, die außerhalb der sonstigen Gesellschaft leben, existiert. Das materielle Kapital einer solchen Gemeinschaft kommt von der Erde und wird zu wiederverwertbaren Dingen gemacht, die die Menschen brauchen – Nahrung, Kleidung, Werkzeuge und Ähnliches. Das spirituelle Kapital der Gemeinschaft schöpft aus dem unveränderlichen Glaubenssystem und wird als soziales Kapital durch die Tradition der Gemeinschaft in sie eingebettet. Solche Gemeinschaften entwickeln sich jedoch nicht und sind gegenüber der äußeren Welt verschlossen.

Der zweite Zustand, in dem sich ein natürliches, lebendiges System befinden kann, ist die Stabilität. Wenn die Glasvase entkorkt wurde oder aus dem Teich ein kleiner Bach fließt, ist das System zu einem bestimmten Grad offen für die Umgebung. Es braucht also eine ständige Energiezufuhr, um die stetige Energieabgabe auszugleichen. Der aus dem Teich herausfließende Bach wird irgendwann ein Flussbett auswaschen, welches aber über die Jahre ungefähr gleich bleiben wird. Im stabilen System gibt es etwas Bewegung und eine innere und äußere Strömung, aber es befindet sich im Gleichgewicht. Alles im System ist ausbalanciert und vorhersehbar.

Die menschliche Entsprechung für ein stabiles System ist eine traditionelle Gesellschaft wie Nepal im Jahre 2000, vor den dortigen Unruhen, die die Dinge zu verändern begannen. Einige Nepalesen reisten in der Welt außerhalb des Systems und Touristen kamen ins Land hinein. Bestimmte materielle Güter wurden importiert und einige exportiert. Eine ethnisch gemischte Bevölkerung schöpfte aus dem spirituellen Kapital verschiedener Glaubenssysteme, die aber schon lang praktizierte, nicht missionierende und unveränderliche Systeme waren und durchaus freundschaftlich nebeneinander zu leben vermochten. Das spirituelle Kapital der Gemeinschaft wurde in soziales Kapital investiert, das wiederum durch starke soziale und kulturelle Traditionen zum Ausdruck kam, die das Leben der Mehrheit der Menschen lenkte, während einige Künstler und Schriftsteller in den bekannten Grenzen der Tradition kreativ sein konnten. Sowohl im geschlossenen als auch im stabilen System ist das spirituelle Kapital des Ganzen statisch und passiv. Es wurde in der Regel von den Älteren oder der gesamten Kultur vererbt und weniger durch spirituelle Intelligenz geschaffen.

Die „traditionelle Familie" und die „Familienwerte" also, zu denen auch wir laut einiger Konservativer des öffentlichen Lebens wieder zurückkehren sollten, sind damit die Ideale eines solchen stabilen Systems im Gleichgewicht, in dem es zwar eine geringe Bewegung nach innen und außen gibt, Beziehungen, Rollen und Verhalten jedoch traditionell und zum größten Teil vorhersagbar bleiben. Adam Smith und die frühen kapitalistischen Denker entwarfen ihr Modell einer freien Marktwirtschaft für diesen stabilen

Zustand, aber die Veränderung ist heute so schnell, dass es nicht mehr anwendbar ist.

Nepal und andere vergleichbare traditionelle Gesellschaften blieben für Jahrhunderte oder gar Jahrtausende im konstanten Zustand des Gleichgewichts, aber die Moderne beginnt, auch auf sie Druck auszuüben, und so zeigen die meisten – unter ihnen auch Nepal – Zeichen der Bewegung hin zu einem der beiden verbleibenden Zustände eines Systems: Turbulenz oder sich selbst organisierende Komplexität.

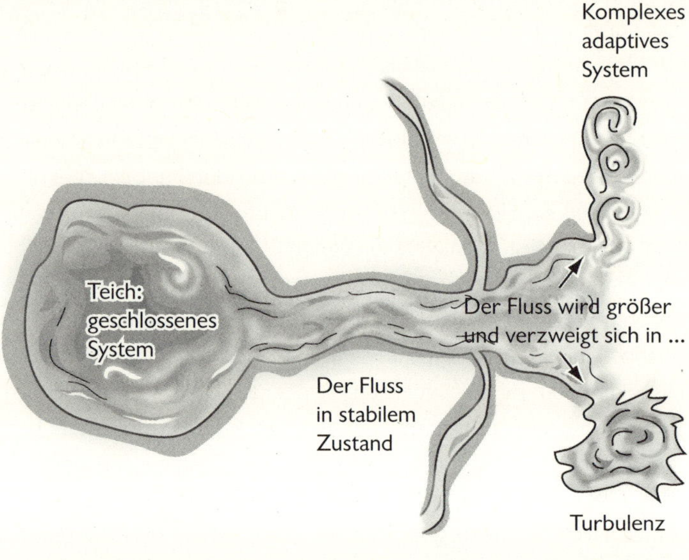

Abbildung 11.1: Abfolge der Zustände in einem natürlichen System

Ein Fluss, der in Richtung Meer fließt, ist ein offenes System in stabilem Zustand, aber wegen seiner Offenheit kann er auf Bedingungen treffen, die sein Gleichgewicht stören.

Andere Flüsse münden in ihn, vermehren das fließende Wasser und werden zu einem großen Strom. Manchmal trifft der Fluss auf Hindernisse – die Ufer sind zu eng oder Steine oder Holzstücke blockieren das Wasser. Der Fluss kann also nicht länger in einem stabilen Zustand bleiben, und er gerät wie in Abbildung 11.1

dargestellt, nun teils in Aufruhr (Chaos, schäumendes Wasser), teils in Strudel. Beides sind Zustände, die sich weit entfernt vom Gleichgewicht (von Stabilität) befinden.

Aufruhr ist nur Aufruhr, und es gibt nicht viel, was wir damit tun können. Es zeigt, dass ein System sich auflöst. Wir wissen alle, wie das beim Wasser aussieht. Die menschliche Entsprechung ist ein Zustand der Anarchie.

Die Strudel dagegen, die sich in Flüssen bilden, wenn ihre Wassermenge ansteigt, sind die einfachsten komplexen adaptiven Systeme in der Natur. Sie haben eine gleichmäßige Zufuhr von Materie und Energie, die sich selbst organisiert in ein bleibendes Muster weit entfernt vom Gleichgewicht formt (an der *Grenze* zum Chaos). Materie (Wassermoleküle) und Energie fließen kontinuierlich durch das Muster, welches jedoch immer noch seine sich langsam entwickelnde Ausformung hält und begrenzt. Die Abbildung 12.1 dagegen zeigt ein ähnliches komplexes adaptives System, das kreativ ist, sich ständig einer offenen Zukunft anpasst und sich aus den Kräften der Gesellschaft und Kultur zusammensetzt.

Die menschliche Entsprechung eines komplexen adaptiven Systems ist deshalb jede Spielart einer offenen, modernen demokratischen Gesellschaft mit einer äußerlich freien kapitalistischen Wirtschaft. In solch offenen Gesellschaften und Ökonomien besteht das materielle Kapital, das in das System fließt, noch aus natürlichen Ressourcen, die durch menschliche Intelligenz und Information veredelt wurden. Das soziale Kapital der Gesellschaft ist ihre essenziell bestehende, sich aber ständig weiterentwickelnde Struktur – ihre Beziehungen, Regeln, Sitten, Institutionen und dergleichen. Das spirituelle Kapital des Systems dagegen muss nun aus einer aktiven spirituellen Intelligenz kommen, die die geltenden Werte und Ziele ständig anpassen oder neue Werte und Bedeutungen schaffen kann. Und dies kann nur von einer „kritischen Masse" von Individuen ausgehen, die sich ständig neu erschaffen und stark genug sind, an der Grenze zum Chaos zu leben. Ein statischeres, mehr passives spirituelles Kapital, das auf festen, übernommenen Glaubensstrukturen basiert, könnte den kreativen Energiefluss, den solche Systeme benötigen, um sich jenseits des Gleichgewichts zu erhalten, nicht bereitstellen und ein komplexes adaptives System, ohne die Zufuhr des spirituellen Kapitals oder mit erschöpftem spirituellen Kapital, wird auseinanderfallen. Das heißt, es würde in Unruhe oder Anarchie enden, und in der menschlichen Geschichte ist das auf jeden Fall schon mindestens einmal passiert.

Es war das Römische Reich, das nach dem Urteil vieler Experten scheiterte, weil sein spirituelles Kapital (die spirituelle Triebkraft) sich erschöpft hatte. Die Götter der institutionalisierten römischen Religionen wurden durch das aufsteigende Christentum bedroht; die Bürger verloren die Verbindung zu tieferen Werten und Zielen und überließen sich einem Leben bestehend aus „Brot und Spielen". Die Männer kümmerten sich darum, in die Armee

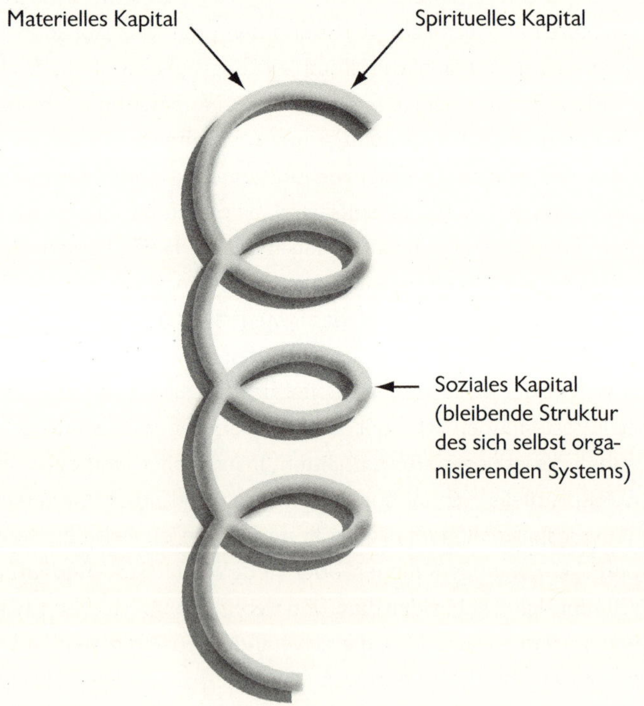

Abbildung 11.2: Spirituelles Kapital –Lebenswichtiger Bestandteil eines nachhaltigen Systems

des Reiches aufgenommen zu werden, und es wurden Barbaren als Söldner angeheuert, um in den Schlachten für Rom zu kämpfen. Diese übernahmen schließlich die Macht und das Reich fiel auseinander. In seinem Buch *Der Gang der Weltgeschichte* verfolgte der große englische Historiker Arnold Toynbee den Aufstieg und Fall von zwanzig solcher Zivilisationen, und in jedem Fall nannte er als Grund für ihren Untergang die Erschöpfung ihrer spirituellen Vision (d. h. die Erschöpfung des spirituellen Kapitals).[49]

Der Phasenübergang des frühen Kapitalismus

Wenn ein System von einem Zustand zum anderen wechselt, nennen das die Wissenschaftler einen *Phasenübergang*. Ein einfaches Beispiel für solch einen Phasenübergang ist es, wenn Wasser zu Eis oder Dampf wird. Wenn sich ein menschliches System jetzt von einem stabilen Zustand des Gleichgewichts (einer traditionellen Gesellschaft) zu einem komplexen adaptiven Zustand jenseits des Gleichgewichts (einer modernen Gesellschaft) entwickelt, so ist das auch eine Art Phasenübergang. Ich bin der Ansicht, dass die Entstehung des Kapitalismus im 18. Jahrhundert, zusammen mit der industriellen Revolution, solch ein Phasenübergang war und dass die komplexen adaptiven Systeme, die dabei entstanden, unsere Gesellschaft bis ins 20. Jahrhundert hinein geprägt haben. Der Phasenübergang des Frühkapitalismus z. B. erhielt seine Kraft durch den Energieschub, der die Gesellschaft durch die wissenschaftliche Revolution und den Aufstieg des Protestantismus veränderte, obwohl diese Entwicklung auch die katholischen Länder erfasste.[50] Der stabile Fluss der mittelalterlichen Gesellschaft konnte nicht länger innerhalb des bisherigen Bettes weiterfließen. Materielles Kapital wurde neu durch die industrielle Revolution ins System gebracht, spirituelles entstand neu durch den dynamischen und auf den Arbeitsprozess konzentrierten Protestantismus und soziales Kapital wurde neu geschaffen, als im Zuge der Aufklärung die Demokratie zur Blüte kam. Ganz Europa wurde modernisiert und

---

49 Arnold Toynbee, *Der Gang der Weltgeschichte*
50 Max Weber, *Die protestantische Ethik und der Geist des Kapitalismus*

Amerika gegründet. Diese Kombination der Ereignisse produzierte eine komplexe sich selbst organisierende Gesellschaft, die sich dabei zwar immer an der Grenze zum Chaos befand, aber dafür zwei Jahrhunderte lang nie da gewesenen Wohlstand und Kreativität hervorgebrachte.

Das 20. Jahrhundert dagegen war von zunehmendem Chaos und von Instabilität gekennzeichnet – von zwei Weltkriegen, der Auflösung der Werte der Aufklärung, dem langsamen Verschwinden des Christentums und seiner Werte aus dem Leben vieler Menschen und der Gesellschaft als Ganzem, vom Auseinanderfallen der Familien, Gemeinschaften und Beziehungen, von der Zunahme von Gier, Materialismus und Selbstbezogenheit, der Revolution der Informationstechnologie, von Globalisierung und dem Machtverlust der Nationalstaaten. In diesem Jahrhundert wurde der Kapitalismus zu einem sich selbst verschlingenden Monster und verbrauchte sein eigenes soziales und spirituelles Kapital. Wenn wir nun ins 21. Jahrhundert eintreten, stehen wir sogar vor der Möglichkeit, dass auch noch das materielle Kapital des Kapitalismus verbraucht wird, und an diesem Punkt hat der „Strom" der westlichen Gesellschaft eine weitere „Flussgabelung" erreicht: Die Ufer des Flusses können den Strom nicht länger halten. In dem nun folgenden, unvermeidlichen Phasenübergang können wir in auflösende Turbulenzen versinken oder uns aber in ein neues komplexes adaptives System entwickeln.

Dieser gewagt verkürzte Überblick über das letzte Jahrhundert lässt mich zum Ausgangspunkt dieses Buches zurückkommen. Wenn wir erneut einen nachhaltigen Kapitalismus entwickeln wollen, der als neues komplexes adaptives System funktioniert, dann müssen wir unsere spirituelle Intelligenz dafür anwenden, wieder Zugang zu unserer grundlegenden menschlichen Sinnebene und den damit einhergehenden Werten zu finden, und ihnen in einer neu geschaffenen Form wieder Leben einhauchen. Eine „kritische Masse" von uns, die ungefähr 15 Prozent Ritter und Meister, die an der Grenze zum Chaos leben können, müssen neue Energie (spirituelles Kapital) in einen neuen Strudel sich entwickelnder, selbst organisierender Strukturen und Beziehungen bringen, die das neue soziale Kapital unserer Zukunft formen. In unseren Unternehmen wird der Energiefluss durch die Strukturen dieses Systems ungefähr aussehen wie in Abbildung 11.3:

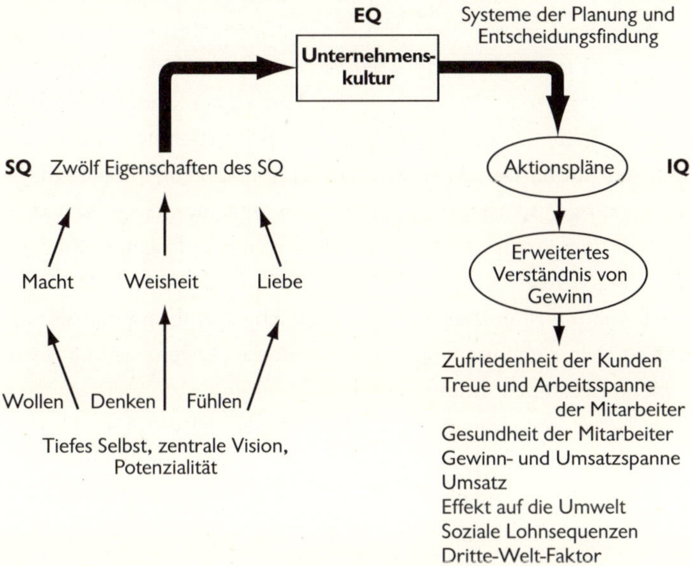

Abbildung 11.3: Ein Modell für den Energiefluss in Unternehmen

Was kann ICH tun?

Als ich dieses Buch beendete, traf ich mich zum Mittagessen mit der Leiterin einer Human-Ressource-Abteilung, einer Frau, die bei einer großen Schweizer Bank arbeitet.

Wir sprachen über spirituelle Intelligenz und spirituelles Kapital, und sie beschrieb mir, wie sie bereits versucht hatte, diese auch in ihrem Privatleben anzuwenden. Um ihr inneres Bewusstsein zu entwickeln, praktizierte sie regelmäßig Yoga, Qigong und Meditation.

Sie las anspruchsvolle Bücher und hörte gute Musik. Sie war nicht religiös, aber sie hatte hohe Ideale und eine starke Überzeugung, dass ihr Leben etwas Positives in der Welt bewegen sollte.

„Aber was kann ich tun?", fragte sie. „Was kann *ich* noch mehr tun, um etwas zu einer besseren Welt beizutragen? Soll ich meinen Job wechseln und für eine Hilfsorganisation in Afrika arbeiten?" Da erzählte ich ihr die Geschichte von Peter K., einem Mann, der einen meiner Workshops über spirituelle Intelligenz besucht hatte.

Peter war englisch-indischer Abstammung und in seinen frühen Vierzigern. Er war verheiratet, hatte zwei Kinder im Teenager-Alter, einen Sohn und eine Tochter, und arbeitete als leitender Manager im Einkauf einer großen Computerfirma in England. Er beschrieb sich selbst als „verklemmt", als unfähig, seine Gefühle zu zeigen, und jähzornig und ungeduldig gegenüber seinen Kollegen und Mitarbeitern. Bevor er an dem Seminar teilnahm, hatte er nie über seine tiefsten Werte und Ziele nachgedacht und hatte sogar gezielt vermieden, sich mit Themen zu beschäftigen, die ihm unangenehm werden könnten.

Als Teil des Seminars wurden alle Teilnehmer gebeten, darüber nachzudenken, was sie im Leben am meisten wertschätzten, wofür sie in Erinnerung bleiben möchten und was sie gern mit ihrem eigenen Leben verbessern würden, wenn sie es könnten. Wir studierten und diskutierten die zwölf Transformationsprinzipien der spirituellen Intelligenz, und am Ende des Seminars bat ich jeden Teilnehmer, zwei oder drei dieser Prinzipien auszuwählen, um zwei persönliche Versprechen zu formulieren: eine Verhaltensänderung, die sie in ihrem Privatleben, und eine, die sie in ihrem Arbeitsleben umsetzen würden. Und die Gruppe kam überein, sich in sechs Wochen wieder zu einer Folgesitzung zu treffen.

Als wir uns zu diesem Termin trafen, hatte Peter jedoch Angst, über seine Versprechen und deren Auswirkungen zu sprechen. Er sagte, dass er sich entschieden hätte, mehr von Visionen und Werten geführt zu handeln, indem er versuchte, mehr im Einklang mit dem zu leben, was er zutiefst wertschätzte. Er hatte das Gefühl, dass es seinem Leben an Mitgefühl und Spontaneität mangelte. Diese drei Prinzipien hatten also die Grundlage für seine beiden Versprechen gebildet.

Als er wieder zu Hause war, sprach Peter mit seinem 16-jährigen Sohn. Er hatte ein gespanntes Verhältnis zu dem Jungen gehabt, hatte bisher nichts getan, um das zu verändern, und so verbrachte sein Sohn die meiste Zeit allein in seinem Zimmer. Er sagte: „Ich hatte das Gefühl, als würde ich meinen Sohn gar nicht kennen, und er mich auch nicht." Nachdem Peter im Seminar sein privates Versprechen formuliert hatte, ging er in das Zimmer seines Sohnes, sprach mit ihm offen und ehrlich über ihre angespannte Beziehung und darüber, wie sehr ihn das besorgte. Er gab offen zu, bisher längst nicht genug unternommen zu haben, um das zu ändern, und verbrachte ein bis zwei Stunden damit, mit seinem Sohn über dessen Interessen zu sprechen. Die beiden beendeten das Gespräch mit einer Umarmung und sagten, wie viel Liebe sie füreinander empfinden würden. Dieses Treffen verbesserte Peters Beziehung zu seinem Sohn nachhaltig und brachte auch neue Energie in die ganze Familie.

An seinem Arbeitsplatz, so hatte Peter versprochen, wollte er geduldiger werden, mehr seine Gefühle zeigen und besser zuhören. „Ich möchte, dass meine Mitarbeiter sich entspannter fühlen und ihre verschiedenen Ansichten frei äußern können. Und ich möchte, dass sie in meiner Nähe spontaner sein können." Um diese neue Haltung bei der Arbeit mehr in sich zu verankern, verpflichtete sich Peter zu 10 Minuten Meditation am Ende jedes Arbeitstages. Sechs Wochen später sagte er, dass seine Frau ihn als mehr im Frieden mit sich selbst erlebte und zu Hause besser mit ihm auskäme. Auch seine Kollegen bei der Arbeit beschrieben ihn als einen veränderten Menschen, in dessen Nähe es sehr viel leichter wäre, sie selbst zu sein.

In sechs kurzen Wochen war Peter somit in seinem kleinen Rahmen ein Ritter geworden, indem er mit einer ehrlichen Einschätzung begonnen hatte, was für ihn im Leben wirklich wichtig war (Familie und Beziehungen). Seine Bereitschaft, Versprechen darüber zu formulieren, wie er diese Werte leben möchte, brachte neue Impulse spirituellen Kapitals sowohl in sein Privatleben als auch an seinen Arbeitsplatz. Zwar war er nicht in der Position, die Richtung seiner gesamten Firma zu verändern, aber durch die Veränderung seiner selbst hat er das Leben einiger Menschen in seinem nahen Umfeld verändert. Und wenn diese Menschen das wiederum ihrerseits weitergeben, erreichen sie vielleicht eines Tages auch die „kritische Masse", die notwendig ist, um das Unternehmen, in dem sie arbeiten, als Ganzes zu verändern.

Und an dieser Stelle, am Ende des Buches, komme ich dahin zurück, wo ich begonnen habe – zu dem Gedanken von C. G. Jung, der dieses Buch inspiriert hat: „Wir sind in unserem privatesten und subjektivsten Leben nicht nur die Erleider, sondern auch die Macher einer Zeit. Unsere Zeit – das sind wir!" Und um unser Leben in diesem Kontext zu leben und zu gestalten, müssen wir nicht der Präsident der Vereinigten Staaten, CEO eines großen globalen Konzerns oder Mitarbeiter einer Hilfsorganisation in Afrika sein. Wir müssen lediglich gemäß unseren eigenen tiefsten Idealen und Werten leben und die Veränderung zum Besseren anstreben, wo immer es uns möglich ist und in welchem Bereich des Lebens wir auch tätig sein mögen. Die folgenden Worte von Mutter Teresa – die ich in einem alten, etwas obskuren nepalesischen Brief an Lehrkräfte fand – mögen uns auf diesem Weg inspirieren:

Die Menschen sind oft unvernünftig, inkonsequent
und egoistisch.
Vergib ihnen trotzdem.

Wenn du freundlich bist, werden die Menschen
dir selbstsüchtige Hintergedanken vorwerfen.
Sei trotzdem freundlich.

Wenn du erfolgreich bist, wirst du falsche Freunde
und wahre Feinde gewinnen.
Sei trotzdem erfolgreich.

Wenn du offen und ehrlich bist, wird es wahr-
scheinlich Menschen geben, die dich betrügen.
Sei trotzdem offen und ehrlich.

Was du in Jahren aufgebaut hast, mag dir
irgendwer in einer Nacht zerstören.

Baue trotzdem.

Wenn du Glück und Gelassenheit findest, werden
manche Menschen neidisch darauf sein.
Sei trotzdem glücklich.

Das Gute, was du heute tust, haben die
Menschen morgen oft schon wieder vergessen.
Tue trotzdem Gutes.

Gib der Welt das Beste, was du hast – auch
wenn es auch nie genug ist.
Gib der Welt trotzdem das Beste, was du hast.

Und wisse, am Ende geht es nur um dich und
Gott;
und es ging eigentlich nie um dich und sie.

Mutter Teresa

Über die Autoren

DANAH ZOHAR ist Physikerin, Philosophin und führende Denkerin im Management, die auf internationalen Konferenzen über Wirtschaft, Bildung und Führung spricht. Sie hat zahlreiche Unternehmen beraten, darunter Volvo, Shell, British Telecom, Motorola, Philips, Skandia Insurance, die UNESCO, The Young President's Organization, The European Cultural Foundation und viele andere. Sie ist Autorin und Koautorin verschiedener Bücher, unter anderem *SQ. Spirituelle Intelligenz, Am Rande des Chaos, Rewiring the Corporate Brain, The Quantum Self, The Quantum Society* und *Who's Afraid of Schrodinger's Cat?*.

IAN MARSHALL ist Psychologe und Psychotherapeut der Schule von C. G. Jung und (mit Danah Zohar) Koautor von *SQ. Spirituelle Intelligenz* und *Who's Afraid of Schrodinger's Cat?*. Er studierte Philosophie und Psychologie an der Oxford University, bevor er die medizinische Hochschule der London University besuchte. Zusammen mit Danah Zohar leitet er Workshops in der ganzen Welt.

Bibliografie

Barrett, Richard. *Liberating the Corporate Soul.* Boston: Butterworth/ Heinemann, 1998.

Bollier, David. *Aiming Higher.* New York: AMACOM, 1997.

Briggs, John und F. David Peat. *Die Entdeckung des Chaos.* München: DTV, 1999.

Carse, James. *Endliche und unendliche Spiele.* Stuttgart: Klett-Cotta, 1999.

Cattell, Raymond B. *Personality and Motivation Structure and Measurement.* Yonkers-on-Hudson, New York: World Book Company, 1957.

Collins, James C. „Level 5 Leadership: The Triumph of Humility and Fierce Resolve". in *Harvard Business Review* (Januar 2001): p. 66–76.

Collins, James C. und Jerry I. Porras. *Built to Last.* New York: Harper Business, 1994.

Crick, Francis. *Was die Seele wirklich ist.* Reinbek: Rowohlt, 1997.

Csikszentmihalyi, M. *Living Well.* London: Orion, 1998.

Deacon, Terrence. *The Symbolic Species.* London: Penguin Press, 1997.

Dunn, John. *The Cunning of Unreason.* London: HarperCollins, 2000.

Evans, Peter. „Model Behaviour". in *Oxford Today* 13, no. 3 (2001): p. 16–17.

Frankl, Viktor. *... und trotzdem Ja zum Leben sagen.* München: DTV, 1998.

Frankl, Viktor. *Der Mensch auf der Suche nach Sinn*, Stuttgart: Ernst Klett Verlag, 1972.

Fukuyama, Francis. *Trust.* New York: Penguin Books, 1995.

Goleman, Daniel. *Emotionale Intelligenz.* München: DTV, 1997.

Gratton, Lynda. *Living Strategy.* London: Prentice Hall, 2000.

Greyson, B. „Near-Death Experiences". in *Varieties of Anomalous Experience,* Hrsg. E. Cardena, S. J. Lynn und S. Krippner. Washington, D. C.: American Psychological Association, 2000.

Guest, Hazel und Ian Marshall. „The Scale of Responses, Emotions and Mood in Context". *International Journal of Psychotherapy* 2, no. 2 (1997): p. 149–169.

Handy, Charles. *The Empty Raincoat.* London: Hutchinson, 1994.

Handy, Charles. *The Alchemists.* London: Hutchinson, 1999.

Hawkins, David R. *Power vs. Force.* Sydney: Hay House, 1995.

Herzberg, Frederick, Bernard Mausner und Barbara Block Snyderman. *The Motivation to Work,* 2nd ed. New York: Wiley, 1966.

Hughes, Ted. *Tales from Ovid.* London: Faber & Faber, 1997.

Hunt, John. *Financial Times.* Sept. 27, 2000, p. 24.

Isaacs, William. *Dialog als Kunst gemeinsam zu denken.* Köln: Edition Humanistische Psychologie, 2002.

Jung, Carl Gustav. *Die Bedeutung der Psychologie für die Gegenwart.* GW 10. Olten: Walter-Verlag, 1974

Kauffman, Stuart A. *Der Öltropfen im Wasser.* München: Piper, 1996.

McTaggart, Lynne. *Das Nullpunkt-Feld.* München: Goldmann, 2003.

Maharshi, Ramana. *Sei, was du bist.* Frankfurt am Main: O. W. Barth, 1990.

Nahapiet, Janine und Sumantra Ghoshal. „Social Capital, Intellectual Capital, and the Organizational Advantage". in *Knowledge and Social Capital,* Hrsg. Eric L. Lesser. Boston: Butterworth/Heinemann, 2000.

Nash, Ogden. „Don't Grin, or You'll Have to Bear It". in *The Ogden Nash Pocket Book.* Montreal: Pocket Books of Canada, 1944.

Nietzsche, Friedrich. *Also sprach Zarathustra.* Ditzingen: Reclam, 1988. (Originalausgabe 1883–92)

Overell, Stephen. *Financial Times.* 9. Jan. 2001, S. 18.

Penrose, Roger. *Das Große, das Kleine und der menschliche Geist.* Heidelberg: Spektrum Akademischer Verlag, 1998.

Persinger, M. A. „Feelings of Past Lives as Expected Perturbations Within the Neurocognitive Processes That Generate a Sense of Self: Contributions from Limbic Lability and Vectorial Hemisphericity". in *Perceptual and Motor Skills,* 83, no. 3, pt. 2 (December 1996): p. 1107–1121.

Plender, John. *Going Off the Rails.* New York: Wiley, 2003.

Ramachandran, V. S. und Sandra Blakeslee. *Phantoms in the Brain.* London: Fourth Estate, 1998.

Rinpoche, Sogyal. *Das tibetische Buch vom Leben und Sterben.* Frankfurt am Main: Fischer, 2004.

Schwartz, Peter. *The Art of the Long View.* New York: Currency/Doubleday, 1991.

Senge, Peter. *Die fünfte Disziplin. Kunst und Praxis der lernenden Organisation.* Stuttgart: Klett-Cotta, 2006.

Sennett, Richard. *The Corrosion of Character.* New York: Norton, 1998.

Shoda, Y., M. Mischel und P. K. Peake. „Predicting Adolescent Cognitive and Self-Regulatory Competencies from Pre-School Delay of Gratification". in *Developmental Psychology* 26 (1990): p. 978–986.

Singer, Wolf. „Striving for Coherence". in *Nature* 397 (4 February 1999): p. 391–393.

Singer, Wolf und Ricard, Matthieu. *Hirnforschung und Meditation.* Frankfurt am Main: Suhrkamp, 2009

Smith, Simon. *Inner Leadership.* London: Brealey, 2000.

Taub-Bynum, E. Bruce. *The Family Unconscious.* Wheaton, Ill.: Theosophical Publishing House, 1984.

Toynbee, Arnold, J. *Der Gang der Weltgeschichte.* München: DTV, 1986.

Waldrop, M. Mitchell. *Inseln im Chaos.* Reinbek: Rowohlt, 1993.

Wasserman, James. *The Templars and the Assassins: The Militia of Heaven.* Rochester, Vt.: Inner Traditions, 2001.

Weber, Max. *Die protestantische Ethik und der Geist des Kapitalismus.* München: Beck, 2006. (Originalausgabe 1920)

Zohar, Danah. *The Quantum Self.* London: Morrow, 1990.

Zohar, Danah. *Rewiring the Corporate Brain.* San Francisco: Berrett-Koehler, 1997.

Zohar, Danah. *Am Rande des Chaos*. Zürich: Midas Management Verlag, 2000.

Zohar, Danah, Ian Marshall. *SQ. Spirituelle Intelligenz*. Frankfurt am Main, 2000.